Anne Brückner

Metabolismus von Psychopharmaka durch das CYP-Enzymsystem im Alter

Anne Brückner

Metabolismus von Psychopharmaka durch das CYP-Enzymsystem im Alter

Ist die Metabolisierung von Medikamenten im Alter verlangsamt?

Südwestdeutscher Verlag für Hochschulschriften

Impressum/Imprint (nur für Deutschland/only for Germany)
Bibliografische Information der Deutschen Nationalbibliothek: Die Deutsche Nationalbibliothek verzeichnet diese Publikation in der Deutschen Nationalbibliografie; detaillierte bibliografische Daten sind im Internet über http://dnb.d-nb.de abrufbar.
Alle in diesem Buch genannten Marken und Produktnamen unterliegen warenzeichen-, marken- oder patentrechtlichem Schutz bzw. sind Warenzeichen oder eingetragene Warenzeichen der jeweilgen Inhaber. Die Wiedergabe von Marken, Produktnamen, Gebrauchsnamen, Handelsnamen, Warenbezeichnungen u.s.w. in diesem Werk berechtigt auch ohne besondere Kennzeichnung nicht zu der Annahme, dass solche Namen im Sinne der Warenzeichen- und Markenschutzgesetzgebung als frei zu betrachten wären und daher von jedermann benutzt werden dürften.

Coverbild: www.ingimage.com

Verlag: Südwestdeutscher Verlag für Hochschulschriften GmbH & Co. KG
Heinrich-Böcking-Str. 6-8, 66121 Saarbrücken, Deutschland
Telefon +49 681 37 20 271-1, Telefax +49 681 37 20 271-0
Email: info@svh-verlag.de

Zugl.: Mainz, Johannes-Gutenberg-Universität, Diss.,2011

Herstellung in Deutschland (siehe letzte Seite)
ISBN: 978-3-8381-3093-4

Imprint (only for USA, GB)
Bibliographic information published by the Deutsche Nationalbibliothek: The Deutsche Nationalbibliothek lists this publication in the Deutsche Nationalbibliografie; detailed bibliographic data are available in the Internet at http://dnb.d-nb.de.
Any brand names and product names mentioned in this book are subject to trademark, brand or patent protection and are trademarks or registered trademarks of their respective holders. The use of brand names, product names, common names, trade names, product descriptions etc. even without a particular marking in this works is in no way to be construed to mean that such names may be regarded as unrestricted in respect of trademark and brand protection legislation and could thus be used by anyone.

Cover image: www.ingimage.com

Publisher: Südwestdeutscher Verlag für Hochschulschriften GmbH & Co. KG
Heinrich-Böcking-Str. 6-8, 66121 Saarbrücken, Germany
Phone +49 681 37 20 271-1, Fax +49 681 37 20 271-0
Email: info@svh-verlag.de

Printed in the U.S.A.
Printed in the U.K. by (see last page)
ISBN: 978-3-8381-3093-4

Copyright © 2012 by the author and Südwestdeutscher Verlag für Hochschulschriften GmbH & Co. KG and licensors
All rights reserved. Saarbrücken 2012

Inhalt

Inhalt

1 Einleitung **3**
1.1   Übersicht über die Pharmakokinetik von Medikamenten 3
1.1.1   Resorption: Aufnahme von Pharmaka in den Organismus 3
1.1.2   Mechanismen der Membranpermeation 3
1.1.3   Verteilung (Distribution) 3
1.1.4   Elimination durch Biotransformation 4
1.1.5   Exkretion 8
1.2   **Besonderheiten der Pharmakotherapie bei älteren Patienten** **9**
1.2.1   Psychiatrische Erkrankungen 9
1.2.2   Bedarf an Medikamenten 11
1.2.3   Mögliche Veränderungen der Pharmakokinetik im Alter 12
1.3   **Altersabhängigkeit von Cytochrom P450-Isoenzymen** **13**
1.3.1   Beispiele für Medikamente mit Altersabhängigkeit 14
1.4   **Neurobiologische Grundlagen der Psychopharmakotherapie** **16**
1.4.1   Rezeptoren 16
1.4.2   Neurotransmitter 16
1.5   **Psychopharmaka** **21**
1.5.1   Antipsychotika 21
1.5.2   Antidepressiva 21
1.5.3   Antidementiva 22
1.6   **Untersuchte Wirkstoffe** **23**
1.6.1   CYP 2D6: Risperidon 23
1.6.2   CYP 3A4: Quetiapin und Ziprasidon 24
1.6.3   CYP 2D6 und CYP 3A4: Aripiprazol, Donepezil und Venlafaxin 26
1.6.4   CYP 2C19, CYP 2D6 und CYP 3A4: Citalopram und Escitalopram 30
1.6.5   CYP 2B6, 2C19, 3A4, 2D6 und 2C9: Sertralin 33
1.6.6   CYP 1A2, CYP 2C19, CYP 3A4 und CYP 2D6: Clozapin 35
1.6.7   CYP 1A2, CYP 2D6 und CYP 3A4: Mirtazapin 36
1.6.8   Ohne hepatischen Metabolismus: Amisulprid 37
1.7   **Therapeutisches Drug Monitoring (TDM)** **38**
1.8   **Ziele der Arbeit/ Hypothesen** **39**

2 Material und Methoden **43**
2.1   **Reinsubstanzen** **43**
2.2   **Chemikalien** **43**
2.3   **Patientenproben** **44**
2.4   **Leer- und Kontrollplasmen** **44**
2.5   **Probenaufbewahrung** **44**
2.6   **Hochauflösende Flüssigkeitschromatographie (HPLC)** **45**
2.7   **Statistische Analysen** **45**

Inhalt

3 Ergebnisse **47**
3.1 Entwicklung einer Methode zum Nachweis von Donepezil in Plasma mittels HPLC   47
3.2 Allgemeine Unterschiede zwischen den Altersgruppen **51**
3.2.1   Anteil der Patienten mit Monotherapie an den verschiedenen Altersgruppen52
3.2.2   Schweregrad der Erkrankung, Therapieerfolg und Verträglichkeit 53
3.3 Metabolisierung durch CYP-Enzyme **56**
3.3.1   Metabolisierung durch CYP 2D6: Risperidon 56
3.3.2   Metabolisierung durch CYP 3A4: Quetiapin und Ziprasidon 65
3.3.3 Metabolisierung durch CYP 2D6 und CYP 3A4: Aripiprazol, Donepezil, Venlafaxin77
3.3.4   Metabolisierung durch CYP 2C19, 2D6 und 3A4:
               Citalopram und Escitalopram 109
3.3.5   Metabolisierung durch CYP 2B6, 2C19, 3A4, 2D6 und 2C9: Sertralin 131
3.3.6   Metabolisierung durch CYP 1A2, CYP 2C19, CYP 3A4: Clozapin 142
3.3.7   Metabolisierung durch CYP 1A2, 2D6 und 3A4: Mirtazapin 152
3.3.8   Metabolisierung ohne Beteiligung von CYP-Enzymen: Amisulprid 162
3.4 Übersicht über den Alterseffekt bei den einzelnen Wirkstoffen **169**

4 Diskussion **171**
4.1 Entwicklung einer Methode zum Nachweis von Donepezil in Plasma mittels HPLC **171**
4.2 Allgemeine Unterschiede zwischen den Altersgruppen **172**
4.3 Metabolisierung durch CYP-Enzyme **174**
4.3.1   Metabolisierung durch CYP 2D6: Risperidon 174
4.3.2   Metabolisierung durch CYP 3A4: Quetiapin und Ziprasidon 178
4.3.3 Metabolisierung durch CYP 2D6 und CYP 3A4: Aripiprazol, Donepezil und
               Venlafaxin 181
4.3.4 Metabolisierung durch CYP 2C19, CYP 2D6 und CYP 3A4: Citalopram und
               Escitalopram 193
4.3.5   Metabolisierung durch CYP 2B6, 2C19, 3A4, 2D6 und 2C19: Sertralin 200
4.3.6   Metabolisierung durch CYP 1A2, CYP 2C19 und CYP 3A4: Clozapin 202
4.3.7   Metabolisierung durch CYP 1A2, 2D6 und 3A4: Mirtazapin 205
4.3.8   Metabolisierung ohne Beteiligung von CYP-Enzymen: Amisulprid 208
4.4 Übersicht über den Alterseffekt bei den einzelnen Wirkstoffen **210**

5 Zusammenfassung **214**
5.1 Summary **216**

6 Anhang **218**
6.1 Tabellen **218**
6.2 Abkürzungsverzeichnis **263**
6.3 Literaturverzeichnis **265**

1 Einleitung

1.1 Übersicht über die Pharmakokinetik von Medikamenten

Die Pharmakokinetik beschreibt die Wirkungen des Organismus auf ein Pharmakon: Verteilung, Speicherung, Exkretion und Biotransformation, also das Verhalten des Wirkstoffs vor dem Rezeptor.

Mit dem Begriff Pharmakodynamik wird die Wirkung eines Pharmakons auf den Organismus zusammengefasst, also die Interaktion zwischen Wirkstoff und Rezeptor, die die pharmakologische Wirkung auslöst.

1.1.1 Resorption: Aufnahme von Pharmaka in den Organismus

Als Resorption oder Absorption bezeichnet man die Aufnahme über den Magen-Darm-Trakt, die Atemwege, über die Haut oder aus einem subkutanen, respektive intramuskulären Depot ins Blut. Bei den meisten Pharmaka erfolgt die Resorption größtenteils über den Dünndarm.

In der vorliegenden Untersuchung wurden alle Wirkstoffe peroral appliziert, einzig Risperidon wurde bei einem Teil der Patienten parenteral in der Depotform angewandt.

Der Anteil eines Pharmakons, der unverändert in den Blutkreislauf/ systemischen Kreislauf gelangt, wird durch die Bioverfügbarkeit beschrieben.
Sie wird bestimmt durch Freisetzung, Resorption, den First-pass-Metabolismus sowie den intestinalen Rücktransport eines Wirkstoffes.
Bei intravenöser Applikation beträgt die Bioverfügbarkeit definitionsgemäß 100 %.

1.1.2 Mechanismen der Membranpermeation

Um vom Applikationsort ins Blut zu gelangen, muss ein Pharmakon Endothelien und Epithelien durchdringen. Lipophile Substanzen können diese durch passive Diffusion entlang eines Konzentrationsgradienten überwinden. Kleine polare Moleküle können durch hydrophile Poren in den Zellmembranen der Kapillarwände transzellulär permeieren. Die Porengröße variiert in den verschiedenen Organen. Große Poren finden sich beispielsweise in den Gefäßen der Leber oder Nieren, während die Hirnkapillaren für größere hydrophile Moleküle praktisch impermeabel sind (Blut-Hirn-Schranke). Größere Moleküle können das Epithel parazellulär durchdringen oder sind auf aktiven Transport durch Carrier, Pino- oder Phagozytose angewiesen.

1.1.3 Verteilung (Distribution)

Nach der Resorption wird ein Pharmakon über das Blut im Organismus verteilt. Zunächst erreicht es die gut durchbluteten Organe und Gewebe, von wo aus es in die weniger gut durchbluteten weiter transportiert wird.

1. Einleitung: Übersicht über die Pharmakokinetik von Medikamenten

1.1.3.1 Verteilungsräume

In welche Verteilungsräume ein Pharmakon letztlich eintritt, hängt zum einen von seinen chemisch-physikalischen Eigenschaften wie Molekülgröße oder Lipophilie, zum anderen von den Eigenschaften der uebenden Zellmembranen ab.
Verteilungsräume sind mit abnehmender Bedeutung der Plasmaraum, der interstitielle Raum, der Intrazellulärraum, die Körperflüssigkeiten, inakzessibles Wasser, die Trockenmasse und das Körperfett.

1.1.3.2 Plasmaproteinbindung

Arzneistoffe werden im Blut in mehr oder weniger hohem Ausmaß an Plasmaproteine gebunden. Das wichtigste Plasmaprotein ist das Serumalbumin, das vor allem saure Pharmaka bindet. Lipophile basische Pharmaka werden an das saure α_1-Glykoprotein gebunden.
Der große Pharmakon-Protein-Komplex kann biologische Membranen kaum permeieren und daher weder zum Wirkort transportiert noch ausgeschieden werden.

Da der gebundene und der freie Anteil eines Pharmakons miteinander im Gleichgewicht stehen, werden gebundene Wirkstoffmoleküle bei einer Abnahme der freien Fraktion durch Biotransformation oder Exkretion wieder freigesetzt.
Entscheidend für die pharmakologische Wirkung und die glomuläre Filtration in der Niere ist der freie Anteil des Pharmakons, der aufgrund seiner geringen Molekülgröße in der Lage ist durch Poren der Kapillaren ins Gewebe zu permeieren, bzw. in den Nierenglomerula filtriert wird.

Die Bindung an Plasmaproteine ist unspezifisch, verschiedene Arzneimittel können sich daher gegenseitig aus der Proteinbindung verdrängen. Dies kann zu Arzneimittelinteraktionen führen, die allerdings selten klinische Relevanz erreichen. Darüberhinaus ist die Plasmaproteinbindung von weiteren Faktoren abhängig.
Bei Erkrankungen der Leber oder Nieren kann die Bindungsaffinität verringert sein. Die Konzentration des Albumin sinkt bei Mangelernährung, die des sauren α_1-Glykoproteins nimmt bei Entzündungen, Tumoren oder Herzinfarkt zu.

Bindung und Speicherung im Gewebe

Pharmaka werden außer an Plasmaproteine auch im Gewebe an unterschiedliche Proteine und auch Membranphospholipide gebunden.
Im Fettgewebe können lipophile Substanzen, darunter polychlorierte Dibenzodioxine und -furane akkumulieren, im Knochengewebe Blei und Strontium.

1.1.4   Elimination durch Biotransformation

Ein peroral aufgenommener Arzneistoff wird im Gastrointestinaltrakt ins Blut resorbiert und erreicht über die Pfortader die Leber. Bei der Passage durch die Leber, aber auch im Darmepithel, werden die meisten Xenobiotika metabolisiert, das heißt enzymatisch abgebaut (First-pass-Metabolismus). Auf diese Weise werden unpolare, lipophile Verbindungen ausscheidbar gemacht.

Ein hoher First-pass-Metabolismus kann die Bioverfügbarkeit eines Arzneistoffes senken, da ein hoher Anteil bereits metabolisiert und eliminiert wird, bevor er seinen Wirkort erreicht.
Die entstandenen Metabolite können ebenfalls von pharmakologischer Wirkung sein. Manche Wirkstoffe werden durch Metabolisierung erst pharmakologisch aktiv („prodrugs").
Die Biotransformationsreaktionen werden in Phase-I- und Phase-II-Reaktionen unterschieden. Im Folgenden werden die arzneistoffabbauenden Enzyme der Phase I und Phase II näher beschrieben:

Phase-I-Reaktionen

In Phase-I-Reaktionen werden nicht wasserlösliche, unpolare und dadurch für den Organismus unausscheidbare Moleküle durch Oxidation, Reduktion, Hydrolyse oder Hydratisierung polar gemacht, indem eine funktionelle Gruppe angefügt oder freigelegt wird.
Phase-I-Reaktionen werden durch folgende Enzyme katalysiert:

- **Cytochrom P450 (CYP)-Enzymfamilie**

CYP-Enzyme sind Hämoprotein-Monoxigenasen und von zentraler Bedeutung für Phase-I-Reaktionen. Sie sind im Endoplasmatischen Retikulum der Hepatocyten, aber auch im Darm zu finden.
Beim Menschen sind bisher über 50 unterschiedliche CYP-Gene beschrieben worden, die in 18 Familien (z.B. CYP 2) mit 43 Subfamilien (z.B. CYP 2D) mit meist mehreren Isoformen (z.B. CYP 2D6) unterteilt werden. Für den Arzneistoffwechsel relevant sind 12 Isoformen aus sieben Subfamilien der Genfamilien 1, 2 und 3.
CYP-Enzyme zeichnen sich durch ihre breite Substratspezifität aus, das heißt die Umsetzung chemisch sehr unterschiedlicher Pharmaka wird durch das gleiche Enzym katalysiert. Umgekehrt kann eine Arznei auch durch mehrere CYP-Enzyme verstoffwechselt werden.
Es können mehrere Metabolite entstehen.
Das wichtigste CYP-Enzym ist CYP 3A4, das 30 % der CYP-Enzyme ausmacht.
Weitere für den Metabolismus von Arzneistoffen wichtige CYP-Isoenzyme sind die Enzyme der CYP 2C- Familie, CYP 1A2, CYP 2D6, CYP 2A6, 2B6 und CYP 2E1.

Die Enzymmenge der einzelnen CYP-Enzyme ist individuell sehr unterschiedlich. Für CYP 3A4 kann sich die interindividuelle Expression um den Faktor 50 unterscheiden.
Für die Isoenzyme CYP 2D6, CYP 2C19 und CYP 2B6 ist ein genetischer Polymorphismus beschrieben.
So findet sich bei 7 % bis 10 % der mitteleuropäischen Bevölkerung kein funktionsfähiges CYP 2D6. Personen, bei denen die Metabolisierung durch CYP-Enzyme wegen eines nicht funktionsfähigen Enzyms verlangsamt ist, bezeichnet man als poor metabolizer (PM). Wenn das Enzym in aktiver Form vorhanden ist, spricht man von einem extensive metabolizer (EM). Daneben gibt es noch den Typ des ultrarapid metabolizer (UM), bei dem ein oder mehrere Enzyme durch Vervielfachung der betreffenden Genabschnitte verstärkt exprimiert werden.

Manche CYP-Enzyme können durch Arzneistoffe (z.B. Betablocker) oder Nahrungsbestandteile (z.B. Koffein, Grapefruitsaft) induziert oder inhibiert werden. Da die Geschwindigkeit, mit der ein Pharmakon metabolisiert wird, wesentlich von der Enzymmenge abhängt, kommt es zu großen intra- und interindividuellen Unterschieden in der Eliminationsgeschwindigkeit.Andere Oxidationsenzyme

Alkoholdehydrogenasen (ADH) dehydrieren primäre und sekundäre Alkohole zu Aldehyden und Ketonen. Sie sind in Leber, Nieren und Lunge lokalisiert und NAD-abhängig.

Aldehyddehydrogenasen (ALDH) oxidieren aliphatische und aromatische Aldehyde meist zu den korrespondierenden Carbonsäuren. ALDH sind NAD-, seltener NADH-abhängig.

Aminoxidasen finden sich in Leber und monoaminergen Nervenendigungen. Sie werden weiter in Monoaminoxidasen, Diaminoxidasen und flavinhaltige Monooxigenasen aufgeteilt. Sie verstoffwechseln neben endogenen Catecholaminen und Serotonin auch exogene Amine.

Esterasen und Epoxidhydrolasen

Enzyme, die die Hydrolyse von Estern und Amiden katalysieren, sind hauptsächlich im Endoplasmatischen Retikulum der Leberzellen lokalisiert. Oft sind Ester und Amide Substrate des gleichen Isoenzyms.
Dagegen weist die Acetylcholinesterase in den Synapsen eine hohe Substratspezifität auf.
Epoxidhydrolasen kommen hauptsächlich in der Leber vor, sie bilden zusammen mit CYP-Enzymen Multienzymkomplexe, die eine rasche Biotransformation toxischer Epoxide, die als Produkte der CYP-katalysierten Reaktionen entstehen, gewährleisten.

Phase-II-Reaktionen

Phase-II-Reaktionen sind Konjugationsreaktionen, in denen das Produkt der Phase-I-Reaktion durch Transferasen an ein wasserlösliches Molekül geknüpft und dadurch ausscheidbar gemacht wird.

Glucoronosyltransferasen

Uridindiphosphat-Glucuronosyltransferasen (UGT) sind im Endoplasmatischen Retikulum lokalisiert, wobei die Leber den höchsten Gehalt aufweist. UGT werden aber auch in Darm, Nieren, Lunge, Prostata und Hirn exprimiert. Es gibt 17 menschliche UGT-Isoformen, die in zwei Genfamilien eingeteilt werden.
UGT-Enzyme katalysieren die kovalente Bindung von Glucuronsäure an funktionelle Gruppen lipophiler Moleküle, beispielsweise Hydroxy-, Carboxy-, Amino- und SH-Gruppen. Die Produkte dieser Reaktionen können aufgrund ihrer Polarität besser aus dem Organismus ausgeschieden werden.
UGT-Enzyme sind am Metabolismus von Arzneistoffen beteiligt, Substrate sind aber auch Bilirubin, Steroidhormone, Gallensäuren, biogene Amine und fettlösliche Vitamine.

Glutathion-S-Transferasen

Glutathion-S-Transferasen (GST) sind überwiegend cytosolische Enzyme, die in allen Geweben vorkommen, in besonders hoher Konzentration aber in den Leberzellen.
Es sind beim Menschen sechs Enzymfamilien beschrieben worden, für mehrere GST-Enzyme gibt es genetische Polymorphismen.
GST katalysieren die Konjugation des Glutathion an unterschiedliche elektrophile Verbindungen.
Sie leisten die Entgiftung reaktiver kanzerogener Substanzen: Personen, die nicht Träger der aktiven Variante sind, haben ein erhöhtes Lungen- oder Blasenkarzinom-Risiko.

N-Acetyltransferasen

N-Acetyltransferasen sind ebenfalls im Cytosol lokalisiert und kommen hauptsächlich in den Hepatocyten vor.
Beim Menschen sind zwei Formen bekannt, die N-Acetyltransferase I und II (NAT I und II).
NAT I und II katalysieren die Acetylierung von aromatischen Aminen und Sulfonaminen unter Beteiligung des Acetyl-Coenzyms A.
Für NAT I und II sind Mutationen beschrieben, die zu einer Veränderung der Enzymaktivität führen können.

Sulfotransferasen

Sulfotransferasen (SULT) sind cytosolische Enzyme der Leber, Nieren, des Gastrointestinaltraktes und anderer Gewebe. Bislang sind mindestens fünf Enzyme dieser Familie bekannt.
SULT-Enzyme katalysieren die Konjugation des Sulfat-Rests von 3'-Phosphoadenosin-5'-phosphosulfat mit Phenolen, Alkoholen und Aminen. Endogene Substrate sind Steroidhormone, Gallensäuren, Monoaminneurotransmitter und Benzylalkohole.
Sulfat muss aus schwefelhaltigen Aminosäuren gewonnen werden, die Verfügbarkeit ist daher begrenzt. Eine hohe Umsetzung von Fremdstoffen kann eine Einschränkung der Umsetzung endogener Stoffe verursachen.

Methyltransferasen

Methyltransferasen werden cytosolisch oder membranständig exprimiert, das Hauptvorkommen findet sich in der Leber. Beim Menschen sind fünf Methyltransferasen bekannt. Für jedes Enzym gibt es seltene genetische Defekte.
Methyltransferasen katalysieren N-, O- oder S-Methylierungen. Substrate, nach denen das jeweilige Enzym benannt wird (z.B. Histamin-N-methyltransferase), sind aliphatische und aromatische Amine, stickstoffhaltige Heterocyclen, Phenole, Catechole und Mercaptane.

Aminosäuren-N-Acyltransferasen

Aminosäuren-N-Acyltransferasen sind in den Mitochondrien der Leber- und Nierenzellen lokalisiert und katalysieren die Konjugation an Aminosäuren. Dabei werden exogene Carbonsäuren durch die Bindung an das Coenzym A aktiviert und mit endogenen Aminosäuren konjugiert. Beim Menschen erfolgen diese Konjugationen bevorzugt an die Aminosäuren Glycin und Glutamin.

Extrahepatischer Metabolismus

Arzneistoffe werden nicht nur bei der Passage der Leber (First-pass-Metabolismus), sondern auch der Darmwand (präsystemische Elimination) metabolisiert.
Im Vergleich zur Leber ist der Gehalt an arzneistoffabbauenden Enzymen einschließlich der CYP-Enzyme zwar sehr gering, im Falle der Immunsupressiva Ciclosporin und Tacrolimus und des HIV-Proteasehemmers Saquinavir findet die Metabolisierung jedoch hauptsächlich in der Darmwand und weniger in der Leber statt.

Interaktionen durch Induktion oder Inhibition von Enzymen, insbesondere Leberenzymen, können zum Abfall oder Anstieg der Plasmakonzentration eines Arzneimittels führen und klinische Relevanz erreichen.

1.1.5 Exkretion

Exkretion von Arzneistoffen kann abhängig von Molekülgewicht und den physikalisch-chemischen Eigenschaften über die Niere, die Leber mithilfe der Galle oder intestinal erfolgen.

Die renale Exkretion betrifft vor allem polare, wasserlösliche, eher kleine Fremdstoffe und wird durch glomuläre Filtration, tubuläre Sekretion und tubuläre Reabsorption beschrieben.
Lipophile Fremdstoffe werden von den Hepatocyten in die Gallengänge sezerniert.

Exkretion ist immer auf energieverbrauchende Transportersysteme angewiesen. Diese sind bei der renalen und biliären Exkretion organische Anionen- und Kationentransporter, von denen mehrere Formen existieren.
Andere Transportproteine sind ABC-Transporter (ATP-binding-cassette). Sie setzen sich aus
vier Untereinheiten zusammen: zwei in der Membran liegende Domänen, die je sechs transmembrane Segmente besitzen, und zwei ATP-bindende Transporter. Der Transport erfolgt unter Hydrolyse von ATP.
Zu den ABC-Transportern gehört unter anderem das für die Sekretion von Arzneistoffen wichtige P-Glykoprotein (MDR1).

1.2 Besonderheiten der Pharmakotherapie bei älteren Patienten

Unter den psychiatrischen Erkrankungen bei Alterspatienten spielen Depressionen und Demenz die größte Rolle. Dementive Erkrankungen sind sogar fast nur bei Alterspatienten bekannt (Davison Neale, 2007).

Bei den organischen Erkrankungen stehen bei Alterspatienten Herz-Kreislauf Erkrankungen an erster Stelle (Davison Neale, 2007).

Das gleichzeitige Auftreten körperlicher und psychischer Erkrankungen erschwert die Diagnose, bewirkt eine verminderte Compliance und erhöht den Bedarf an medizinischen und pflegerischen Behandlungen.
Bei den Hochbetagten treten einige Krankheiten im Vergleich zu Jüngeren wieder weniger oft auf, z.b. Hyperlipidämie oder arterielle Hypertonie. Dies erklärt sich durch den selektiven Überlebensvorteil von Personen ohne diese Erkrankungen (Brenner, 2003).

Typisch für Alterspatienten ist außerdem das gleichzeitige Auftreten mehrerer chronischer Erkrankungen (Multimorbidität). So haben in der Gruppe der über 70-Jährigen 96 % eine, 30 a% sogar fünf und mehr behandlungsbedürftige chronische Erkrankungen (BASE).

1.2.1 Psychiatrische Erkrankungen

In Bezug auf die biologischen Grundlagen affektiver Störungen kommt den Neurotransmittern eine besondere Rolle zu, die in unterschiedlichen Modellen beschrieben wurde. So geht die Noradrenalin-Theorie davon aus, dass ein niedriger Noradrenalinspiegel zur Depression führt, ein hoher zu Manie. Die Serotonintheorie führt Depressionen auf einen niedrigeren Serotoninspiegel zurück. Bei Schizophrenie soll der Dopaminspiegel verändert sein.
Das Ungleichgewicht der verschiedenen Neurotransmitter stellt die Wirkgrundlage vieler Psychopharmaka dar, dennoch sind die Zusammenhänge nicht lückenlos geklärt (Reinecker, 2003).

Depression
Zu den Symptomen einer Depression zählen Traurigkeit, Pessimismus, Müdigkeit, Schlaflosigkeit und Willensschwäche. Bei älteren Patienten sind auch somatische Beschwerden, eine ausgeprägte motorische Verlangsamung, Gewichtsverlust, körperlicher Verfall häufig.
Im Alter treten Depressionen häufig in Kombination mit anderen körperlichen Erkrankungen auf.

Neben Depressionen sind auch Angststörungen bei älteren Menschen häufig (Reineker 2003, Davison Neale, 2007).

Demenz

Unter Demenzen werden Krankheitsbilder mit unterschiedlichen Ursachen zusammengefasst, die sich im Verlust kognitiver Fähigkeiten, Gedächtnisstörungen bis zum Verlust großer Teile des Gedächtnisses, Reduktion der Sprache sowie zeitlicher und räumlicher Desorientiertheit äußern.

Die Prävalenz der Demenz steigt mit zunehmendem Alter.

Alter	Auftreten einer Demenz in %
65-69	1,2
70-74	2,8
75- 79	6,0
80-84	13,3
85-89	23,9
> 90	34,6

Tabelle 1: Vorkommen der Demenz in verschiedenen Altersstufen (Berliner Altersstudie, 1996)

Die häufigste Demenzerkrankung ist die Demenz vom Alzheimer-Typ (50-60 %), andere Formen sind die vaskuläre Demenz, die durch arteriosklerosebedingte Gefäßveränderungen verursacht wird (20 %), die Lewy-Body-Demenz (10-20 %), die Parkinson-Demenz (10-20 %) und andere (10 %).

Bei der Alzheimer-Demenz wird Hirngewebe irreversibel geschädigt, sowohl Neurone als auch Synapsen degenerieren. Die Krankheit beginnt im Hippocampus, später sind Frontal-, Temporal- und Parietallappen betroffen. Weitere Folge sind verbreiterte Sulci, verengte Gehirnwindungen und vergrößerte Vesikel.
Im gesamten Cortex entstehen senile Plaques, die aus zerstörten Neuronen und ß-Amyloid bestehen, die zwischen den Neuronen neurofibrilläre Verklumpungen bilden. Während Amyloidwerte auch bei normaler Alterung steigen und nicht spezifisch für Alzheimer sind, treten die Verklumpungen vor allem bei Alzheimer Patienten auf und korrelieren stark mit kognitiven Defiziten.
Teilweise ähneln die Gehirnschädigungen denen der Parkinson-Krankheit, was auf dem Absterben der Neurone der Substantia Nigra beruht.
Die verringerte Anzahl an Acetylcholinrezeptoren bei Alzheimer-Patienten führt zum Absterben der acetylcholinproduzierenden Zellen.
Grundlage der Behandlung ist eine Verzögerung der Progredienz, dies soll durch eine Erhöhung der Acetylcholinverfügung im Gehirn (Acetylcholinesterase-Hemmer), und durch eine Verhinderung der Bildung von Amyloid erreicht werden.

Vaskuläre Demenzen treten mit anderen neurologischen Symptomen auf und sind oft die Folge von Schlaganfällen, bei denen Blutgerinnsel ins Gehirn gelangen, die das Absterben von Gehirnzellen zur Folge haben (Reineker, 2003, Davison Neale, 2007).

Delirien
Delirien sind hirnorganisch bedingte Bewusstseinstrübungen, die mit Aufmerksamkeits- und Orientierungsstörungen, Wahrnehmungsstörungen, Wahnvorstellungen sowie Aktivitäts- und Stimmungsschwankungen einhergehen. Ältere Menschen und Kinder sind besonders häufig betroffen (Reineker, 2003, Davison Neale, 2007). Ursachen können Stoffwechselstörungen (unerkannter Diabetes oder Schilddrüsenfehlfunktionen), neurologische Störungen, Stress oder fieberhafte Infektionen sein. Delirien können sich sehr schnell entwickeln, sind aber prinzipiell reversibel.

Schizophrenie
Die Prävalenz der Schizophrenie nimmt im Alter ab- zum Einen, weil sich schizophrene Symptome mit dem Alter oft verbessern, zum Anderen, weil die Mortalität bei schizophrenen Patienten höher ist als in der Gesamtbevölkerung (Tiihonen et al., 2011). Kennzeichnend für Schizophrenien sind Wahnvorstellungen, kognitive Beeinträchtigungen, Halluzinationen und eine Negativsymptomatik.

Paranoide Wahnvorstellung treten oft bei Demenzen und Delirien auf oder sind die Folge sensorischer Beeinträchtigungen wie beispielsweise Schwerhörigkeit.

1.2.2 Bedarf an Medikamenten

Für die meisten Psychopharmaka liegen aus randomisierten, kontrollierten Studien nur Daten von Patienten zwischen 18 und 60 Jahren vor (Jeste et al., 2005). Daher können keine Angaben über geeignete Dosierung, zur Effizienz und zur Häufigkeit von Nebenwirkungen bei Patienten über 65 gemacht werden, obwohl der Bedarf an Medikamenten im Alter deutlich ansteigt. So liegt er bei 60-Jährigen im Durchschnitt 3 bis 12mal höher als bei 45-Jährigen. Insgesamt verbrauchen Patienten über 60 Jahre, die 22% der Bevölkerung ausmachen, 54 % aller verschriebenen Arzneimittel.
Die häufigsten Medikamente im Alter sind Herz-Kreislaufmedikamente wie Betablocker, Calciumkanalblocker, Angiotensin-Hemmstoffe, und Antihypertonika, bei den ganz alten Patienten kommen noch Koronarmittel und Diuretika hinzu (Brenner, 2003). Daneben nimmt auch der Verbrauch an Analgetika/ Antirheumatika, Hypnotika/ Sedativa, Laxantia, Magen-Darm-Mittel und Psychopharmaka zu. Gleiches gilt für Antidementiva, Ophtalmika und Thrombocytenaggregationshemmer, deren Verbrauch in der Gruppe der Hochbetagten allerdings wieder abnimmt.

Starke Unterschiede in der Response auf eine Therapie z.B. zwischen verschiedenen Altersgruppen bergen die Gefahr entweder zu niedriger Dosierung, die keinen ausreichenden Therapieerfolg bringt, oder auch zu hoher Dosen, die mit einem erhöhten Risiko von Nebenwirkungen verbunden sind. Beides führt häufig zum Abbrechen der Therapie seitens des Patienten (Non-Compliance) (Zubenko et al., 2000).

1.2.3 Mögliche Veränderungen der Pharmakokinetik im Alter

Derzeit wird davon ausgegangen, dass die Metabolisierung von Pharmaka durch CYP-Enzyme im Alter verlangsamt ist. Diese Annahme ist durch Daten allerdings schlecht belegt, so dass es tatsächlich fraglich ist, ob der Faktor Alter für die Aktivität der CYP-Enzyme überhaupt eine Rolle spielt oder ob diese nicht vielmehr durch altersbegleitende Umstände wie eine veränderte Lebensweise, Ernährung oder das Auftreten von Comorbiditäten oder die gleichzeitige Einnahme mehrerer Arzneistoffe beeinflusst werden.
Eine Behandlung nach dem gängigen „start low, go slow"-Prinzip würde unter diesen Umständen unnötig lange dauern. Auch ob die Altersgrenze von 65 Jahren zutrifft, ab der man Patienten zu „Alterspatienten" rechnet, ist fraglich.
Prinzipiell kommen als altersbedingt physische Veränderungen, die Auswirkungen auf die Kinetik haben, in Frage:

Resorption
Durch Veränderungen im Gastrointestinaltrakt wie die verlangsamte Magenentleerung und Peristaltik und die Abnahme der resorbierenden Schleimhautoberfläche ist die Resorption von Wirkstoffen allgemein verlangsamt. Diese Veränderungen werden durch im Alter häufige Erkrankungen an Leber, Pankreas oder Darm verstärkt. Schluckschwierigkeiten führen dazu, dass Medikamente mit Nahrung eingenommen werden müssen. Durch Reaktion mit Nahrungsbestandteilen, z. B. das Binden an Nahrungsfette, kann die Bioverfügbarkeit des Wirkstoffes abnehmen. Dies geschieht auch durch Ionisierung aufgrund des erhöhten pH-Wertes des Magensaftes (Zubenko et al., 2000).

Verteilung
Im Alter nehmen die Muskelmasse und der Anteil des Körpergesamtwassers ab, während der Körperfettanteil steigt. Die meisten Psychopharmaka sind lipophil, ihr Verteilungsvolumen steigt proportional zum Körperfettanteil. Dies führt zu längeren Halbwertszeiten bei unveränderten Steady State-Konzentrationen des Plasmas. Die Intervalle zwischen den Medikamentengaben müssen daher größer gewählt werden (Zubenko et al., 2000).

Plasmaproteinbindung
Im Alter nimmt der Gehalt an Serumalbumin typischerweise ab, auch als Folge häufig beobachteter Mangelernährung (Loi et al., 1988). Dagegen scheint der Anteil an α_1-Glycoprotein, das bei Immunreaktionen wie Entzündungen oder Fieber eine Rolle spielt, zuzunehmen (Abernethy et al., 1984).
Mögliche Veränderungen der Plasmaproteinbindung sind wahrscheinlich von geringer klinischer Relevanz (Klotz, 2009).

Hepatischer Metabolismus
In der vorliegenden Arbeit steht der altersbedingt veränderte hepatische Metabolismus im Mittelpunkt.
Im Alter kann sich das Lebervolumen um bis zu 40 % verringern, auch die Durchblutung nimmt ab, was zu einem verlangsamten Stoffwechsel und daraus resultierend höheren Steady State-Plasma-Konzentrationen führt. Unklar ist, inwieweit sich die CYP-Aktivität im Alter verändert. Es scheint zu einer Abnahme der

Enzymaktivität sowie deren Induzierbarkeit zu kommen. Studien beschreiben bei Alterspatienten für CYP 1A2, 2C9, 2C10, 2C18, 2C19, 2A und 2E1 eine reduzierte Aktivität, während es für CYP 2D6 keine Veränderung zu geben scheint. Für CYP1A1, 3A3 und 3A4 ist nicht untersucht, ob eine altersabhängige Veränderung der Aktivität vorliegt (Kinirons, Mahony, 2004). Dennoch lassen sich keine generellen Aussagen über die Biotransformation von Pharmaka im Alter machen.
Phase-II-Reaktionen zeigten keine Abhängigkeit vom Lebensalter.
Ein schlechterer First-pass-Effekt kann zu einer erhöhten Bioverfügbarkeit führen (Klotz, 2009).

Renale Clearance
Das Nierenvolumen, die Durchblutung der Niere und die glomuläre Filtration nehmen im Alter ab (von Moltke et al., 1998, Annesley, 1989, Pollock et al., 1992, Pollock et al., 1994, Nemeroff et al., 1996, Michalets, 1998). Die Ausscheidung durch die Niere ist daher eingeschränkt, was zu längeren Halbwertszeiten und höheren Steady state Plasma Konzentrationen führt. Verstärkt wird dies durch typische Altersleiden wie Diabetes, Herzschwäche oder Bluthochdruck.
Die Einschränkung der renalen Clearance stellt sich in neueren Studien geringer dar als früher angenommen, und betrifft möglicherweise nur Patienten mit den erwähnten organischen
Grunderkrankungen. Ein Drittel der Alterspatienten zeigten keine Veränderungen der Nierenfunktion (Klotz, 2009).

1.3 Altersabhängigkeit von Cytochrom P450-Isoenzymen

CYP 1A2
Der Anteil von CYP 1A2 beträgt 10-15 % aller hepatischen CYPs. CYP 1A2 ist durch unterschiedliche Faktoren (z.B. Rauchen, Lebensmittel wie Grapefruitsaft) induzier- oder inhibierbar. Bezüglich der Aktivität im Alter gibt es widersprüchliche Studien (Tanaka, 1998), eine Abnahme der Aktivität im Alter beschreiben Oesterheldt, 2001 und Kinirons et al., 2003.

CYP2A6
CYP 2A6 macht 1-19 % der CYP-Enzyme der Leber aus, es wurden große interindividuelle Unterschiede (genetischer Polymorphismus) beschrieben (Sellars, 1998). Die Effizienz von CYP 2A6 nimmt im Alter ab (Oesterheldt, 2001)

CYP 2B6
CYP 2B6 wurde in seiner Rolle im Metabolismus von Xenobiotika lange unterschätzt. Tatsächlich beträgt sein Anteil an hepatischen CYP-Enzymen 2 bis 10 %. Die interindividuelle Expression kann um den Faktor 20 bis 250 variieren, dies ist auf genetischen Polymorphismus, transkriptionale Induktion oder Inhibierung, Enzyminhibition oder allosterische Aktivierung zurückzuführen. (Wang et al., 2008). Es gibt keine Untersuchungen zu altersabhängigen Aktivitätsveränderungen.

CYP 2C8/9
CYP 2C8 und 9 sind die am stärksten exprimierten Isoenzyme der 2C Enzymfamilie. CYP 2C9 macht 10-20 % aller hepatischen CYP-Enzyme aus, der Anteil von CYP 2C8 macht nur ein Drittel des CYP 2C9 Gehaltes aus. Studien zur Altersabhängigkeit zeigen

widersprüchliche Ergebnisse (Tanaka, 1998). So wird zum Einen keine Aktivitätsveränderung im Alter (Oesterheldt, 2001), zum Anderen eine Abnahme der Aktivität im Alter (Kinirons et al., 2003) beschrieben.

CYP 2C18/19
Für CYP 2C18 und 19 ist sowohl eine unveränderte Aktivität bei Alterspatienten (Oesterheldt, 2001) in anderen Studien dagegen eine Abnahme der Aktivität im Alter (Kinirons, 2003, Tanaka, 1998) beschrieben.

CYP 2D6
CYP 2D6 ist das zweitwichtigste CYP-Enzym im Metabolismus von Pharmaka, mehrere unterschiedliche genetische Varianten sind beschrieben. Es ist keine Altersveränderung der Aktivität bekannt (Laurent-Kenesi, 1996, Oesterheldt, 2001, Kinirons, 2003, Tanaka, 1998).

CYP 2E1
Für CYP 2E1 ist eine Abnahme der Aktivität bis 75 Jahre beschrieben (Oesterheldt, 2001), und auch andere Studien liefern Hinweise auf eine Abnahme der Aktivität im Alter (Kinirons, 2003, Tanaka, 1998).

CYP 3A4
CYP 3A4 ist das quantitativ wichtigste Enzym im Metabolismus von Pharmaka. Eine Abnahme der Aktivität mit dem Alter ist in vielen, aber nicht in allen Studien beschrieben (Oesterheldt, 2001, Kinirons, 2003, Tanaka, 1998).

CYP 3A7
Die Effizienz von CYP 3A7 nimmt im Alter von wenigen Wochen ab (Oesterheldt, 2001).

1.3.1 Beispiele für Medikamente mit Altersabhängigkeit

Für eine Reihe von Medikamenten sind Veränderungen der Pharmakokinetik oder der Pharmakodynamik bekannt (Wettstein, 2009 nach Beers et al., 1991).

Benzodiazepine zeigen bei Alterspatienten eine verlangsamte Elimination und Clearance und dürfen nur zur Palliation, in der Anästhesie oder zur Substitution bei low-dose-dependency in niedriger Dosis angewendet werden. Alterspatienten zeigen auch häufiger paradoxe Reaktionen wie Antriebssteigerungen und Erregungszustände als jüngere Patienten.
Der erhöhten Sensitivität von Alterspatienten gegenüber Benzodiazepinen liegen verschiedene Ursachen zugrunde.
Aufgrund der hohen Lipophilie der Benzodiazepine nimmt das Verteilungsvolumen wegen des alterstypisch erhöhten Körperfettanteils zu, was zu niedrigeren Spitzenspiegel und längeren Halbwertszeiten führt. Daraus resultieren Kumulation und Überhangseffekte.
Benzodiazepine binden an Serumalbumin, dessen Konzentration im Alter abnimmt: so wird der Anteil der freien Fraktion erhöht

Pharmakodynamisch verursachen altersbedingte Veränderungen der ZNS-Rezeptoren eine erhöhte Sensitivität (Madhusoodanan et al., 2004, Brenner, 2003, Zubenko, 2000). Der ursprünglich angenommene Zusammenhang zwischen der Einnahme von langwirksamen Benzodiazepinen und einer erhöhten Sturzgefahr konnte in einer neueren Studie nicht nachgewiesen werden. Ein erhöhtes Sturzrisiko besteht in Abhängigkeit von Therapiedauer und Dosierung von Benzodiazepinen, unabhängig von der Substanz (Van der Hooft et al., 2008).

Stark anticholinerge Medikamente.
Im Alter kommt es zu einer Abnahme cholinerger Neurone und der Cholin-Acetyltransferase-Aktivität im Cortex bei gleichzeitiger Zunahme des Acetylcholinesterase. Die Synthese des Acetylcholins nimmt somit ab (Zubenko et al., 2000), so dass sich die Wirkung anticholinerger Medikamente verändert.
Die Einnahme von Wirkstoffen wie trizyklische Antidepressiva (TCA), anticholinerge Antiparkinsonmittel und sedierende Antihistaminika sind bei Alterspatienten oft mit starken Nebenwirkungen verbunden wie Sedierung, Gedächtnisstörungen, einer Abnahme der kognitiven Leistungsfähigkeit oder dem Auftreten von Verwirrtheitszuständen.

Hochpotente klassische Neuroleptika bergen eine erhöhte Gefahr von Parkinsonismus.

Dopaminrezeptorstimulantien zeigen wegen altersbedingter Veränderungen im dopaminergen System wie der Abnahme dopaminerger Neurone, der Aktivität der Trypsin-Hydroxylase, der D_2-Rezeptoren und der Dopamin-Transporter ein hohes Potential extrapyramidaler Symptome sowie eine hoher Psychosegefahr (Zubenko et al., 2000).

Langwirksame orale Antidiabetika
Die altersbedingte Beeinträchtigung der Insulinregulation als Folge reduzierter Insulinausschüttung und -sensibilität führt zu einer Abnahme der Glucosetoleranz. Bei der Behandlung mit langwirksamen oralen Antidiabetika ist ein hohes Lebensalter daher ein Risikofaktor für die Entwicklung einer Hypoglykämie (Turnheim et al, 2004).

Dauertherapie mit nichtsteroidalen Antirheumatika (NSAR) steigert bei älteren Patienten das Nebenwirkungsrisiko. Blutungen des Gastrointestinaltraktes betreffen 3-4 % der älteren Patienten, aber nur 1 % der jüngeren (Turnheim, 2004).

1.4 Neurobiologische Grundlagen der Psychopharmakotherapie

Alle psychischen Erkrankungen sind auch Funktionsstörungen des Gehirns: es können strukturelle Hirnveränderungen auftreten oder die Signalübermittlung oder – weiterleitung kann verändert sein.
Ansatzpunkt für Psychopharmaka stellt die Signalübertragung zwischen den Neuronen dar; sie greifen ein in die Transmittersysteme, Rezeptoren oder Transporter.

1.4.1 Rezeptoren

Neurotransmitter binden an zwei verschiedene Rezeptortypen: ionotrope (ligandenaktivierte) Rezeptoren und G-Protein-gekoppelte Rezeptoren (GPRC).

Ionotrope Rezeptoren
Die Signalübertragung an ionotropen Rezeptoren erfolgt außerordentlich schnell. Ionenkanäle oder ligandengesteuerte Ionenkanäle weisen vier bis zwölf Transmembrandomänen auf. Der erste bekannt Rezeptor dieser Klasse war der Nicotinrezeptor.

G-Protein-gekoppelte Rezeptoren
Die Signalweiterleitung an G-Protein-gekoppelten Rezeptoren erfordert mehrere Reaktionsschritte und ist daher um ein Vielfaches langsamer als die Signalübertragung an Ionenkanälen. Rezeptoren dieser Klasse bestehen aus einer einzigen Peptidkette, die siebenmal die Zellmembran durchzieht (heptahelikal). Die Transmembranhelices bilden gemeinsam eine Tasche an der die Bindung des Transmitters erfolgt. Die Bindung an den Rezeptor setzt über die Aktivierung des G-Proteins als Transduktorelement und die Freisetzung eines second messenger eine Signalkaskade zur Weiterleitung des Signals ins Zellinnere in Gang.
G-Protein gekoppelte Rezeptoren sind die vielfältigste Rezeptorenklasse.
Die Wirkung vieler unterschiedlicher Arzneistoffe beruht auf ihrem Einfluss auf G-Protein-gekoppelte Rezeptoren.

1.4.2 Neurotransmitter

Es gibt zwölf Klassen von Neurotransmittern. Diese lassen sich weiter einteilen in die Amine Acetylcholin, Dopamin, Noradrenalin, Serotonin und Histamin, die Aminosäuren Glutamat, γ-Aminobuttersäure (GABA) und Glycin, das Nucleotid Adenosin-5´-triphosphat und die Peptide Tachykinine und Opioide.

Acetylcholin
Acetylcholin wird im Cytosol der präsynaptischen Zelle aus Cholin und Acetyl-Coenzym A synthetisiert und in Vesikeln gespeichert. Zur Signaltransduktion wird das Acetylcholin in den synaptischen Spalt freigesetzt, wo es an der postsynaptischen Membran an Rezeptoren bindet. Anschließend muss das Acetylcholin mithilfe der Acetylcholinesterase inaktiviert werden. Bei dieser Spaltung entstehendes Cholin kann wieder in die präsynaptische Zelle aufgenommen werden.
Es gibt zwei Arten von cholinergen Rezeptoren: Nicotinrezeptoren und Muscarinrezeptoren.

Nicotinrezeptoren sind ligandengesteuerte Ionenkanäle und kommen mit jeweils angepassten Eigenschaften in der Zellmembran von Skelettmuskel- und Nervenzellen vor.
Muscarinrezeptoren sind G-Protein-gekoppelte Rezeptoren und kommen in Neuronen und Drüsen-, glatten Muskel- und Herzmuskelzellen vor, die alle parasympathisch oder durch das Darmnervensystem innerviert werden.

Dopamin

Dopamin, Noradrenalin und Adrenalin sind die drei körpereigenen Catecholamine. Sie werden aus Thyrosin synthetisiert, das vom Neuron entweder extrazellulär aufgenommen oder aus Phenylalanin synthetisiert wird.
Dopaminerge Neurone finden sich am häufigsten in Mesencephalon und Diencephalon. Drei wichtige Dopamin-Systeme sind
- das nigro-stratale Dopaminsystem, das cholinerge Interneurone hemmt und bei der Bewegungssteuerung beteiligt ist. Schädigungen führen zur Parkinson-Krankheit.
- das mesolimbische System (Belohnungssystem), das bei Empfindungen von Lust und Freude aktiv ist. Abhängigkeitserzeugende Stoffe wie Ethanol und Nicotin erhöhen die Dopaminfreisetzung in diesem Areal. Die antipsychotische Wirkung von Dopaminrezeptor-Antagonisten liegt in der Blockade dieser Rezeptoren.
- das tubero-infundibuläre System, über dessen Neurone, die bis in die Hypophyse ziehen, die Prolaktin-Freisetzung reguliert wird.
Peripher ist Dopamin Transmitter der die Niere innervierenden Neurone.
Es gibt fünf dopaminerge Rezeptoren: D_1 bis D_5, die sich in zwei funktionelle Gruppen einteilen lassen: $D_{1/5}$ sowie $D_{2/3/4}$.
Die antipsychotische Wirkung von Neuroleptika wird über die Blockade von D_2- und vielleicht D_4- Rezeptoren vermittelt.

Noradrenalin

Noradrenalin ist neben Acetylcholin und Dopamin der Haupttransmitter der postganglionär-sympathischen Neurone, sowie im ZNS in Brücke und Medulla oblongata. Der wichtigste noradrenerge Kern ist der Locus coeruleus, von dem Axone in Großhirn, Kleinhirn und ins Rückenmark ziehen.
Die zentralen Noradrenalinneurone sind an der Regelung des Schlaf-Wach-Rhythmus, der Nahrungsaufnahme und des Kreislaufs beteiligt.
Noradrenalin-Rezeptoren sind die G-Protein-gekoppelten α_1-, α_2- ß$_1$- und ß$_2$-Adrenorezeptoren.
Die Aktivierung von α_1-Rezeptoren führt in glatten Muskelzellen zu Kontraktionen, α_2-Rezeptoren im ZNS vermitteln eine Dämpfung des Sympathikustonus, während die Aktivierung von ß-Rezeptoren zur Relaxation glatter Muskelzellen führt.

Adrenalin

Adrenalin-Neurone finden sich in geringer Zahl im ZNS, die Zellkörper finden sich fast ausschließlich in der Medulla oblongata.
Adrenalin bindet an die gleichen Rezeptoren wie Noradrenalin, seine Affinität zum ß$_2$-Rezeptor ist jedoch viel stärker. Adrenalin als Neurotransmitter spielt eine nicht vollständig geklärte Rolle beim Barorezeptorreflex (zur Aufrechterhaltung des Blutdrucks).

Serotonin 5-Hydroxy-Tryptamin (5HT)

Serotonin kommt hauptsächlich in den enterochromaffinen Zellen des Verdauungstraktes vor, die Menge an neuronalem Serotonin ist dem gegenüber gering. Serotonerge Neurone entspringen in den Raphekernen, also in der medianen und paramedianen Formatio reticularis von Mesencephalon, Brücke und Medulla oblongata und erreichen fast das gesamte Rückenmark.

Die Synthese von Serotonin erfolgt aus Tryptophan. Serotonerge Neurone sind an der Regelung von Stimmung, dem Schlaf-wach-Rhythmus, der Wahrnehmung von Schmerz, dem Sättigungsgefühl und der Körpertemperatur beteiligt.
Fehlfunktionen der serotonergen Neurone sind eine Ursache der Depression.
Serotonin bindet an unterschiedliche Rezeptoren. Der $5HT_3$-Rezeptor ist ionotrop und führt bei Aktivierung über einen Na^+- und K^+-Einstrom zur Depolarisierung der Zellmembran.
Die anderen Rezeptoren, $5HT_1$, $5HT_2$ und $5HT_4$, von denen es jeweils verschiedenen Subtypen gibt, sind G-Protein-gekoppelte Rezeptoren. Ihre Aktivierung kann unter anderem angstdämpfend ($5HT_{1A}$) oder schmerzlindernd ($5HT_{1B}$ und $5HT_{1D}$) wirken.
Nach der Freisetzung in den synaptischen Spalt wird Serotonin aktiv wieder in die präsynaptische Zelle aufgenommen. In diesen Mechanismus greifen die antidepressiven Serotonin-Rückaufnahme-Hemmer ein.

Histamin

Histamin kommt im Organismus ebenfalls hauptsächlich außerneuronal vor und spielt eine große Rolle im Immunsystem. Es wird aus Histidin synthetisiert und in Vesikeln gespeichert.
Die Zellkörper histaminerger Neurone liegen im hinteren Hypothalamus, die Axone erstrecken sich aber in weite Teile des ZNS. Sie sind beteiligt an der Regulation des Schlaf-Wach-Rhythmus und der Vasopressinsekretion.
Die Histaminrezeptoren H_1 bis H_4 sind G-Protein-gekoppelt. Die Aktivierung von H_1-Rezeptoren erhöht die Gefäßpermeabilität und den Tonus der Bronchialmuskulatur und wird durch Antihistaminika blockiert.
Die Aktivierung von H_2-Rezeptoren führt zur Steigerung von Herzfrequenz und Magensäureproduktion, über präsynaptischen H_3-Rezeptoren hemmt Histamin autoregulatorisch seinen eigenen Freisetzung.

Glutamat

Glutamat (und Aspartat) ist der wichtigste erregende Neurotransmitter im ZNS. Seine Konzentration im ZNS übersteigt die der Amine um ein Vielfaches.
Es bindet an ligandenaktivierten Ionenkanäle, nämlich AMPA-, NMDA- und Kainat-Rezeptoren, sowie an G-Protein-gekoppelte metabotrope Glutamatrezeptoren und spielt eine Rolle in der Vermittlung von Sinneswahrnehmungen, Motorik und Lernen und Gedächtnis.
Glutamat wird durch das Enzym L-Glutaminsäuredecarboxylase zu γ-Aminobuttersäure (GABA) umgewandelt, der wichtigste erregende Neurotransmitter wird so zum wichtigsten hemmenden Transmitter.

γ-Aminobuttersäure (GABA)
GABA ist der wichtigste hemmende Neurotransmitter.
GABA bindet an zwei Rezeptorentypen, die im ganzen ZNS vorkommen.
GABA$_A$-Rezeptoren setzen sich aus fünf Untereinheiten zusammen, die sich in sieben Klassen unterteilen lassen. GABA$_A$-Rezeptoren sind ligandengesteuerte Cl$^-$-Kanäle und der Ansatzpunkt für viele Pharmaka.
GABA$_B$-Rezeptoren sind G-Protein-gekoppelt. Ihre Aktivierung vermindert den Einstrom von Ca^{2+}- und erhöht gleichzeitig den Ausstrom von K$^+$-Ionen und bewirkt so eine Hyperpolarisation der Zellmembran.

Glycin
Glycin ist neben GABA der wichtigste hemmende Neurotransmitter in Rückenmark und Hirnstamm. Als Cotransmitter verstärkt es die Wirkung des Glutamats.
Glycin ist Baustein der Gehirnproteine und Baustein vieler Stoffwechselprozesse.
Der Glycin Rezeptor ist ionotrop: analog dem GABA$_A$-Rezeptor bewirkt seine Aktivierung die Cl$^-$-Permeabilität der Membran. Freigesetztes Glycin wird zellulär wieder aufgenommen und vesikulär gespeichert.

Adenosin-5´-triphosphat (ATP)
Der Energieträger ATP dient auch als Neurotransmitter und Cotransmitter für Adrenalin im Sympathikus und für Acetylcholin in cholinergen Neuronen.
ATP wird von den Neuronen aus ADP synthetisiert und über Carrier in Speichervesikel befördert.
Es bindet an P2-Rezeptoren, die sich in zwei Hauptgruppen unterteilen lassen:
Die ionotropen P2X-Rezeptoren bestehen aus zwei oder drei Untereinheiten, die je zweimal die Membran durchziehen. In aktiviertem Zustand sind sie durchlässig für Na$^+$- und Ca^{2+}-Ionen. Sie vermitteln die Kontraktion von Blutgefäßen.
P2Y-Rezeptoren finden sich außerhalb des ZNS und bewirken die Relaxation der glatten Darmmuskulatur.
Die Inaktivierung von ATP erfolgt extrazellulär unter Bildung von Adenosin, das seinerseits an G-Protein-gekoppelte-Rezeptoren, die P1- oder Adenosinrezeptoren A$_1$, A$_{2A}$, A$_{2B}$ und A$_3$ bindet. Adenosin wirkt sedierend und antikonvulsiv. Die Adenosinrezeptoren werden von den Xanthinen Theophyllin, Coffein und Theobromin blockiert.

Tachykinine
Es gibt drei verschiedene Tachykinine, die Substanz P, Neurokinin A und Neurokinin B. Sie kommen im Darmnervensystem, primären afferenten Neuronen der Spinalnerven sowie peripheren nozizeptiven Neuronen vor.
Sie sind auch Cotransmitter für Acetylcholin, Glutamat, möglicherweise auch für Serotonin und andere Neurotransmitter.
Es gibt drei Tachykininrezeptoren, NK$_1$, NK$_2$, und NK$_3$. Sie sind G-Protein-gekoppelt. Ihre Aktivierung vermittelt die Signalweiterleitung von Nozirezeptoren ins Rückenmark, die Dilatation von Blutgefäßen und die Gefäßpermeabilität (NK$_1$). Sie bewirken eine schnelle
Kontraktion der glatten Darmmuskulatur (NK$_2$) sowie eine indirekte Kontraktion über Freisetzung von Acetylcholin im Darmnervensystem (NK$_3$).

Opioide

Opioide Peptide teilen sich in drei Gruppen, die ein breites Spektrum an Reaktionen wie Schmerzwahrnehmung, Regulation der Darmfunktionen und Hormonsekretion vermitteln.
Diese sind die Pro-Opiomelanocortin-Gruppe (z.B. ß-Endorphin), die Pro-Enkephalin-Gruppe (z.B. Methionin-Enkephalin) und die Pro-Dynorphin-Gruppe. Alle drei Gruppen kommen sowohl innerhalb als auch außerhalb des ZNS vor.
Opioide Peptide binden an drei Rezeptortypen: μ, δ, und κ. Alle drei sind G-Protein-gekoppelt und vermitteln die Signaltransduktion über Inhibierung der Adenylcyclase oder durch Öffnen von K^+- bzw. Schließen von Ca^{2+}-Kanälen.

Analgesie kann durch Aktivierung jedes einzelnen Rezeptortyps erreicht werden. Die Aktivierung von μ- und δ-Rezeptoren bewirkt Euphorie, die von κ-Rezeptoren Unlustgefühle. Aktivierte μ-Rezeptoren vermitteln auch eine Atemdepression.

1.5 Psychopharmaka

Psychopharmaka sind Arzneistoffe, die der Behandlung psychopathologischer Syndrome und psychischer Erkrankungen dienen. Ihre Einteilung erfolgt anhand der psychopathologischen Symptome, die der jeweilige Wirkstoff beeinflusst.

1.5.1 Antipsychotika

Antipsychotika werden auch als Neuroleptika bezeichnet. Dabei handelt es sich um Stoffe, die Halluzinationen, Wahn und psychomotorische Erregung beseitigen und sogenannte produktive Symptome (affektive Erregbarkeit, Vigilanz, Antrieb, Spontanbewegung) dämpfen. Manche Antipsychotika können darüber hinaus Negativsymptome wie affektive Verflachung, Verarmung der Sprache und Apathie abschwächen.

Antipsychotika dienen der Behandlung von Schizophrenie, Manie und psychotischen Symptomen, die andere Krankheiten begleiten. Die atypischen Antipsychotika Clozapin, Olanzapin, Quetiapin, Amisulprid, Risperidon und Ziprasidon sind größtenteils relativ neue Substanzen, die hinsichtlich schwerwiegender Nebenwirkungen weniger problematisch sind als konventionelle Antipsychotika (Phenothiazine, Thioxanthene, Butyronphenone). Benzamide (Amisulprid), Risperidon und Ziprasidon sind chemisch keiner Gruppe zuzuordnen.

Alle Neuroleptika sind Antagonisten der Dopaminrezeptoren. Alle wirken auf D_2-Rezeptoren, während sie sich in ihrer Affinität und ihrem Hemmpotential in Bezug auf andere Dopaminrezeptoren unterscheiden.

1.5.2 Antidepressiva

Antidepressiva sind die wichtigsten Mittel zur Behandlung affektiver Störungen. Sie heben eine pathologisch gesenkte Grundstimmung und können die Entstehung depressiver Wahngedanken abschwächen. Einige können den Antrieb steigern, haben angstlösende Effekte und wirken gegen Zwangsgedanken und Essstörungen. Sie alle erhöhen die Verfügbarkeit von Noradrenalin oder Serotonin, denn es wird davon ausgegangen, dass depressiven Erkrankungen ein Mangel an diesen Monoaminen zugrunde liegt.

Monoamin-Rückaufnahme-Hemmer (MRI)

MRI hemmen primär die neuronale Wideraufnahme von Noradrenalin und/ oder Serotonin durch Blockade der entsprechenden Transporter. Durch die erhöhte Konzentration an Neurotransmitter im synaptischen Spalt wird die Signaltransduktion verstärkt. MRI lassen sich in zwei Subgruppen aufteilen:

Trizyklische Antidepressiva (nicht-selektive MRI) hemmen eher die Noradrenalinaufnahme.
Neuere Stoffe sind selektiv (SSRI, SNRI, SSNRI) und haben keine Affinität zu Neurotransmitterrezeptoren. Sie weisen daher ein günstigeres Nebenwirkungsprofil auf, insbesondere treten keine anticholinergen oder kardiovaskulären Effekte und keine sedierende Wirkung auf.

Andere Antidepressiva

Die α_2-Adrenorezeptor-Antagonisten (Mirtazapin, Misanserin) blockieren präsynaptische α_2-Autorezeptoren an noradrenergen, bzw. α_2-Heterorezeptoren an serotonergen Neuronen und steigern damit die Freisetzung von Noradrenalin, respektive Serotonin. Monoaminoxidase-Inhibitoren (MAO-Inhibitoren) hemmen einen oder beide Subtypen der mitochondrialen Monoaminoxidase, die Noradrenalin und Serotonin abbaut.

1.5.3 Antidementiva

Antidementiva werden bei Alzheimer Demenz sowie bei vaskulärer Demenz eingesetzt und sollen höhere integrative Hirnfunktionen verbessern. Sie werden eingesetzt bei demenziellen Prozessen mit dem Ziel, der symptomatischen Verringerung der kognitiven Fähigkeiten entgegenzuwirken und somit eine Verbesserung der Lebensqualität zu erreichen. Daneben soll der Verlauf der Krankheit verzögert werden. In der Demenz-Therapie verwendet werden

Acetylcholinesterase-Inhibitoren (Donepezil), die bei leichter bis mittelschwerer Alzheimer-Demenz eingesetzt werden. Es gibt Hinweise, dass Acetylcholinesterase-Hemmer auch bei anderen demenziellen Erkrankungen (vaskuläre Demenz, Lewy-Body-Demenz) effektiv eingesetzt werden können (Brenner, 2003).

Glutamatmodulatoren (Mematin) blockieren NMDA-Rezeptoren. Sie werden auch bei stärkeren Alzheimer-Demenzformen und vaskulärer Demenz angewendet.

1.6 Untersuchte Wirkstoffe

1.6.1 CYP 2D6: Risperidon

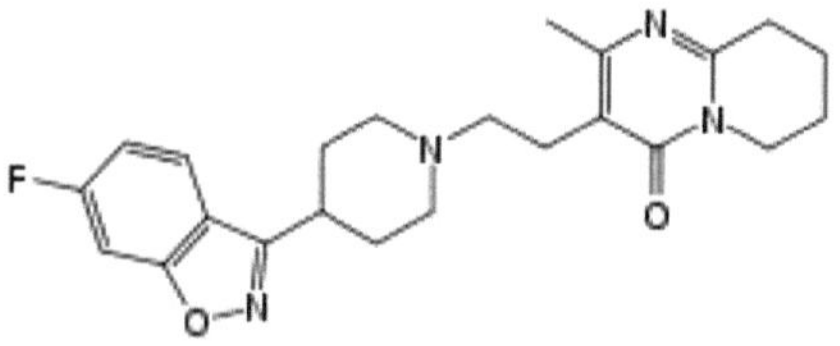

Abb. 1: Strukturformel Risperidon (Product Monograph Risperdal Tablet July 2008)

Risperidon (3-{2-[4-(6-Fluor-1,2- benzisoxazol-3-yl) piperidino]ethyl}-2-methyl-6,7,8,9- tetrahydro-4H-pyrido [1,2-a]pyrimidin-4-on) ist ein Antipsychotikum und wird primär zur Behandlung der Schizophrenie eingesetzt. Risperidon ist ein selektiver monoaminerger Antagonist mit hoher Affinität zu serotonergen 5-HT$_2$- und dopaminergen D$_2$-Rezeptoren. Daneben bindet Risperidon an α_1-adrenerge Rezeptoren und, mit geringerer Affinität, an H$_1$-histaminerge und α_2-adrenerge Rezeptoren. Risperidon hat keine Affinität zu cholinergen Rezeptoren (Richelson 2010).

Risperidon wird durch CYP 2D6 und in geringem Ausmaß durch CYP 3A4 zu 9-Hydroxy-Risperidon (9-OH-Risperidon) abgebaut; diese Substanz hat die gleichen pharmakologischen Eigenschaften wie Risperidon (Fang et al., 1999, Urichuk, 2008). Der CYP 2D6-Polymorphismus hat daher keinen Einfluss auf die Pharmakokinetik der aktiven Fraktion. Daneben wird Risperidon durch N-Dealkylierung verstoffwechselt.

Die Ratio 9OH-Risperidon/ Risperidon kann zur Bestimmung der CYP 2D6-Aktivität herangezogen werden.

CYP 2D6-Inhibitoren wie Fluoxetin und Paroxetin erhöhen die Plasmakonzentrationen von Risperidon und 9-OH-Risperidon um bis zu 75 % (Fluoxetin) bzw. 45 % (Paroxetin).
Arzneimittel wie z.B. Carbamazepin, die CYP 3A4 und das P-Glykoprotein (P-gp) induzieren, führen zu niedrigeren Plasmakonzentrationen der aktiven Fraktion von Risperidon (Spina et al, 2007).

Unter Risperidon treten extrapyramidale Nebenwirkungen und erhöhte Prolaktinplasmaspiegel häufiger auf als unter anderen atypischen Antipsychotika (Komossa, 2010).
Risperidon wird nach oraler Verabreichung vollständig resorbiert, die Bioverfügbarkeit beträgt 68 % Spitzenplasmaspiegel werden nach 1–2 Stunden gemessen, das Steady State wird nach 4-6 Tagen erreicht.
Im Plasma wird Risperidon an Albumin und α_1-saures Glykoprotein gebunden. Die Plasmaproteinbindung von Risperidon beträgt 90 %, die Eliminationshalbwertszeit 3-24 h und das Verteilungsvolumen 1-2 l/kg (Spina et al, 2007).

In placebokontrollierten Studien mit Risperidon bei älteren Patienten lag die Mortalitätsinzidenz bei den mit Risperidon behandelten Patienten bei 4,0 % verglichen

mit 3,1 % bei den Patienten unter Placebo. Das mittlere Alter der Patienten, die verstorben sind, war 86 Jahre (Altersspanne: 68 –100) (Fachinformation Risperdal 2008).
Für Risperidon ist eine lineare Zunahme der Summe der Risperidon/ 9-OH-Risperidon-Serumspiegel ab einem Alter von 42 Jahren beschrieben (Aichhorn et al., 2005). Daneben wird bei älteren Patienten eine um 30 % verminderte Clearance beobachtet. Patienten mit Nierenfunktionsstörungen zeigten erhöhte Plasmaspiegel und eine um 60 % verminderte Clearance der aktiven antipsychotischen Fraktion. Nebenwirkungen sind in dieser Patientengruppe häufiger, was eine sorgfältige Dosiseinstellung erfordert. (Aichhorn et al., 2005).

1.6.2 CYP 3A4: Quetiapin und Ziprasidon

1.6.2.1 CYP 3A4: Quetiapin

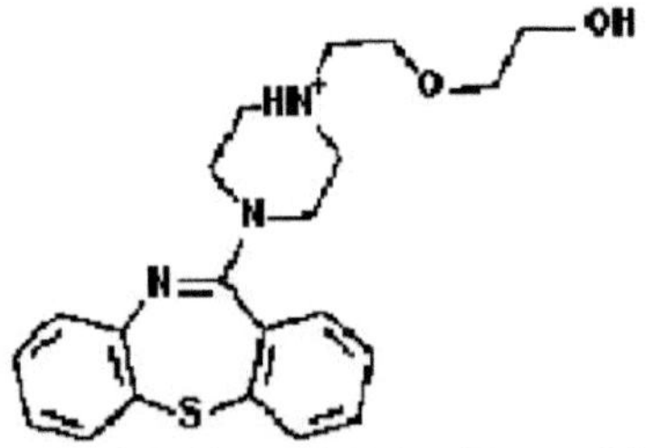

Abb. 2: Strukturformel Quetiapin (Seroquel Product Monograph February 2010)

Quetiapin (2-{2-[4-(Dibenzo[b,f] [1,4]thiazepin-11-yl) piperazin-1- yl]ethoxy}ethanol) wird zur Behandlung von Schizophrenien und bipolaren Störungen eingesetzt.

Quetiapin und sein Hauptmetabolit Norquetiapin interagieren mit mehreren Neurotransmittersystemen, insbesondere blockieren sie zerebrale serotonerge $5HT_2$- und dopaminerge D_1- und D_2-Rezeptoren. Quetiapin und Norquetiapin haben darüber hinaus Affinität zu histaminergen und α_1-adrenergen Rezeptoren und in geringerem Ausmaß zu
α_2-adrenergen und serotonergen $5HT_{1A}$-Rezeptoren. Norquetiapin bindet mit hoher Affinität an den Norepinephrin-Transporter (NET). Quetiapin weist keine Affinität zu muscarinischen Acetylcholin- oder Benzodiazepinrezeptoren auf.

Quetiapin wird über das CYP 3A4-Isoenzym zu Norquetiapin (N-Desalkyl-Quetiapin) und unter Beteiligung von CYP 2D6 zu anderen, nicht pharmakologisch aktiven Metaboliten verstoffwechselt.

Unter CYP 3A4-Induzierern wie Carbamazepin und Phenytoin werden niedrigere Quetiapin-Plasmaspiegel erreicht. Die Kombination mit CYP 2D6 und CYP 3A4-Inhibitoren führt nicht zu klinisch relevanten Veränderungen der Pharmakokinetik von Quetiapin (Aichhorn et al., 2006).

Im klinischen Dosierbereich verläuft die Pharmakokinetik von Quetiapin linear und weist keine geschlechtsspezifischen Unterschiede auf. Quetiapin hat ein Verteilungsvolumen von 10±4 l/kg und wird zu 83 % an Plasmaproteine gebunden. Die Eliminationshalbwertszeit beträgt 6 bis 7 h bei Quetiapin, 12 h bei Norquetiapin (Aichhorn et al, 2006).
Bei älteren Patienten wird eine geringere therapeutische Tagesdosis empfohlen, da die mittlere Plasmaclearance von Quetiapin im Vergleich zu der jüngerer Patienten um 30–50 % niedriger ist. Castberg et al., 2007 berichtet von erhöhten Quetiapin-Serumspiegeln bei Patienten über 70 Jahre.

Eine eingeschränkte Nierenfunktion erfordert keine Dosisanpassung, bei Patienten mit eingeschränkter Leberfunktion sollten niedrigere Dosen eingesetzt werden (Nemeroff et al., 2002).

1.6.2.2 CYP 3A4: Ziprasidon

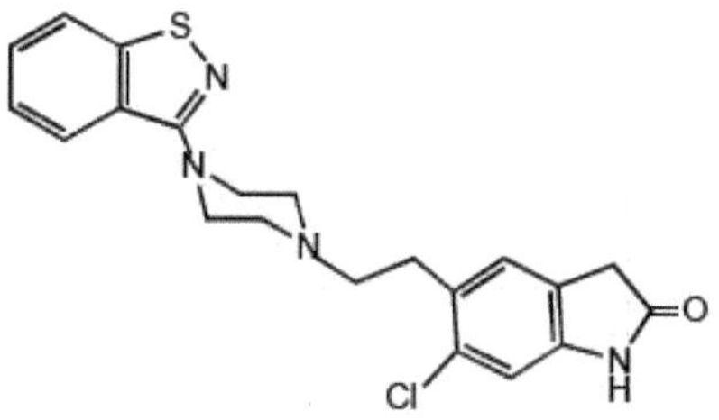

Abb. 3: Strukturformel Ziprasidon (Geodon US package Insert November 2009)

Ziprasidon (5-{2-[4-(1,2-Benzisothiazol-3-yl)- piperazin-1-yl]ethyl}-6-chlorindolin-2-on) ist ein atypisches Antipsychotikum und wird zur Behandlung der Schizophrenie angewendet.
Ziprasidon bindet mit besonders hoher Affinität an Serotonin $5HT_{2A}$-Rezeptoren, sowie an - serotonerge $5HT_{2C}$-, $5HT_{1D}$- und $5HT_{1A}$-, dopaminerge D_2-, histaminerge-H_1- und α_1-Rezeptoren. Die Affinität zu muskarinischen Rezeptoren ist gering. Ziprasidon wirkt als Antagonist an $5HT_{2A}$-, $5HT_{2C}$-, $5HT_{1D}$- und D_2-Rezeptoren, und als Agonist an $5HT_{1A}$-Rezeptoren, hemmt die neuronale Wiederaufnahme von Serotonin und Noradrenalin aus dem synaptischen Spalt.
Ziprasidon unterliegt einer komplexen Biotransformation, bei der mindestens 12 Metabolite entstehen. Der Hauptmetabolit, bei dem eine pharmakologische Aktivität vermutet wird, ist S-Methyldihydroziprasidon. Dieser wird durch Reduktion mithilfe einer Aldehyd-Oxidase und anschließender S-Methylierung gebildet. Drei pharmakologisch inaktive Metabolite entstehen unter Beteiligung von CYP 3A4 und CYP 1A2: Benzisothiazolpiperazin-(BITP-)-Sulfoxid, BITP-Sulphon und Ziprasidon-Sulfoxid (Rosa et al., 2000, Cherma et al., 2008).

1. Einleitung: Untersuchte Wirkstoffe

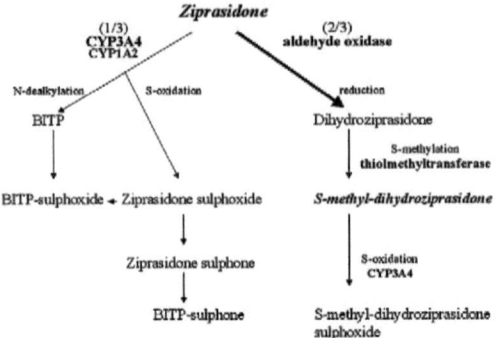

Abb. 4: Metabolismus von Ziprasidon (Cherma et al., 2008)

Die Beteiligung zweier konkurrierender Stoffwechselwege reduziert die Gefahr von Interaktionen.
Die Kinetik von Ziprasidon ist über den therapeutischen Dosierbereich linear. Die Einnahme von Ziprasidon zusammen mit der Nahrungsaufnahme erhöht die Resorption. Die Bioverfügbarkeit liegt bei 60 %, die Eliminationshalbwertszeit bei 4-10 h, das Steady State wird nach 2-3 Tagen erreicht. Ziprasidon bindet zu 99 % an Plasmaproteine (Spina et al., 2007).
Die häufigsten Nebenwirkungen sind Sedierung, Akathisie, extrapyramidale Störungen und Schwindelgefühl (Rosa et al., 2000).

Bei älteren Patienten und Patienten mit Leberfunktionsstörungen sind die mittleren Plasmaspiegel erhöht (Rosa et al., 2000), die Unterschiede sind aber nicht klinisch signifikant so dass keine allgemeine Dosisreduzierung empfohlen wird (Cherma et al., 2008).

1.6.3 CYP 2D6 und CYP 3A4: Aripiprazol, Donepezil und Venlafaxin

1.6.3.1 CYP 2D6 und CYP 3A4: Aripiprazol

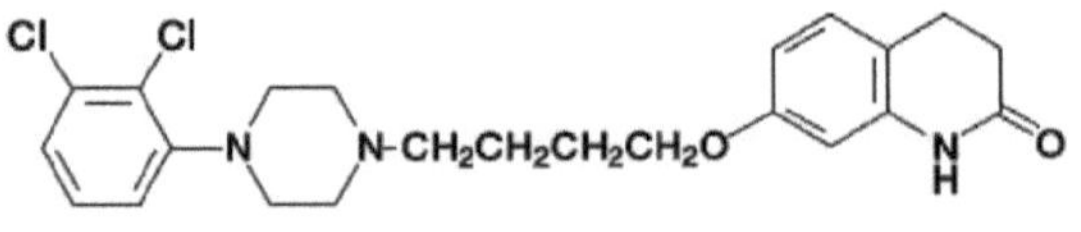

Abb. 5: Strukturformel Aripiprazol (Abilify US Prescribing Information, November 2009)

Aripiprazol (7-{4-[4-(2,3-Dichlorphenyl)piperazin-1-yl]- butoxy}-3,4-dihydro-1H-chinolin-2-on) ist ein atypisches Neuroleptikum, das zur Behandlung der Schizophrenie und von mittleren bis schweren manischen Episoden bei Bipolar-I-Störungen eingesetzt wird.

Es wirkt partiell agonistisch auf Dopamin D_2- und Serotonin $5HT_{1A}$-Rezeptoren und antagonistisch auf $5HT_{2A}$-Rezeptoren. Aripiprazol bindet an Dopamin D_2- und D_3- und, in geringerem Ausmaß, an D_4-Rezeptoren, sowie an Serotonin $5HT_{1A}$-, $5HT_{2A}$- und schwächer $5HT_{2C}$- und $5HT_7$- Rezeptoren. Darüber hinaus zeigt Aripiprazol eine Affinität zum α_1-adrenergen und zum histaminergen H_1-Rezeptor und blockiert die Serotonin-Wiederaufnahme.

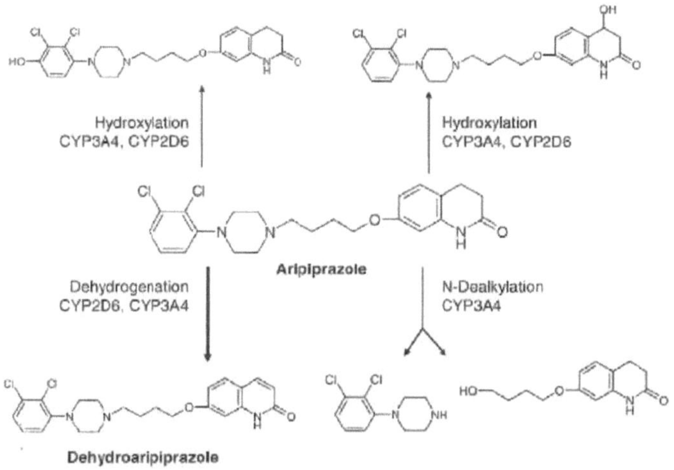

Abb. 6: Metabolisierung von Aripiprazol (Kirschbaum et al., 2008)

Die Metabolisierung von Aripiprazol erfolgt über Dehydrierung und Hydroxylation durch CYP 2D6 und 3A4, sowie N-Dealkylierung durch CYP 3A4.
Der einzig bekannte Metabolit ist Dehydro-Aripiprazol (D-Aripiprazol), dessen Serumspiegel etwa 40 % der Muttersubstanz erreicht.

Unter gleichzeitiger Einnahme von potenten CYP 2D6- oder CYP 3A4-Inhibitoren kann es zu erhöhten Aripiprazol- und D-Aripiprazol-Plasmaspiegeln kommen, die eine Dosisreduktion erforderlich machen. Bei Kombination mit Induktoren der genannten CYP-Enzyme muss die Dosis gegebenenfalls erhöht werden.

Die orale Bioverfügbarkeit von Aripiprazol beträgt 87 %, das Verteilungsvolumen 4,9 l/kg. Aripiprazol und D-Aripiprazol werden zu über 99 % an Plasmaproteine, überwiegend Albumin, gebunden.

Die Eliminationshalbwertszeit von Aripiprazol beträgt 48-68 h (D-Aripiprazol: 75-94 h), bei CYP 2D6 poor metabolizern bis zu 150 h. Plasmakonzentrationen erreichen nach 14 Tagen ein Steady State.
Die lange Halbwertszeit, das hohe Verteilungsvolumen und die hohe Plasmaproteinbindung können zu Interaktionen und erhöhten Plasmakonzentrationen führen, besonders bei Patienten mit niedrigem Serumalbumin.

Schwerwiegende Nebenwirkungen sind unter Aripiprazol seltener als unter anderen Antipsychotika und zeigen in Art und Schwere keine Altersabhängigkeit.

Die Datenlage zur Wirksamkeit von Aripiprazol in der Behandlung älterer Patienten ist sehr begrenzt, bisher wurden keine altersabhängigen Veränderungen der Pharmakokinetik gezeigt. Wegen seiner langen Halbwertszeit, seines hohen Verteilungsvolumen und seiner hohen Proteinbindung sind erhöhte Aripiprazol-Serumspiegel bei Alterspatienten möglich. In diesem Fall muss die Dosis reduziert werden (Kohen et al., 2007).
Bei Patienten mit leichter bis mittelschwerer Leberinsuffizienz und bei Patienten mit Niereninsuffizienz ist keine Dosisanpassung erforderlich (Kohen et al., 2010).

1.6.3.2 CYP 2D6 und CYP 3A4: Donepezil

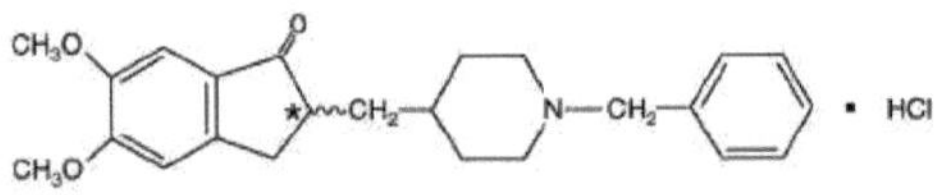

Abb. 7: Strukturformel Donepezil (Aricept Product Monograph, March 2005)

Donepezil ((RS)-1-Benzyl-4-[(5,6- dimethoxyindan-1-on-2-yl) methyl]piperidin) wird zur symptomatischen Behandlung der leichten bis mittelschweren Alzheimer-Demenz eingesetzt.
Donepezil ist ein reversibler Acetylcholinesterase-Hemmer und verstärkt dank der fehlenden hydrolytischen Spaltung von Acetylcholin im synaptischen Spalt die cholinergen Funktionen im Zentralnervensystem.

Der Metabolismus von Donepezil erfolgt durch O-Dealkylierung und Hydroxylierung und anschließende Glucuronidierung, sowie durch Hydrolyse und N-Oxidierung. Die katalysierenden Enzyme sind CYP 3A4 und CYP 2D6. Die identifizierten Metabolite sind 6-O-Desmethyl-Donepezil, Donepezil-cis-N-oxid, 5-O-Desmethyl-Donepezil und das Glucuronidkonjugat von 5-O-Desmethyl-Donepezil. Nur 6-O-Desmethyl-Donepezil ist pharmakologisch wirksam.
Anhand der Ratio kann auf die Aktivität von CYP 2D6 und 3A4 rückgeschlossen werden.

Der CYP 3A4 und 2D6-Inhibitor Ketoconazol erhöht experimentell die Donepezil-Plasmaspiegel um 30 %. Die Auswirkungen anderer CYP 3A4- und 2D6-Inhibitoren wurde nicht untersucht, sind aber nicht auszuschließen.
Synergetische Effekte können auftreten, wenn Donepezil mit anderen Arzneistoffen kombiniert wird, die auf das Acetylcholinsystem wirken. Auch pharmakodynamische Wechselwirkungen mit Betablockern können auftreten.

Die häufigsten Nebenwirkungen sind Diarrhoe, Muskelkrämpfe, Müdigkeit, Übelkeit, Erbrechen und Schlaflosigkeit.
Das Verteilungsvolumen beträgt 12 l/kg. Die Plasmaproteinbindung erfolgt zu 96 % überwiegend an Serumalbumin. Die Eliminationshalbwertszeit beträgt 70 h,

Steady-State Plasmakonzentrationen werden nach 15-21 Tagen erreicht. Die Pharmakokinetik von Donepezil ist über einen Dosierbereich von 1-10 mg linear. Die mittleren Plasmaspiegel der Patienten stimmten weitgehend mit denen von jungen gesunden Freiwilligen überein.
Eine Nierenfunktionsstörung erfordert keine Dosisanpassung, da die Donepezil-Clearance dadurch nicht beeinflusst wird. Bei leichter bis mittelschwerer

Leberfunktionsstörungen können die Wirkspiegel erhöht sein. Zur Pharmakokinetik bei Patienten mit schwerer Leberinsuffizienz liegen keine Daten vor (Seltzer, 2005).

1.6.3.3 CYP 2D6 und CYP 3A4: Venlafaxin

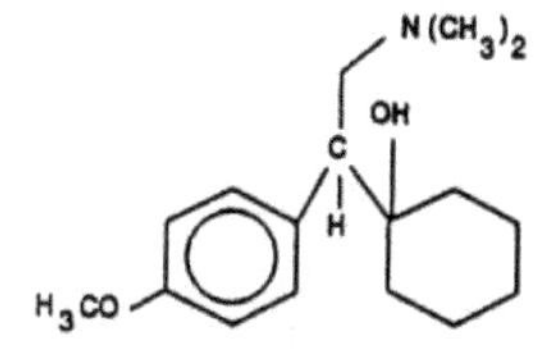

Abb. 8: Strukturformel Venlafaxin (Effexor Product Monograph January 2007)

Venlafaxin ((RS)-1-[2-Dimethylamino-1-(4-methoxyphenyl)ethyl] cyclohexan-1-ol) ist ein Serotonin-Noradrenalin-Rückaufnahme-Hemmer (SNRI) und wird bei depressiven Erkrankungen eingesetzt.

Die antidepressive Wirkung von Venlafaxin ist zurückzuführen auf die durch die Hemmung der Rückaufnahme in die präsynaptische Zelle erhöhte Neurotransmitterkonzentration (Serotonin, Noradrenalin und in geringerem Ausmaß Dopamin) im ZNS. Dadurch wird die Neurotransmitteraktivität vervielfacht.

Venlafaxin wird hepatisch in einem intensiven First-pass-Metabolismus über CYP 2D6 zu O-Desmethylvenlafaxin (OD-Venlafaxin) verstoffwechselt, das vergleichbare pharmakologische Eigenschaften wie die Muttersubstanz hat. Die Metabolisierung zu N-Desmethylvenlafaxin (ND-Venlafaxin) und anderen Metaboliten erfolgt über CYP-Isoenzyme 3A3 und 3A4.
Demnach zeigt die metabolische Ratio OD-Venlafaxin/ Venlafaxin die Aktivität des CYP 2D6 und die Ratio ND-Venlafaxin/ Venlafaxin die Aktivität des CYP 3A4 auf (Veefkind et al., 2000).

Die absolute Bioverfügbarkeit von Venlafaxin liegt bei 45 %. Nach Gabe von retardiertem Venlafaxin werden Plasmaspitzenspiegel innerhalb von 6,0± 1,5 h (Venlafaxin), bzw. 8,8± 2,2 h (OD-Venlafaxin) gemessen.

Die Plasmaproteinbindung beträgt 27 % bei Venlafaxin und 30 % bei OD-Venlafaxin, das Verteilungsvolumen 4,4± 1,6 l/kg.
Die Elimination von Venlafaxin erfolgt hauptsächlich über die Nieren. Die Eliminationshalbwertszeit liegt bei 5 h für Venlafaxin und 11 h für OD-Venlafaxin (Veefkind et al., 2000).

Die Effizienz und Tolerabilität von Venlafaxin bei älteren Patienten wurde in Studien gezeigt (Mazeh et al., 2007). Plasmaspiegel von Venlafaxin waren bei Alterspatienten um 16 % erhöht, was nicht als klinisch relevant eingestuft wird. Eine Dosisreduktion wird daher nicht allgemein empfohlen (DeVane et al., 1999). Andere Studien beschreiben eine Erhöhung der Venlafaxin-Serumspiegel um 38 % (Reis et al., 2009).

1.6.4 CYP 2C19, CYP 2D6 und CYP 3A4: Citalopram und Escitalopram

1.6.4.1 CYP 2C19, CYP 2D6 und CYP 3A4: Citalopram

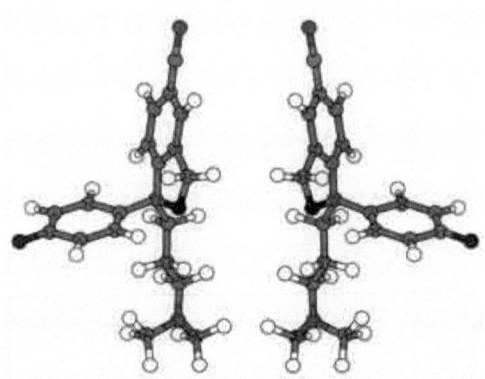

Abb. 9: Strukturformel des S- und R- Enantiomers von Citalopram (Celexa Product Monograph January 2009)

Citalopram (RS)-1-(3-Dimethylaminopropyl)-1-(4-fluorphenyl)-3H-2-benzofuran-5-carbonitril) zählt zu den SSRI und wird bei depressiven Erkrankungen und Panikstörungen eingesetzt.

Die Wirkungen von Citalopram beruht auf der Hemmung der Wiederaufnahme von Serotonin. Dabei hat Citalopram keinen oder nur minimalen Effekt auf die Noradrenalin, Dopamin- und GABA-Aufnahme.
Eine Toleranz wird auch bei Langzeitbehandlung nicht entwickelt.

Die Biotransformation erfolgt mithilfe von CYP 2C19 (ca. 60 %), CYP 3A4 (ca. 30 %), CYP 2D6 (ca. 10 %).
Die aktiven Metabolite sind Desmethylcitalopram (D-Citalopram) und Didesmethylcitalopram (DD-Citalopram), die allerdings eine geringere pharmakologische Wirkung besitzen als die Muttersubstanz. Daneben entstehen Citalopram-N-Oxid und ein desaminierten Propionsäurederivat.
Die Ratio D-Citalopram/ Citalopram wird zur Beurteilung der Aktivität der beteiligten CYP-Enzyme genutzt.

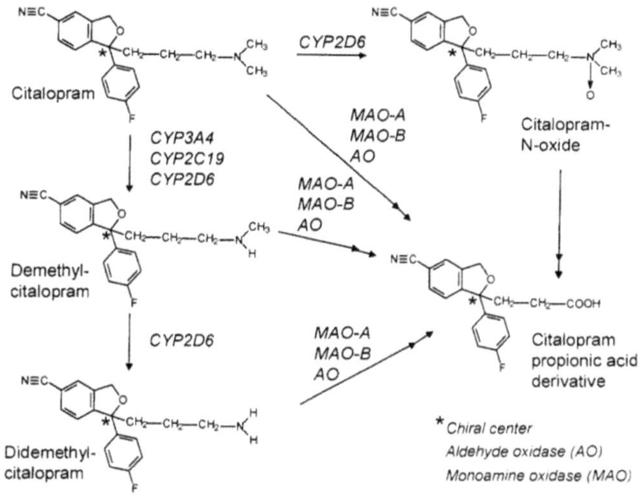

1. Einleitung: Untersuchte Wirkstoffe

Abb. 10: Chemische Strukturen und Metabolisierungswege von Citalopram und seinen Metaboliten (Kugelberg 2003)

Im Plasma überwiegt der Anteil von unverändertem Citalopram, die Konzentration von Desmethylcitalopram beträgt etwa 30- 50 %, die von Didesmethylcitalopram etwa 5- 10 % der Citalopram- Plasmakonzentration.
Bei CYP 2C19-poor metabolizern wurden bis auf das Doppelte erhöhte Plasmakonzentrationen beobachtet, während eine eingeschränkte CYP 2D6-Aktivität nicht zu veränderten Blutspiegeln führte.

Citalopram und Desmethylcitalopram haben ein schwaches Inhibitionspotential für CYP 1A2, CYP 2C19 und CYP 2D6. Es wurden nur geringfügige Veränderungen der Pharmakokinetik von Arzneistoffen, die Substrate dieser Enzyme sind (unter anderem Clozapin, Theophyllin, Imipramin, Amitriptylin, Risperidon) beobachtet.

Die orale Bioverfügbarkeit von Citalopram beträgt etwa 80 %, das Verteilungsvolumen 12-17 l/kg.
Citalopram und seine Hauptmetabolite werden zu weniger als 80 % an Plasmaproteine gebunden, die renale Clearance liegt zwischen 0,05 und 0,08 l/min, die hepatische Clearance bei etwa 0,3 l/min.
Häufige Nebenwirkungen sind verstärkte Schweißneigung, Kopfschmerzen, Tremor, Somnolenz, Schlaflosigkeit, trockener Mund, Übelkeit, Verstopfung, Asthenie (Bezchlibnyk-Butler et al.,2000).

Die dosiskorrigierten Plasmaspiegel steigen mit zunehmendem Alter signifikant. (Baumann et al., 1998). De Mendonça Lima 2005 zeigte jeweils signifikant steigende mittlere Citalopram- und D-Citalopram-Serumspiegel in den Altersgruppen unter 64, 65 bis 79 und über 80 Jahre.

Patienten älter als 60 Jahre zeigen darüber hinaus eine höhere AUC, eine verlängerte Eliminationshalbwertszeit, erhöhte Steady State Plasmaspiegel und eine niedrigere D-Citalopram/ Citalopram Ratio, die eine veränderte CYP-Aktivität im bei älteren Patienten anzeigt.
Bei Patienten mit einer leichten bis mittleren Nierenfunktionsstörung ist keine Dosisanpassung erforderlich. Zur Pharmakokinetik bei Patienten mit stark eingeschränkter Nierenfunktion liegen keine Daten vor. Patienten mit Leberfunktionsstörung sollten mit einer niedrigeren Anfangsdosis behandelt werden (Bezchlibnyk-Butler et al., 2000).

1.6.4.2 CYP 2C19, CYP 2D6 und CYP 3A4: Escitalopram

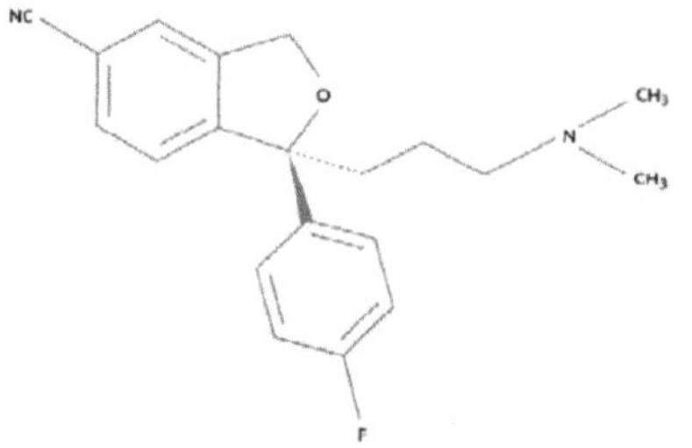

Abb. 11: Strukturformel des S-Enantiomers von Citalopram (Celexa Product Monograph January 2009)

Escitalopram ((S-) (+)-1(3-dimethylaminopropyl)1-(4-fluorophenyl)-1,3-dihydroisobenzofuran-5-carbonitril) ist das pharmakologisch wirksame Enantiomer von Citalopram und zählt zu den Serotonin-Wiederaufnahme-Hemmern. Von allen SSRI hat es die höchste Serotonin-Selektivität (Sanchez et al, 2004).
Escitalopram wird bei Episoden einer Major Depression eingesetzt und zur Behandlung von Panik-, Angst- oder Zwangsstörungen.

Escitalopram wird analog zu Citalopram metabolisiert. Das S-Enantiomer wird allerdings schneller transformiert was sich in einer schnelleren Eliminationshalbwertszeit und niedrigeren Plasmaspitzenspiegeln zeigt (Olesen et al., 1999).

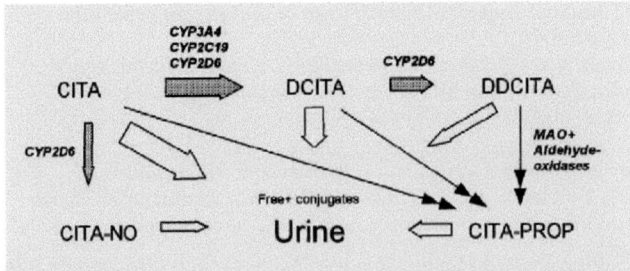

Abb. 12: Metabolismus von Escitalopram (Olesen et al., 1999)

Die pharmakologisch aktiven Metabolite sind Desmethylescitalopram (D-Escitalopram) und Didesmethylescitalopram (DD-Escitalopram), allerdings ist deren pharmakologische Aktivität weit schwächer und ihre Konzentration im Plasma geringer (D-Escitalopram 35 % und DD-Escitalopram 3 %) als die der Muttersubstanz (Reis et al., 2007).

Die orale Bioverfügbarkeit liegt wie beim racemischen Gemisch bei ca. 80 %. Das Verteilungsvolumen beträgt 12-26 l/kg, die Plasmaproteinbindung für Escitalopram und seine Hauptmetabolite liegt bei bis zu 80 % (Olesen et al., 1999). Das Steady State wird innerhalb von sieben Tagen erreicht. Spitzenplasmaspiegel werden im Steady State nach 4,1± 2,7 Stunden (Escitalopram) bzw. 6,0 ± 2,0 Stunden (D-Escitalopram) gemessen. Die Eliminationshalbwertszeit beträgt 35 ±14,2 h (Escitalopram) bzw. 54,1 ±21,7 h (Reis et al., 2007).

Escitalopram wird von älteren Patienten anscheinend langsamer eliminiert als von jüngeren Patienten, was zu höheren dosiskorrigierten Plasmaspiegeln führt (Reis et al., 2007).

1.6.5 CYP 2B6, 2C19, 3A4, 2D6 und 2C9: Sertralin

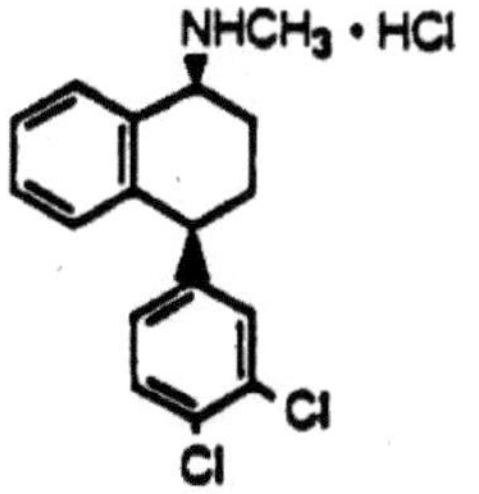

Abb. 13: Strukturformel Sertralin (Zoloft Product Monograph May 2010)

Sertralin ((1S,4S)-4-(3,4-Dichlorphenyl)-1,2,3,4-tetrahydro-N-methyl-1-naphthylamin) ist ein SSRI und wird bei depressiven Erkrankungen und zur Rezidivprophylaxe depressiver Erkrankungen angewandt.

Sertralin inhibiert die neuronale Wiederaufnahme von Serotonin ohne die Noradrenalin- oder Dopamin-Aufnahme maßgeblich zu beeinflussen. Sertralin zeigt keine sedierenden oder kardiotoxischen Eigenschaften und keine Affinität zu Muskarin- , Serotonin-, Dopamin-, adrenergen, Histamin-, GABA- oder Benzodiazepin-Rezeptoren.

Sertralin wird hepatisch zu N-Desmethylsertralin (D-Sertralin) und anderen Metaboliten verstoffwechselt (Abb. 14), die keine relevante pharmakologische Aktivität besitzen. An der Demethylierung sind die Enzyme CYP 2B6, CYP2C19, CYP2C9, CYP 3A4, und CYP 2D6 beteiligt.

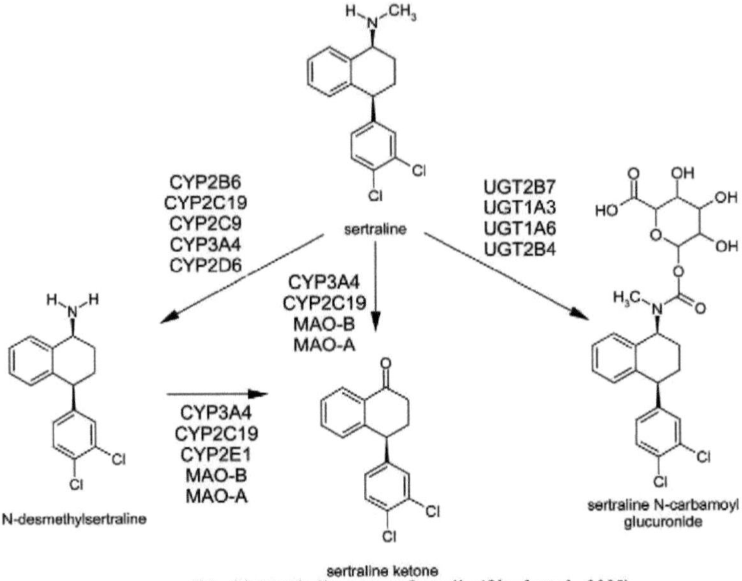

1. Einleitung: Untersuchte Wirkstoffe

Abb. 14: Metabolismus von Sertralin (Obach et al., 2005)

Häufige Nebenwirkungen (<10 %) sind Übelkeit, Diarrhoe, Dyspepsie, Mundtrockenheit, vermehrtes Schwitzen, Tremor, Schwindel, Schlaflosigkeit, Somnolenz.
Sertralin zeigt eine lineare Pharmakokinetik über den Dosierbereich von 50-200 mg/d. Die Bioverfügbarkeit wird durch eine Einnahme gleichzeitig mit Nahrung erhöht. Sertralin liegt im Plasma zu 98 % gebunden vor. Relevante Verdrängungsreaktionen zwischen Sertralin und anderen stark an Plasmaproteine gebundene Wirkstoffe sind nicht untersucht. Die Eliminationshalbzeit von Sertralin beträgt etwa 26 h, die von D-Sertralin 62-104 h. Spitzenplasmaspiegel werden nach 4-8 h gemessen, das Steady State wird nach 7 Tagen erreicht.

Für Sertralin wurde für Personen über 60 Jahre eine gute Effizienz und Tolerabilität in der Behandlung von Major Depressionen gezeigt. Dies gilt auch bei Patienten die mehrere Medikamente gleichzeitig (darunter Benzodiazepine, Antihypertensiva und Calcium Kanal Blocker) nahmen. Die Pharmakokinetik von Sertralin bei jüngeren und älteren Patienten unterscheidet sich nicht, die N-Desmethylsertalin-Serumspiegel waren bei älteren Patienten auf das dreifache erhöht. Unter Nierenfunktionsstörungen treten verlängerte Halbwertszeiten, unter Leberfunktionsstörungen erhöhte Plasmaspiegel und verlängerte Halbwertszeiten (MacQueen et al., 2001).
Reis et al, 2009 beschreibt dagegen bei Patienten über 65 Jahren erhöhte Werte der D-Sertralin/ Sertralin Ratio.

1.6.6 CYP 1A2, CYP 2C19, CYP 3A4 und CYP 2D6: Clozapin

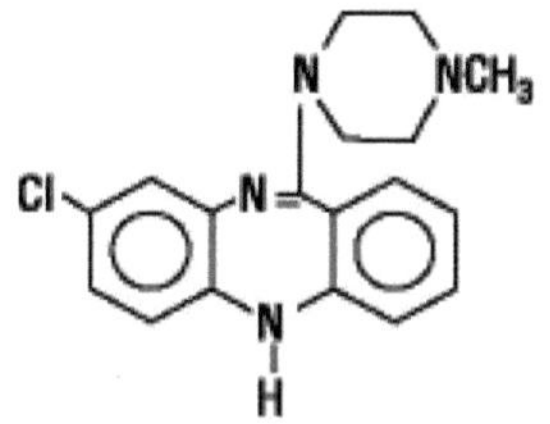

$C_{18}H_{19}ClN_4$ Mol. wt. 326.83

Abb. 15: Strukturformel Clozapin (US Clozaril package insert, January 2010)

Clozapin (8-Chlor-11-(4-methylpiperazin-1-yl)-5H-dibenzo[b,e] [1,4]diazepin) dient der Behandlung therapieresistenter Schizophrenien, oder von Patienten die bei anderen Neuroleptika schwere, nicht behandelbare neurologische Reaktionen gezeigt haben. Clozapin ist das erste atypische Antipsychotikum und interagiert mit mehreren Transmittersystemen. Es besitzt eine hohe Affinität zum D_4-Rezeptor, aber nur eine geringe zu D_1-, D_2-, D_3- und D_5- Rezeptoren. Darüber hinaus hat es hohe anti-α-adrenerge, anticholinerge, antihistaminerge und antiserotonerge Eigenschaften (Gareri et al., 2008).

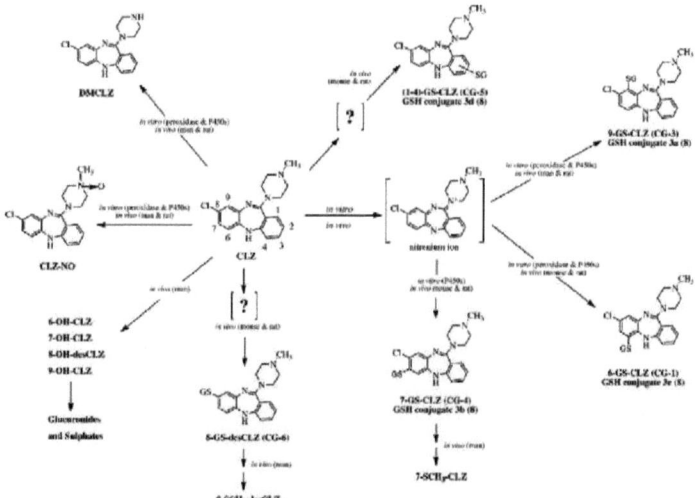

Abb. 16: Metabolismus von Clozapin (Dragovic et al., 2010)

Clozapin wird nahezu vollständig metabolisiert. Es entsteht ein pharmakologisch wirksamer Metabolit, Demethyl-Clozapin (D-Clozapin, synonym Norclozapin), dessen Wirkung allerdings erheblich schwächer ist als die der Muttersubstanz. Die Desmethylierung wird hauptsächlich durch CYP 1A2, und weniger stark durch CYP 2C19 katalysiert. CYP 2D6 und CYP 3A4 scheinen bei hohen Clozapin-Dosen oder geringer CYP 1A2-Aktivität, sowie bei der Bildung weiterer pharmakologisch inaktiver Metabolite ebenfalls beteiligt zu sein. Clozapin wird mithilfe des P-gp eliminiert (Jaquenoud Sirot et al., 2009, Urichuk et al., 2008).

Eine mögliche Agranulozytose ist die schwerwiegendste Nebenwirkung von Clozapin. Es darf daher nur bei Patienten mit normalem Blutbild und unter fortlaufender Kontrolle der Leukozyten und neutrophilen Granulozytenkonzentration angewandt werden. Weitere Nebenwirkungen sind orthostatische Hypotension, Gewichtszunahme, Sedierung, dagegen ist das Auftreten extrapyramidaler Störungen unter Clozapin seltener als unter anderen Antipsychotika (Saffermann et al., 1991, Gareri et al., 2008).

Wechselwirkungen über das Cytochrom P450-Enzymsystem sind bekannt. So kommt es zu einer Zunahme der Clozapin-Serumspiegel unter Einnahme von Fluoxetin (40-70 % durch Inhibition von CYP 2D6, CYP 2C19 und CYP 3A4), Paroxetin (20-40 % durch Inhibition von CYP 2D6) und Fluvoxamin (auf das 5- bis 10-fache durch Inhibition von CYP 1A2, CYP 2C19 und CYP 3A4). Niedrigere Clozapinserumspiegel wurden unter Comedikation mit Carbamazepin (50 % durch Induktion von CYP 1A2, CYP 3A4 und UGT) Phenorbital (30-40 % durch Induktion von CYP 1A2, CYP 3A4 und UGT) beobachtet (Spina et al., 2007).

Clozapin hat eine Bioverfügbarkeit von 50-60 %, das Verteilungsvolumen beträgt 1,6 l/kg. Die Plasmaproteinbindung beträgt 95 %, die Eliminationshalbwertszeit 12 h.

Studien die die Altersabhängigkeit des Clozapin-Metabolismus prüfen, waren bislang widersprüchlich, es wurden sowohl veränderte wie auch gleichbleibende Clozapin Plasmaspiegel beschrieben. Alterspatienten werden niedrigere Dosen empfohlen (Gareri et al., 2008).

1.6.7 CYP 1A2, CYP 2D6 und CYP 3A4: Mirtazapin

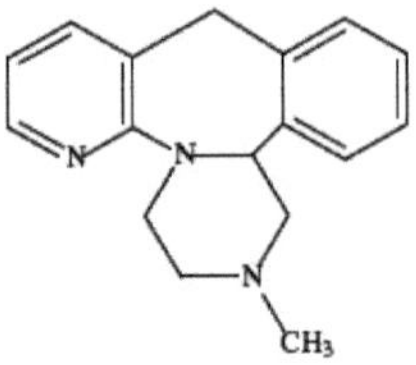

Abb. 17: Strukturformel Mirtazapin (Remeron Product Monograph November 2004)

Mirtazapin ((RS)-(±)-2-Methyl- 1,2,3,4,10,14b-hexahydropyrazino [2,1-a]pyrido[2,3-c][2]benzazepin) ist ein Antidepressivum und wird zur Behandlung von Episoden einer Major Depression eingesetzt.
Mirtazapin gilt als ein noradrenerg und spezifisch serotonerg wirkendes Antidepressivum (NaSSA), es blockiert den α_2-Rezeptor, der die Noradrenalin- und Dopamin-Freisetzung verstärkt. Durch eine Blockade der 5 HT_2-Rezeptoren durch das S- und der $5HT_3$-Rezeptoren durch das R-Enantiomer wird die Serotoninwirkung auf $5HT_1$ verstärkt. Mirtazapin besitzt kaum Affinität zu cholinergen, ß-adrenergen und

dopaminergen Neuronen, das Risiko für kardiovaskuläre Nebenwirkungen ist daher gering (Reis et al., 2005)
Mirtazapin wird über Demethylierung oder Oxidation metabolisiert, an die sich eine Konjugationsreaktion anschließt. Die Enzyme CYP 2D6 und CYP 1A2 sind bei der Bildung von 8-Hydroxy.Mirtazapin, CYP 3A4 bei der Bildung von N-Desmethyl- und N-Oxid-Mirtazapin beteiligt. Desmethyl-Mirtazapin ist ebenfalls pharmakologisch aktiv, allerdings in geringerem Ausmaß als die Muttersubstanz (Shams et al., 2004, Reis et al., 2005).

Mirtazapin zeigt eine lineare Pharmakokinetik über den Dosierbereich von 15-75 mg. Die Bioverfügbarkeit beträgt 50 %, die Eliminationshalbwertszeit 20-40 h, Plasmaproteinbindung 85 %, das Steady State wird nach 5 bis 7 Tagen erreicht (Timmer et al., 2000, Reis et al., 2005). In mehreren Studien wurde sowohl ein Geschlechts- als auch ein Alterseffekt für Mirtazapin beschrieben: Frauen zeigten höhere dosiskorrigierte Mirtazapin- und D-Mirtazapin-Serumspiegel und eine höhere metabolische Ratio D-Mirtazapin/ Mirtazapin, was auf eine höhere CYP 3A4-Aktivität bei Frauen zurückzuführen ist (Shams et al., 2004, Reis et al., 2005).
Patienten über 65 Jahre zeigten ebenfalls höhere Mirtazapin- und D-Mirtazapin-Serumspiegel (Shams et al., 2004, Reis et al., 2005)

1.6.8 Ohne hepatischen Metabolismus: Amisulprid

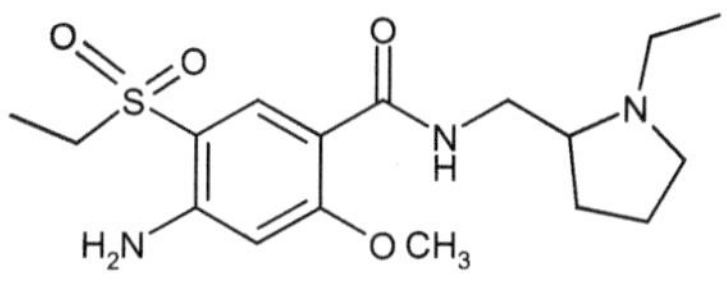

Abb. 18: Strukturformel Amisulprid (Solian Product Information February 2010)

Amisulprid (4-Amino-N-[(1-ethyl-2- pyrrolidinyl)methyl]-5-(ethylsulfonyl)-2-methoxybenzamid) ist ein Antipsychotikum und wird zur Behandlung der Schizophrenie eingesetzt.

Als Dopamin-Antagonist bindet Amisulprid an Dopamin D_2- und D_3-Rezeptoren, ohne Affinität zu D_1-, D_4- und D_5-, serotonergen, α-adrenergen, H_1-, cholinergen oder Sigma-Rezeptoren.In niedriger Dosierung wirkt Amisulprid primär auf präsynaptische D_2- und D_3-Rezeptoren, und führt so zur Dopamin-Ausschüttung (desinhibierende Effekt).
In höherer Dosierung blockiert Amisulprid postsynaptische D_2-Rezeptoren im limbischen System und weniger stark im Striatum.
Die Eliminationshalbwertszeit von Amisulprid beträgt 12 h, das Verteilungsvolumen von 4,9 l/kg, die Plasmaproteinbindung ist mit 16 % recht niedrig.
Amisulprid unterliegt nur zu ca. 4 % einer hepatischen Biotransformation, bei der zwei Metabolite gebildet werden. Aufgrund der fehlenden hepatischen Metabolisierung ist bei Patienten mit Leberfunktionsstörung keine Dosisanpassung erforderlich.
Häufige Nebenwirkungen sind Schlaflosigkeit, Angst und extrapyramidale Störungen (Nuss et al, 2007). Tagesdosis, Plasmaspiegel und dosiskorrigierte Plasmaspiegel sind über eine Altersspanne von 18-80 Jahren konstant (Müller et al., 2008).

1.7 Therapeutisches Drug Monitoring (TDM)

TDM wird eingesetzt, um die individuelle Pharmakotherapie zu optimieren. Unter gleicher Dosis eines Psychopharmakons treten inter- und intraindividuell sehr unterschiedlichen Plasmaspiegel auf. Ursachen sind eine unterschiedliche Ausstattung der arzneimittelabbauenden Enzyme in der Leber, deren Aktivität von Faktoren wie Comedikation, Ernährung oder Rauchen abhängt.
Die Konzentration der Plasmaspiegel korreliert dagegen mit der Konzentration im Gehirn.
Bei zu niedrigen Plasmaspiegeln ist die Verbesserung der Symptome wie unter Placebo, während höhere als therapeutische Plasmaspiegel oft mit vermehrten Nebenwirkungen einhergehen. Des Weiteren kann durch TDM überprüft werden, ob der Patient seine Medikamente einnimmt (Compliance-Kontrolle). Mittels TDM kann daher die Effizienz einer Pharmakotherapie gesteigert und das Auftreten von Nebenwirkungen gemindert werden.
TDM ist bei der Therapie mit Lithium indiziert, um zu verhindern dass sich toxische Konzentrationen aufbauen. Dies gilt auch für Pharmaka mit wasserlöslichen pharmakologisch aktiven oder kardiotoxischen Metaboliten.

Eine Voraussetzung für den Einsatz von TDM ist die Verfügbarkeit einer in der Patientenversorgung geeignete Routinemethode zum quantitativen Nachweis in Blutserum oder –plasma. Damit sie in der klinischen Routine eingesetzt werden kann, muss sie selektiv, reproduzierbar, praktikabel und präzise sein, die Durchführung sollte möglichst wenig Zeit beanspruchen. Am besten eignet sich dafür die Hochdruckflüssigkeitschromatographie (HPLC).

1.8 Ziele der Arbeit/ Hypothesen

In der geplanten Arbeit sollte die Metabolisierung der oben genannten Psychopharmaka bei Alterspatienten untersucht werden.
Hierbei handelt es sich um häufig verordnete Präparate, deren Einnahme im Rahmen von Therapeutischem Drug Monitoring (TDM) überwacht wird. Alle Präparate werden über die Enzyme des Cytochrom P450 (CYP-Enzyme) metabolisiert und zwar durch CYP 1A2, 2 B6, 2C9, 2C19, 2D6 und 3A4.
Amisulprid wird ohne vorherige hepatische Biotransformation ausgeschieden. Hier beobachtete Veränderungen geben Aufschluss über die altersbedingten Veränderungen der renalen Exkretion.

Messgrößen in der geplanten Studie sollen vorrangig Serumspiegel der genannten Pharmaka und ihrer Metabolite sowie die metabolische Kapazität (Ratio Muttersubstanz/ Metabolit) sein.

In dieser Arbeit sollen die altersbedingten Veränderungen sowie die Auswirkungen einer multiplen Medikamentengabe auf den Stoffwechsel untersucht werden. Ziel ist es, anhand der erhobenen Ergebnisse genauere Angaben zu Dosierung, Effizienz und Nebenwirkungen bei Patienten über 60 Jahre machen zu können.

Hypothesen

Hypothese 1: Aufgrund von altersbedingten Veränderungen ist die Metabolisierung von Psychopharmaka bei Patienten ab einem bestimmten Alter verlangsamt.
Um festzustellen, ob und welche Veränderungen in der Aktivität der CYP Enzyme 1A2, 2B6, 2C9, 2C19, 2D6 und 3A4 bei älteren Patienten auftreten, wurden die Medikamentenspiegel von Patienten, die mit einem der genannten Psychopharmaka behandelt wurden, mittels HPLC bestimmt.
Die Daten wurden in einer Tabelle angelegt, die folgende Angaben erfasste: Geburtsdatum, Geschlecht, Diagnose, Medikamente, Dosis, Serumspiegel Muttersubstanz und Metabolite, Begleitmedikamente, Schweregrad der Krankheit (CGI), Therapieerfolg (CGI), Nebenwirkungen (UKU).

Die Datensätze wurden Altersgruppen zugeordnet: < 29, 30-39, 40-49, 50-59, 60-69, 70-79 und > 80 Jahre. Zunächst sollen mittlere Serumspiegel, die durchschnittliche Tagesdosis sowie Therapieerfolg verschiedener Altersstufen verglichen werden, um festzustellen, ab welchem Alter sich Veränderungen manifestieren und ob die Varianz bei Alterspatienten größer ist.
Einflüsse, die die CYP-Aktivität beeinflussen können, aber in allen Altersgruppen gleichermaßen auftreten und wie unterschiedliche CYP-Phänotypen oder Rauchen wurden wegen der hohen Fallzahl in diesem Vergleich nicht berücksichtigt.

1. Einleitung: Ziele der Arbeit

Hypothese 2: Alterspatienten erzielen bei niedriger Dosierung gute Therapieerfolge
Der Therapieerfolg einer psychiatrischen Behandlung wird nach CGI (Guy 1976) beschrieben durch den verbesserten Schweregrad der Krankheit. Die Dosis muss so hoch gewählt werden, dass ein Ansprechen auf die Therapie gegeben ist, gleichzeitig aber so niedrig wie möglich, um das Risiko von Nebenwirkungen zu minimieren. Dazu soll der Serumspiegel innerhalb eines bestimmten Bereichs (dem therapeutischen Fenster) liegen, in dem erfahrungsgemäß das Ansprechen auf die Therapie erhalten bleibt, das Risiko von Nebenwirkungen aber gering gehalten wird.

Durch den Vergleich der im Anforderungsschein zum TDM angegebenen Therapieerfolge sollte untersucht werden, ob das therapeutischen Fenster bei Alterspatienten gleich dem bei jüngeren ist. Dazu sollte durch Vergleich der Serumspiegel im Verhältnis zur Tagesdosis herausgefunden werden, ob und ab welchem Alter Patienten bereits bei niedrigeren Wirkstoffgaben (und somit minimalen Risiko von Nebenwirkungen) einen zufrieden stellenden Therapieerfolg erzielen.

Denkbar wäre, dass die Veränderungen der Blut-Hirn-Schranke und die daraus resultierende erhöhte Sensibilität von Alterspatienten gegenüber Psychopharmaka die Ursache dafür ist, dass bereits niedrigere Dosen vergleichbar gute Therapieerfolge erzielen.

Hypothese 3: Die Aktivität aller CYP-Isoenzyme sinkt altersabhängig gleich
Es sollte die metabolische Kapazität (Konzentration pro Dosis und Ratio der Konzentrationen Muttersubstanz/ Metabolit) der verschiedenen Altersgruppen verglichen werden. Dadurch konnte direkt gemessen werden, welcher Anteil einer Substanz von welchem CYP-Enzym umgesetzt wurde. So lässt sich kontrollieren, ob sich die Aktivität einzelner CYP-Enzyme, die den jeweiligen Abbau katalysieren, im Alter überhaupt verändert ohne andere Einflüsse berücksichtigen zu müssen.
Im zweiten Arbeitsschritt wurde untersucht, ob bei Patienten mit bestimmten Comedikationen oder eingeschränkter Leber- oder Nierenfunktion die CYP-Aktivität verändert ist.

Hypothese 4: Veränderungen der Kinetik im Alter werden zu einem wesentlichen durch Begleitmedikamente bedingt
Pharmakokinetische Interaktionen mit anderen Pharmaka treten unter anderem dann auf, wenn die eine Substanz ein CYP-Enzym hemmt, durch das die andere Substanz bevorzugt abgebaut wird. Dadurch können Blut- und Gewebespiegel des Begleitmedikaments steigen, die eine Wirkverstärkung bis hin zu toxischen Konzentrationen bedingen.
Dazu wurden relevante Kombinationen mehrerer Präparate (z. B. häufig auftretende Kombination zweier Psychopharmaka) in Bezug auf Serumspiegel und gegebenenfalls die metabolische Ratio mit Daten von Patienten verglichen, die keine Comedikation erhielten. Dies lässt auch Aussagen zu, inwieweit sich die Hemmbarkeit bzw. Induzierbarkeit von CYP-Enzymen in den verschiedenen Altersstufen verändert.

Hypothese 5: Die Verlangsamung des Arzneimittelmetabolismus im Alter wird auch durch andere alterstypische physische Veränderungen bedingt.
Im Alter kommt es zu einer Reihe physiologischer Veränderungen (Herrlinger, Klotz 2001). Faktoren, die eine Verlangsamung des Metabolismus bedingen können, sind eine eingeschränkte Leber- und Nierenfunktion sowie ein verändertes Verteilungsvolumen. Um die Abhängigkeit zu klären, sollen Nieren- und Leberfunktion bei Alterspatienten ohne Comedikation überprüft werden. Dazu wurden folgende Parameter erhoben:

Zur Überprüfung der Leberfunktion:

Bilirubin
Bilirubin ist ein nicht wasserlösliches Abbauprodukt des Hämoglobins. An Albumin gebunden wird es zur Leber transportiert, wo es in wasserlösliches konjugiertes Bilirubin verestert und so über den Darm ausgeschieden wird. Bei Leberschäden oder Behinderungen des Gallenabflusses gelangt konjugiertes Bilirubin ins Blut und wird renal ausgeschieden. Die Differenzierung von frei im Blut vorkommendem und gebundenem konjugiertem Bilirubin gibt Aufschluss über die Art der Leber- bzw. Gallenfunktionsstörung.

Ammoniak/ Ammonium
Ammoniak entsteht bei der Desaminierung von Aminosäuren. Da Ammoniak ein starkes Zellgift ist, wird er in der Leber an CO gekoppelt und als Harnstoff ausgeschieden. Bei Leberschäden sind die Ammoniakwerte im Blut aufgrund mangelnder Entgiftung erhöht.

Glutamat-Oxalacetet-Transaminase (GOT)
GOT kommt überwiegend in den Hepatocyten vor, wo sie zu 30 % gelöst im Cytoplasma, zu 70 % an mitochondriale Strukturen gebunden vorliegt. GOT ist ein wichtiger Leberzellnekroseparameter.

Glutamat-Pyruvat-Transaminase (GPT)
GPT kommt vor allem im Cytoplasma der Leberparenchymzellen vor. Lebererkrankungen führen zu einer Aktivitätserhöhung der GPT im Serum. Der De-Ritis-Quotient GOT/GPT erlaubt Rückschlüsse auf den Schweregrad der Lebererkrankung.

γ-Glutamyltransferase (γ-GT)
γ-GT kommt in der Leber und in anderen Geweben vor. Die im Serum erfassbare γ-GT stammt jedoch aus der Leber, so dass sie zur Diagnose von Leber- und Gallenwegsschädigungen dient. Erhöhte Werte stammen von Leberschädigungen, intra- und extrahepatischer Cholestase oder Enzyminduktion durch Alkoholabusus.

Glutamatdehydrogenase (GLDH)
GLDH kommt in allen Organen vor, ist im Serum jedoch nur bei Leberzellnekrosen messbar. Aufgrund der niedrigen diagnostischen Sensitivität lassen sich sichere Aussagen nur bei starken GLDH-Erhöhungen machen. Niedrige Erhöhungen der GLDH-Aktivität müssen im Zusammenhang mit anderen Leberzellnekroseparametern beurteilt werden.

1. Einleitung: Ziele der Arbeit

Zur Beurteilung der Nierenfunktion:

Kreatinin
Kreatinin entsteht aus muskulärem Kreatin. Seine Konzentration ist daher abhängig von der Muskelmasse. Kreatinin wird fast vollständig glomulär filtriert. Bei Nierenfunktionsstörungen ist der Serumkreatininwert erhöht. Dies kann allerdings auch durch Exsikkose, von der besonders alte Patienten häufig betroffen sind, ausgelöst werden. Andererseits kann eine geringe Abnahme der glomulären Flitrationsleistung ohne Folgen für die Serumkreatininkonzentration bleiben (kreatininblinder Bereich). Nierenfunktionsstörungen können durch die allerdings aufwändigere Untersuchung der Kreatinin- Clearance sicher diagnostiziert werden. Die Kreatinin-Clearance kann auch aus der Serumkreatininkonzentration abgeschätzt werden (Cockcroft-Formel).

Harnsäure
Harnsäure ist das Endprodukt des Purinabbaus und wird zu etwa 80% renal ausgeschieden. Erhöhte Harnsäurewerte sind in den meisten Fällen auf eine eingeschränkte Nierenfunktion zurückzuführen, nur 1-2 % werden durch endogene Überproduktion verursacht.

Elektrolyte: Natrium, Kalium, Chlorid, Calcium
Einschränkungen der Nierenfunktion führen zu niedrigeren Natrium-, Chlorid-, Calcium- und erhöhten Kaliumkonzentrationen im Serum.

Phosphat
Phosphat ist zu 85 % in Knochen und Zähnen lokalisiert. Die renale Ausscheidung wird hormonell durch Rückresorption aus dem Primärharn gesteuert. Chronische Niereninsuffizienz führt zu erhöhten Phosphatwerten im Serum.

2 Material und Methoden

2.1 Reinsubstanzen

Chem. Bezeichnung	Abkürzung	Molekulargewicht g.mol^{-1}		Bezug
		Base	Salz	
Fluvoxamin	FLVX	318,34	434,41 (Maleat)	Solvay, Hannover
Paroxetin	PX	300,35	336,81 (HCL)	SKB, München
Sertralin	SER	246,18	282,64(HCl)	Pfizer, Karlsruhe
Desmethylsertralin	DSER	232,15	268,61(HCl)	Pfizer, Karlsruhe
Fluoxetin	FLUO	309,33	345,79(HCl)	Lilly, Bad Homburg
Norfluoxetin	DFLU	295,30	331,76	Lilly, Bad Homburg
Citalopram	CIT	324,40	406,31(HBr)	Promonta, Hamburg
Desmethylcitalopram	DCIT	310, 37	392,21 (HBr)	Promonta, Hamburg
Amitriptylin	AMI	277,39	313,89 (HCl)	Novartis, Basel
Nortriptyilin	NOR	263,37	299,87 (HCl)	Novartis, Basel
Imipramin	IMI	280,42	316,92 (HCl)	Novartis, Basel
Desmethylimipramin	DMI	266,37	302,87	Novartis. Basel
Donepezil	DON	379.49		Pfizer, Karlsruhe
Doxepin	DOX	279,37	315,87(HCl)	Boehringer, Mannheim
Desmethyldoxepin	DDOX	265,35	301,85 (HCl)	Boehringer, Mannheim
Clomipramin	CL	314,87	351,37 (HCl)	Novartis, Basel
Desmethylclomipramin	DCL	300,87	337,37 (HCl)	Novartis, Basel
Maprotilin	MAP	277,41	313,91 (HCl)	Novartis, Basel
Desmethylmaprotilin	DMAP	263,41	359,51 (Mesilat)	Novartis, Basel
Trimipramin	TRIMI	294,42	390,52 (Mesilat)	Rhone-Poulenc, Köln
Desmethyltrimipramin	DTRIMI	280,38		Rhone-Poulenc, Köln
Duloxetin	DLX	297,36	333,86	Lilly, Bad Homburg
Escitalopram	ESCIT	324,40	414,47(Oxalat)	Lundbeck, Kopenhagen

Tabelle 2: verwendeten Reinsubstanzen

2.2 Chemikalien

Acetonitril Lichrosolve Merck Darmstadt
Aqua demin. membraPure Membrantechnik, Mainz Bodenheim

Di-Kaliumhydrogenphosphat-Trihydrat Merck Darmstadt
Orthophosphorsäure 85 % Merck Darmstadt
Eingesetzte Lösungen:
Spüleluent: Aqua demin. mit 8 % Acetonitril frisch herstellen.
Flussrate 0,8 ml/min, Betrieb ohne Rückfluss.

Analytischer Eluent

Methode SSRI und trizyklische Antidepressiva:
3,65 g (8 mM) Di-Kaliumhydrogenphosphat-Trihydrat mit Aqua demin. auf 2000 ml auffüllen, mit Phosphorsäure (H_3PO_4) auf pH 6,4 einstellen und mit 50 % (V:V) Acetonitril mischen.
Flussrate 1,4 ml/min, Betrieb mit Rückfluss

Methode Escitalopram:
9,6 g (70 mM) Di-Kaliumhydrogenphosphat-Trihydrat mit Aqua demin. auf 0,6 l auffüllen, mit Phosphorsäure (H_3PO_4) auf pH 6,4 einstellen. Mit 0,4 l Acetonitril mischen.
Flussrate: 1,3 ml/min, Betrieb im Rückfluss

2.3 Patientenproben

Es wurden Blutspiegel von Patienten, die Amisulprid, Aripiprazol, Citalopram, Clozapin, Donepezil, Escitalopram, Mirtazapin, Quetiapin, Risperidon, Sertralin, Venlafaxin oder Ziprasidon einnahmen, analysiert. Bei diesen Patienten war im Rahmen ihrer medikamentösen Behandlung eine Messung der Blutspiegel im Neurochemischen Labor (TDM) der psychiatrischen Klinik der Universität Mainz angefordert worden. Diese Anforderungen wurden von der Psychiatrischen Klinik Mainz selbst und einer Reihe weiterer Kliniken gestellt. Den TDM-Anforderungsscheinen waren Angaben zu Alter, Geschlecht, Diagnose, Medikament, Dosis, Begleitmedikamenten, Grund der Anforderung, Schweregrad der Erkrankung, Therapieerfolg und Nebenwirkungen zu entnehmen. Bei Patienten der psychiatrischen Klinik Mainz bestand darüber hinaus Zugriff auf die archivierten Krankenakten. Ihnen konnte, sofern sie vorlagen, Daten der klinischen Chemie zur Beurteilung von Leber- und Nierenfunktion entnommen werden.

2.4 Leer- und Kontrollplasmen

Leerplasma von Spendern, die keine Medikamente genommen hatten, wurde von der Transfusionszentrale des Klinikums der Universität Mainz bezogen. Mit Reinsubstanzen des jeweiligen zu untersuchenden Wirkstoffs auf eine bestimmte Konzentration gebracht, wurde es als Kontrollplasma für die Validierungen verwendet.

2.5 Probenaufbewahrung

Die Proben wurden bis zur Analyse bei -20 °C aufbewahrt. Vor der Analyse wurde das Plasma bei 13 000 g 5 min lang zentrifugiert. Dank der verwendeten Säulenschaltung ist die chromatographische Analyse ohne weitere Vorbereitung möglich.

2.6 Hochauflösende Flüssigkeitschromatographie (HPLC)

HPLC- Pumpen:	Analytische Pumpe: Agilent 1100 Serie Spülpumpe: Agilent 1100 Serie Firma Agilent Technologies, Schweiz
Probengeber:	Agilent 1100 Series Autosampler, Model- Nr. G 1313 A
Detektor:	Agilent 1100 Variable Wavelength Detector Model Nr. G 1314 A Agilent 1100 Fluorescence Detector, Model Nr. G 1321 A
Detektion:	SSRI und trizyklische Antidepressiva: UV 210 nm Fluvoxamin: UV 254 nm Escitalopram: Fluoreszenz Ex: 240 nm Em: 310 nm
Datenaufnahme:	LC 2D ChemStation Software
Schaltung:	thermostatisierter Säulenofen Agilent 1100 Serie Schaltzyklus 5/ 15 min
Säulen:	SSRI und trizyklische Antidepressiva: Anreicherungssäule: Perfect Bond CN 20 µm, 10 x 4 mm I.D. MZ- Analysentechnik, Mainz Analytische Säule: LiChrospher CN 5 µm, 250 x 4,6 I.D. Mz- Analysentechnik, Mainz Escitalopram Anreicherungssäule: CN 20 µm, 250*4,0 mm I.D. Analytische Säule: LiChrospher CN 5 µm, 200*4,0 mm I.D. Mz-Analysentechnik, Mainz

2.7 Statistische Analysen

Datenbank

Die Patientendaten wurden nach eingenommenem Medikament getrennt in eine Datenbank angelegt, die neben grundlegenden soziodemographischen Angaben wie Geburtsdatum und Geschlecht die Diagnose, die Dosis des jeweiligen Psychopharmakons, Serumspiegel, Begleitmedikamente, das Datum der Blutentnahme, Körpergröße und –gewicht, Schweregrad der Erkrankung, Therapieerfolg, Nebenwirkungen sowie laborchemische Parameter zur Leber- und Nierenfunktion enthielt.

Statistische Analysen

Die Auswertung der Daten in anonymisierter Form sowie die Erstellung der Grafiken erfolgte mithilfe des Statistikprogramms SPSS 13.0.1 für Windows, sowie des Statistikprogramms R Version 2.10.1.
Folgende Testverfahren kamen zum Einsatz:
Zum einen wurden Häufigkeiten eines untersuchten Merkmales in verschiedenen Gruppen analysiert. Dazu ist der Chi-Quadrat Test am gebräuchlichsten, der allerdings voraussetzt, dass jedes Merkmal in jeder Gruppe in möglichst fünf, zwingend aber mindestens in einem Fall beobachtet wird. Diese Voraussetzung konnte nicht für alle Merkmale in jeder Gruppe erfüllt werden, da in manchen Altersgruppen nur sehr wenige Datensätze vorlagen, so dass nicht jedes Merkmal ausreichend häufig beobachtet werden konnte.
Statt des Chi-Quadrat Testes wurde daher der exakte Test nach Fisher verwendet, der auch bei kleinen Fallzahlen das notwendige statistische Signifikanzniveau erfüllt.
Im Einzelnen wurde mittels Fisher-Test die Häufigkeit der Einnahme von Comedikation, die mittlere Anzahl von Begleitmedikation, die Tagesdosis, der Schweregrad der Erkrankung, der Therapieerfolg, das Auftreten von Nebenwirkungen sowie die dosiskorrigierten Serumspiegel und metabolischen Ratios in verschiedenen Altersgruppen berechnet.

Mithilfe von Lagetests kann untersucht werden, ob zwei Gruppen sich in einem bestimmten Merkmal im Mittel signifikant voneinander unterscheiden. In dieser Arbeit wurde hierzu der parameterfreie U-Test (Mann-Whitney-Test) verwendet, da dieser keine Normalverteilung der Variablen voraussetzt. Sollte ein Merkmal in mehr als zwei Gruppen verglichen werden, wurde auf den Kruskal-Wallis-Test zurückgegriffen, der wie der U-Test ein Rangsummentest ist.

Der Mann-Whitney-U-Test wurde verwendet um zu berechnen, ob sich die dosiskorrigierten Serumspiegel, respektive metabolischen Ratios bei jüngeren und älteren Patienten, bei Patienten mit und ohne Begleitmedikation und bei Patienten mit normalen oder auffälligen Leber- oder Nierenwerten voneinander unterschied.
Zum Vergleich der dosiskorrigierten Serumspiegel und metabolischen Ratios in unterschiedlichen BMI-Gruppen wurde der Kruskal-Wallis Test durchgeführt.

Anhand von Serumspiegeln und metabolischen Ratios sollten Altersgrenzen definiert werden, ab denen mögliche Veränderungen beobachtet wurden. Dazu wurde die Clusterzentrenanalyse eingesetzt. Sie ordnet die einzelnen Datensätze anhand vorgegebener Variablen (Alter und Höhe der Serumspiegel/ Ratio) zwei Gruppen (Clustern) zu, die in sich möglichst homolog sind. Ob sich die getesteten Merkmale in den identifizierten Gruppen im Mittel signifikant voneinander unterscheiden, muss anschließend mithilfe des U-Tests getestet werden.

3 Ergebnisse

3.1 Entwicklung einer Methode zum Nachweis von Donepezil in Plasma mittels HPLC

Der Nachweis von Donepezil in Plasma erfolgt unter folgenden Bedingungen

<u>Säulen:</u>

Anreicherungssäule: Perfect Bond CN 20 µm, 10 x 4 mm I.D. MZ-Analysentechnik, Mainz.
Analytische Säule: LiChrospher CN 5 µm, 250 x 4,6 mm I.D. MZ-Analysentechnik, Mainz.

<u>Eluent:</u>

Spüleluent: Aqua demin. mit 8 % Acetonitril frisch herstellen.
Flussrate 0,8 ml/min, Betrieb ohne Rückfluss.

Analytischer Eluent: 3,65 g(8 mM) Di-Kaliumhydrogenphosphat-Trihydrat werden mit Aqua demin. auf 2000 ml aufgefüllt und mit Phosphorsäure auf pH 6,4 eingestellt.
Anschließend mit 50 % (V:V) Acetonitril mischen.
Flussrate 1,4 ml/min, Betrieb mit Rückfluss.

Das Absorptionsmaximum von Donepezil lag unter diesen Bedingungen bei $\lambda = 210$ nm.

Die Quantifizierung erfolgte über die Peakhöhen. Zur Validierung wurde eine Eichkurve aus sechs Konzentrationen (10, 30, 50, 60, 80, 100 ng/ml) erstellt. Gleichzeitig wurden vier Qualitätskontrollen (Q_1: 20 ng/ml Q_2: 40 ng/ml Q_3: 70 ng/ml Q_4: 90 ng/ml) vermessen.

Sequenz
1. 10 ng/ml
2. 30 ng/ml
3. 50 ng/ml
4. Q_1
5. Q_2
6. Q_3
7. Q_4
8. 60 ng/ml
9. 80 ng/ml
10. 100 ng/ml
11. Leerplasma
12. Q_1
13. Q_2
14. 10 ng/ml
15. 30 ng/ml
16. 50 ng/ml
17. 60 ng/ml
18. 80 ng/ml
19. Q_3
20. Q4
21. Leerplasma
22. 10 ng/ml
23. 30 ng/ml
24. 50 ng/ml
25. Q_1
26. Q_2
27. Q_3
28. Q_4
29. 60 ng/ml
30. 80 ng/ml
    100 ng/ml

Diese Sequenz wurde an drei aufeinanderfolgenden Tagen je dreimal wiederholt.

3.1: Ergebnisse: Entwicklung einer Methode zum Nachweis von Donepezil

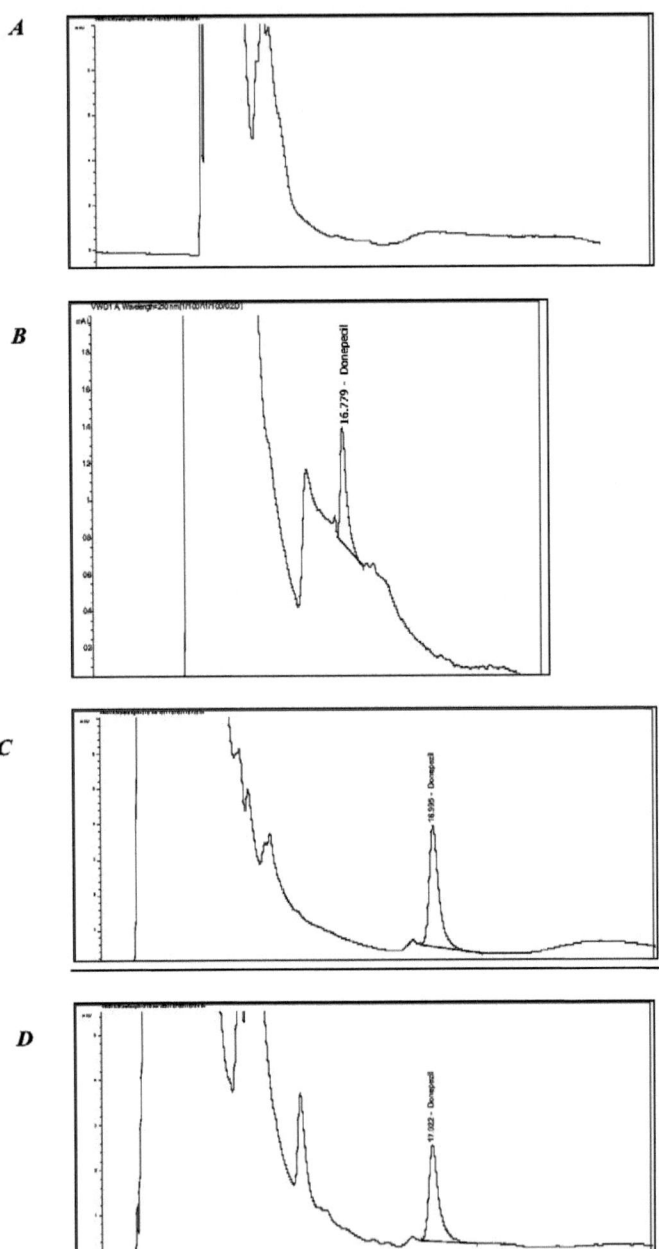

Abb. 19: Chromatogramme von Donepezil in Plasma (A) Leerplasma (B) Kontrolle 100 ng/ml (C) Kontrolle 500 ng/ml (D) Patientenprobe (Tagesdosis 10 mg, Serumkonzentration 314 ng/ml

Der Donepezil-Peak hatte eine Retentionszeit von 17 Minuten.

Linearität
Die Standardkurve war im Bereich 20-100 ng/ml linear mit einem
Korrelationskoeffizienten von $r^2 = 0,999$ mit (y= m*x + b) y= 0,021 + 0,017* 1,239.

Präzision
"within run" : 3,5; 4,5; 1,5; 2,1%
"between day": 3,5; 4,4; 1,5; 2,1%.
Untere Nachweisgrenze (Präzision unter 15 %): 5 ng/ml

Wiederfindung
Für Q_1 (20 ng/ml), Q_2 (40 ng/ml), Q_3 (70 ng/ml) und Q_4(90 ng/ml): 109 % ± 4,1; 110 % ± 4,8; 112 % ± 1,6 ; 116 % ± 2,4

Interferenzen
Verschiedene Wirkstoffe in Plasma wurden unter den Bedingungen der Donepezil-Methode vermessen, um Interferenzen zu bestimmen.

In Tabelle 3 sind alle getesteten Wirkstoffe mit ihren unter der Donepezil-Methode auftretenden Retentionszeiten aufgelistet.

3.1: Ergebnisse: Entwicklung einer Methode zum Nachweis von Donepezil

Wirkstoff	Retentionszeit (min)
Donepezil	18,02
Amisulprid	13,00
Desmethyl-Citalopram	16,09
Citalopram	**17,08**
Desmethyl-Mirtazapin	12,27
Mirtazapin	10,69
Trimipramin	20,46
OD-Venlafaxin	12,37
ND-Venlafaxin	13,80
Venlafaxin	14,64
Risperidon	12,53
Melperon	**17,12**
Atosil	**17,88**
Sulpirid	11,36
Quetiapin	9,14
Olanzapin	12,85
Desmethyl-Clozapin	13,92
Clozapin	12,19
Ziprasidon	9,18
Diazepam	8,56
Reboxetin	13,13
Dehydro-Aripiprazol	12,27
Aripirazol	13.33
Nortriptylin	**18,71**
Amitriptylin	19,87
Desmethyl-Imipramin	**18,14**
Imipramin	19,37
Desmethyl-Clomipramin	20,62
Clomipramin	22,01
Desmethyl-Doxepin	16,83
Doxepin	**17,74**
Desmethyl-Fluoxetin	**17,63**
Fluoxetin	19,60
Desmethyl-Trimipramin	19,69
Trimipramin	20,39
Desmethyl-Sertralin	**18,07**
Sertralin	20,59
Dominal	**17,05**
Dipiperon	13,88
Paroxetin	**17,59**
Chlorprothixen	21,87
Duloxetin	19,46

Tabelle 3: Liste der häufigsten Wirkstoffe mit ihren Retentionszeit unter der Donepezil-Methode

Die Retentionszeiten von Citalopram, Melperon, Atosil, Nortriptylin, Desmethyl-Imipramin, Doxepin, Desmethyl-Fluoxetin, Desmethyl-Sertralin, Dominal und Paroxetin unterschieden sich weniger als eine Minute von der Retentionszeit von Donepezil und interferierten somit.

3.2 Allgemeine Unterschiede zwischen den Altersgruppen

Insgesamt wurden die Daten von 4197 Patienten analysiert, die mit Amisulprid, Aripiprazol, Citalopram, Clozapin, Donepezil, Escitalopram, Mirtazapin, Quetiapin, Risperidon, Sertralin, Venlafaxin oder Ziprasidon behandelt wurden.

Medikament	n	Altersspanne (Jahre)	Comedikation	Häufigste Diagnose
Amisulprid	953	15-89	578 (60,7 %)	Schizophrenie
Aripiprazol	362	17-79	252 (69,6 %)	Schizophrenie
Citalopram	189	15-85	149 (79,8 %)	Depression
Clozapin	77	18-83	60 (79,9 %)	Schizophrenie
Donepezil	105	44-87	62 (59,0 %)	Demenz
Escitalopram	569	15-87	498 (87,5 %)	Depression
Mirtazapin	81	19- 89	67 (82,7 %)	Depression
Quetiapin	371	16-85	294 (79,2 %)	Schizophrenie
Risperidon	757	12-88	420 (55,5 %)	Schizophrenie
Sertralin	159	14-89	125 (78,6 %)	Depression
Venlafaxin	460	19-88	399 (86,7 %)	Depression
Ziprasidon	69	18-70	44 (63,2 %)	Schizophrenie
insgesamt	4197	12- 89	71,3 %	

Tabelle 4: Übersicht aller untersuchten Patientendatensätze

Die Altersspanne reichte von 12 bis 89 Jahren. 49,5 % der Patienten waren weiblich, 50,2 % männlich. In 15 Fällen war keine Geschlechtszuordnung möglich. Die Mehrheit der Patienten litt entweder an Schizophrenie, schizotypen oder wahnhaften Störungen (ICD F20-F29), oder aber an depressiven oder anderen affektiven Störungen (ICD F30-F39).
71,3 % der Patienten nahmen Comedikation.

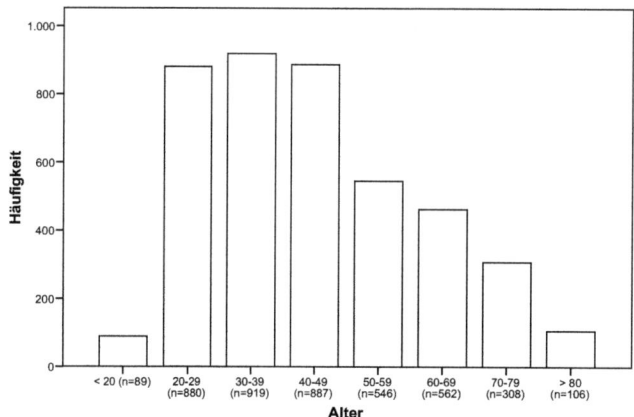

Abb. 20: Altersverteilung aller Patienten (n= 4197)

3.2 Allgemeine Unterschiede zwischen den Altersgruppen

Die Altersgruppen 20 bis 29, 30 bis 39 und 40 bis 49 Jahre waren mit je gut 20 % am stärksten vertreten, während die Patientenzahlen in den höheren Altersgruppen fortlaufend abnahmen.

3.2.1 Anteil der Patienten mit Monotherapie an den verschiedenen Altersgruppen

Comedikation		Alter								Gesamt
		< 20	20-29	30-39	40-49	50-59	60-69	70-79	> 80	
Monotherapie	Anzahl	38	350	293	237	109	92	57	27	1203
	% von Altersgruppe	42,7 %	39,8 %	31,9 %	26,7 %	20,0 %	19,9 %	18,5 %	25,5 %	28,7%
Polytherapie	Anzahl	51	530	626	650	437	370	251	79	2994
	% von Altersgruppe	57,3 %	60,2 %	68,1 %	73,3 %	80,0 %	80,1 %	81,5 %	74,5 %	71,3%
Gesamt	Anzahl	89	880	919	887	546	462	308	106	4197
	% von Altersgruppe	100,0 %	100,0 %	100,0 %	100,0 %	100,0 %	100,0 %	100,0 %	100,0 %	100,0%

Tabelle 5: Anteil von Patienten mit Mono- und Polytherapie in den einzelnen Altersgruppen

Der Anteil der Patienten, die keine Comedikation einnahmen, sank mit steigendem Alter signifikant (Fisher-Test: 0,000) von 42,7 % bei den unter 20-Jährigen auf 18,5 % bei den 70 bis 79-Jährigen. Patienten über 80 Jahre erhielten wieder etwas häufiger eine Monotherapie.

Durchschnittliche Anzahl an Begleitmedikationen

Altersgruppe	n	Anzahl Comedikation Mittelwert	Standardabweichung	Median	Minimum	Maximum
< 20	88 (2,2%)	1,05	1,183	1,00	0	5
20-29	868 (22,0%)	1,06	1,202	1,00	0	7
30-39	892 (22,6%)	1,48	1,530	1,00	0	9
40-49	846 (21,4%)	1,76	1,683	1,00	0	9
50-59	506 (12,8%)	2,19	2,133	2,00	0	10
60-69	407 (10,3%)	2,49	2,316	2,00	0	11
70-79	257 (6,5%)	2,27	2,295	1,00	0	11
> 80	83 (2,10%)	2,25	2,273	1,00	0	8
Insgesamt	3947	1,70	1,816	1,00	0	11

Tabelle 6: Anzahl der Begleitmedikationen bei Patienten der einzelnen Altersgruppen

Die meisten Begleitmedikamente wurden in den Altersgruppen über 50 Jahre eingenommen.

3.2 Allgemeine Unterschiede zwischen den Altersgruppen

Dabei zeigte sich in den Altersgruppen 50 bis 59 und 60 bis 69 Jahre auch ein höherer Median, während die noch älteren Patienten im Mittel zwar eine genauso hohe Anzahl an Medikamenten einnahm, der Median aber dem der jüngeren Patienten entsprach. Mittels Clusterzentrenanalyse wurde eine Altersgrenze von 49 Jahren bestimmt, ab der sich Veränderungen bezüglich der Einnahmepraxis von Begleitmedikation zeigte: Patienten unter 49 Jahre nahmen zu 33,1 % keine weitere Comedikation, bei Patienten über 49 Jahre waren es nur noch 20,9 % (U-Test: 0,000).
Darüber hinaus nahmen Patienten unter 49 Jahre im Mittel 1,42 weitere Medikamente ein, Patienten über 49 Jahre dagegen 2,25 (U-Test p < 0,01).

3.2.2 Schweregrad der Erkrankung, Therapieerfolg und Verträglichkeit

Schweregrad der Erkrankung

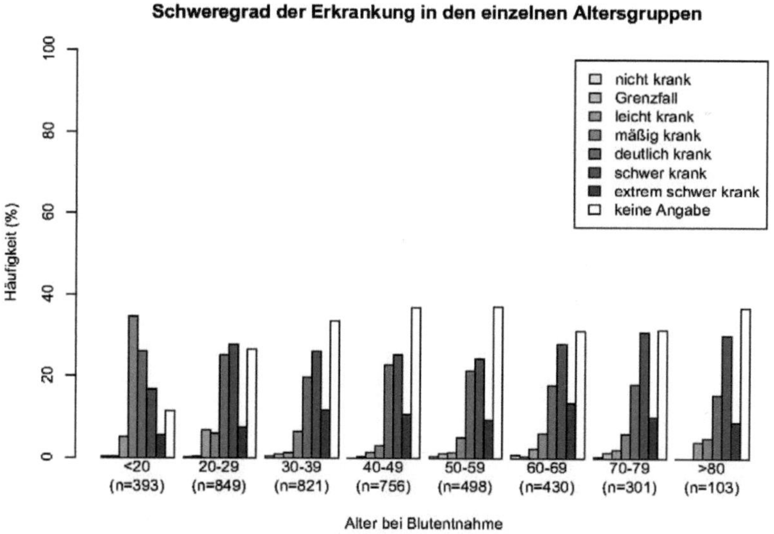

Abb. 21: Schweregrad der Erkrankung in den einzelnen Altersgruppen bei allen Patienten (n= 4151)

Es bestand ein signifikanter Zusammenhang zwischen dem Schweregrad der Erkrankung und dem Alter (Fisher Test: 0,013). Ältere Patienten hatten häufiger einen höheren Schweregrad als jüngere Patienten.

Alter	< 20	20-29	30-39	40-49	50-59	60-69	70-79	> 80
n	61	652	680	630	354	331	218	75
Mittlerer Schweregrad der Erkrankung (CGI)	5,9	6,1	6,4	6,4	6,4	6,3	6,3	6,5

Tabelle 7: mittlerer Schweregrad der Erkrankung in den untersuchten Altersgruppen

Auch im Mittel war der Schweregrad der Erkrankung bei älteren Patienten höher.

3.2 Allgemeine Unterschiede zwischen den Altersgruppen

Therapieerfolg

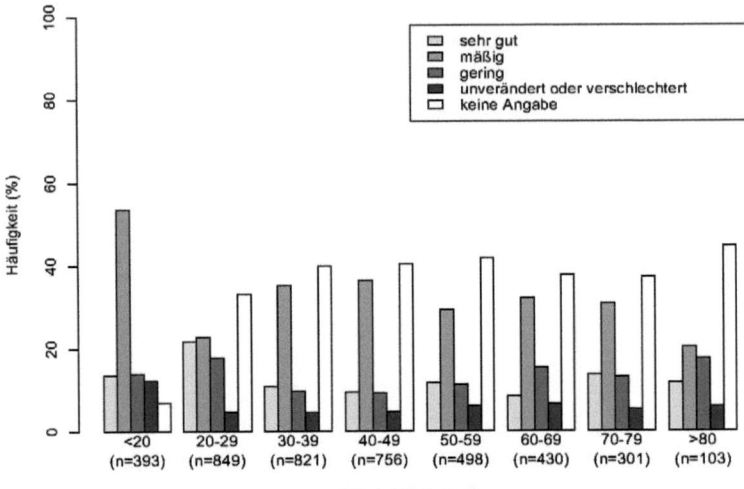

Abb. 22: Therapieerfolg in den einzelnen Altersgruppen bei allen Patienten (n= 4151)

Bei Patienten über 50 Jahren wurde der Therapieerfolg überdurchschnittlich häufig mit „gering" oder „unverändert/ verschlechtert" angegeben. Mit „sehr gut" wurde der Therapieerfolg in dieser Altersgruppe signifikant seltener bewertet als bei jüngeren Patienten (Fisher Test: 0,001).
Insgesamt erzielten 22,7 % der Patienten einen „sehr guten" Therapieerfolg (Tabelle im Anhang).

Alter	< 20	20-29	30-39	40-49	50-59	60-69	70-79	> 80
n	52	590	639	574	325	295	197	63
Mittlerer Therapieerfolg (CGI)	3,3	2,9	3,0	3,4	3,4	3,3	3,2	3,5

Tabelle 8: mittlerer Therapieerfolg in den untersuchten Altersgruppen

3.2 Allgemeine Unterschiede zwischen den Altersgruppen

Verträglichkeit

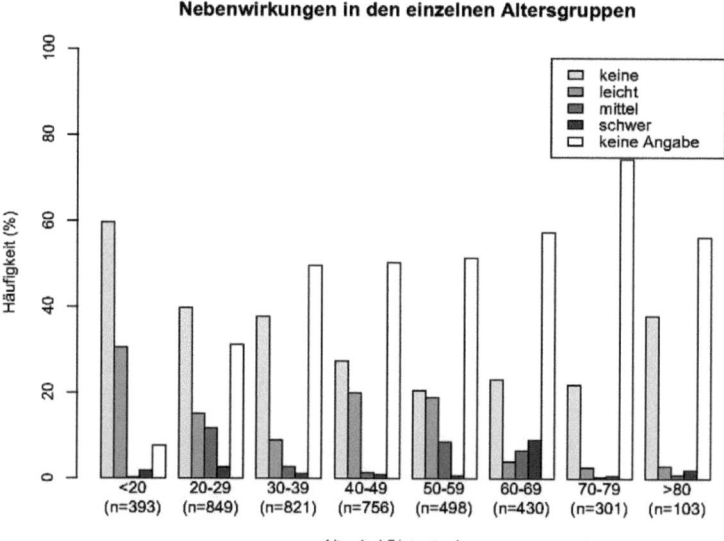

Abb. 23: Nebenwirkungen in den einzelnen Altersgruppen bei allen Patienten (n= 4151)

Etwa bei der Hälfte der Patienten, auf deren TDM-Anforderungsscheinen Angaben zur Verträglichkeit gemacht worden waren, traten Nebenwirkungen auf. Die Schwere der Nebenwirkungen stieg proportional mit dem Alter (Fisher-Test: 0,000, Tabelle im Anhang).

3.3 Metabolisierung durch CYP-Enzyme

3.3.1 Metabolisierung durch CYP 2D6: Risperidon

Der Metabolismus von Risperidon wurde analysiert um die Altersabhängigkeit der CYP 2D6-Aktivität zu untersuchen. Patienten, die Risperidon einnahmen, waren mit im Durchschnitt 39,8 Jahren recht jung, der Anteil der Patienten ohne Comedikation war vergleichsweise hoch.

Demographische Angaben zu den mit Risperidon behandelten Patienten

	Alle Patienten	Patienten ohne Comedikation
n	757	337 (44,5 %)
weiblich	438	111
männlich	319	226
Alter	12-88	12-86

Tabelle 9: Deskriptive Statistik zu den mit Risperidon behandelten Patienten

Bei 405 Patienten war die Diagnose angegeben, davon litten 86% an Schizophrenie

Altersverteilung

Alter	n	Prozent	Patienten ohne Comedikation	Anzahl Comedikation Mittelwert	Standard-abweichung	Median	min	max
< 20	22	2,9	15 (68,2%)	0,6	0,95346	0,0	0,0	3,0
20-29	191	25,2	105 (55,0%)	0,9	1,29977	0,0	0,0	7,0
30-39	173	22,9	79 (45,7%)	1,3	1,86597	1,0	0,0	7,0
40-49	193	25,5	81 (42,0%)	1,5	1,81710	1,0	0,0	7,0
50-59	85	11,2	33 (38,8%)	1,6	1,74558	1,0	0,0	7,0
60-69	61	8,1	19 (31,1%)	2,4	2,28370	2,0	0,0	7,0
70-79	23	3,0	0	3,6	2,53591	3,0	1,0	7,0
>80	9	1,2	5 (55,6%)	1,8	2,48886	0,0	0,0	6,0
Gesamt	757	100,0	337	1,4	1,84845	1,0	0,0	7,0

Tabelle 10: durchschnittliche Anzahl an Comedikation in den einzelnen Altersgruppen

Risperidon wurde vor allem von jüngeren Patienten eingenommen. Die Patienten der Altersgruppen 20 bis 29, 30 bis 39 und 40 bis 49 Jahre machten gemeinsam knapp 75 % aller Risperidon-Patienten aus. Bei Patienten über 60 Jahren wurde Risperidon selten eingesetzt. In dieser Patientengruppe wird der Einsatz von Risperidon vom Hersteller nur bedingt empfohlen, da die klinische Erfahrung mit älteren Patienten begrenzt ist (Fachinformation Risperdal, 2008).

Der Anteil der Patienten ohne Comedikation nahm mit steigendem Alter ab von über 60 % bei den unter 20-Jährigen auf 0 % bei den 70 bis 79-Jährigen. Es bestand ein signifikanter Zusammenhang (Fisher-Test: 0,000). In der Altersgruppe über 80 Jahre nahmen wieder über 50 % aller Patienten keine weiteren Medikationen ein. Diese Altersgruppe war allerdings sehr klein.

3.3.1 Katalyse durch CYP 2D6: Risperidon

Auch die Anzahl der eingenommenen Comedikationen zeigte eine signifikante Altersabhängigkeit (Fisher-Test: 0,000). Bis zur Altersgruppe 70 bis 79 Jahre stieg die durchschnittliche Anzahl an Begleitmedikamenten. Die 70 bis 79-jährigen Patienten nahmen im Mittel am meisten Comedikationen ein.
Mittels Clusterzentrenanalyse ließ sich zeigen, dass Patienten ab 42 Jahren signifikant häufiger und eine signifikant höhere Anzahl an Comedikation einnahmen

Alter	Patienten mit Polytherapie	Mittlere Anzahl an Begleitmedikation
< 42	44,0%	0,97
> 42	60,2%	1,7
Signifikanz (U-Test)	**0,000**	**0,000**

Tabelle 11: Unterschiede in der Einnahme von Comedikation in den gebildeten Altersgruppen

Höhe der Tagesdosis

Bei einem überwiegendem Teil der Patienten waren keine Angaben zur Tagesdosis gemacht worden. Auf die Betrachtung der Tagesdosis wurde aus diesem Grund verzichtet.

Empfohlen werden 4-6 mg/d, maximal 10 mg/d, bei einer Initialdosis von 2 mg/d. Ältere Patienten sollten mit 2-4 mg/d behandelt werden (Fachinformation Risperdal, 2008)

Außerdem steht Risperidon auch als Depot zur Verfügung, das im vorliegenden Datensatz ebenfalls zur Verwendung kam. Hierbei wird 14-tägig eine verzögert freisetzende Suspension mit 25 bis 50 mg Risperidon intramuskulär injiziert (Fachinformation Risperdal Consta 2010).

3.3.1.1 Schweregrad der Erkrankung, Therapieeffekt und Verträglichkeit in den verschiedenen Altersgruppen

Schweregrad der Erkrankung und Therapieerfolg

Der Schweregrad der Erkrankung wurde angegeben mit 2= Grenzfall, 3= leicht krank, 4= mäßig krank, 5= deutlich krank, 6= schwer krank, 7= extrem schwer krank

Der Therapieerfolg betrug 1= sehr gut, 2= gut, 3= mäßig, 4= unverändert oder verschlechtert.

Der mittlere Schweregrad und Therapieerfolg sind für jede Altersgruppe in Tabelle 11 angegeben.

3.3.1 Katalyse durch CYP 2D6: Risperidon

Alter	< 20	20-29	30-39	40-49	50-59	60-69	70-79	< 80	gesamt
Mittlerer Schweregrad der Erkrankung	6,0	25,6	6,1	5,9	6,0	6,1	5,8	5,7	5,9
n	6	101	98	105	42	37	15	7	412
Mittlerer Therapieerfolg	2,4	2,1	2,2	2,1	2,4	2,3	1,8	2,1	2,2
n	8	89	91	101	34	33	14	7	377

Tabelle 12: Schweregrad und Therapieerfolg bei Risperidon-Patienten unterschiedlicher Altersgruppe

In allen Altersgruppen außer bei den 20 bis 29-Jährigen war „deutlich krank" die häufigste Angabe. Bis zur Altersgruppe 50 bis 59 Jahre stieg der Anteil der „deutlich kranken" Patienten mit dem Alter. Bei Patienten zwischen 60 und 69 Jahren wurde der Schweregrad zu je 40 % mit „deutlich" und „schwer krank" angegeben, bei den 70 bis 79-Jährigen zu je 40 % „deutlich" und „mäßig krank". In der Altersgruppe der über 80-Jährigen wurde der Schweregrad der Erkrankung fast ausschließlich mit „deutlich krank" beurteilt.
Die Zunahme des Schweregrads der Erkrankung mit steigendem Alter war signifikant (Fisher Test: 0,015)

In allen Altersgruppen dominierte für den Therapieerfolg die Angabe „mäßig". In den Altersgruppen 70 bis 79 Jahre und über 80 Jahre sank der Anteil der Patienten mit mäßigem Therapieerfolg unter 50 %, dafür wuchs der Anteil der Patienten mit „sehr gutem" Therapieerfolg.
Einen sehr guten Therapieerfolg erreichten 13,3 % der Patienten.
Der Zusammenhang zwischen Altersgruppe und Therapieerfolg war nicht signifikant (Fisher-Test: 0,190; Tabelle im Anhang).

3.3.1 Katalyse durch CYP 2D6: Risperidon

Verträglichkeit

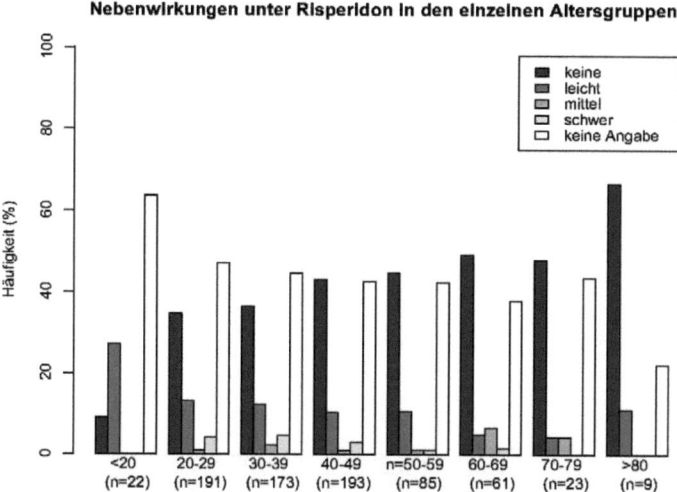

Abb. 24: Nebenwirkungen in den unterschiedlichen Altersgruppen (n= 423)

Mit Ausnahme der unter 20-Jährigen, bei denen am häufigsten „leichte" Nebenwirkungen angegeben wurden, traten in allen Altersgruppen bei der Mehrheit der Patienten keine Nebenwirkungen auf. Der Anteil der Patienten ohne Nebenwirkungen betrug insgesamt 70,7 % und stieg mit dem Alter kontinuierlich an. Der Zusammenhang war nicht signifikant (Fisher Test: 0,071; Tabelle im Anhang).

3.3.1 Katalyse durch CYP 2D6: Risperidon

Angaben zur Art der Nebenwirkungen wurden in weniger als einem Prozent der Datensätze gemacht, daher wurde auf eine Darstellung der Verträglichkeit von Risperidon verzichtet.
Die in Kapitel 3.3.1.3 gebildeten Altersgruppen wurden hinsichtlich der berichteten Nebenwirkungen miteinander verglichen.

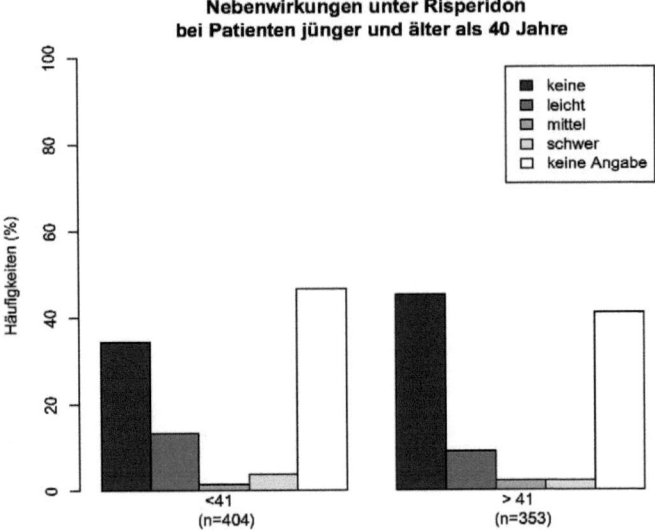

Abb. 25: Nebenwirkungen unter Risperidon bei Patienten jünger und älter als 41 Jahre (n= 757)

Bei den älteren Patienten waren Nebenwirkungen seltener und weniger schwer (Tabelle im Anhang).

3.3.1 Katalyse durch CYP 2D6: Risperidon

3.3.1.2 Abhängigkeit des Risperidon-Metabolismus vom Alter

Risperidon wird unter Beteiligung von CYP 2D6 zu 9-Hydroxy-Risperidon (9-OH-Risperidon) hydroxyliert.

Risperidon-Serumspiegel in Abhängigkeit vom Alter
(A)   (B)

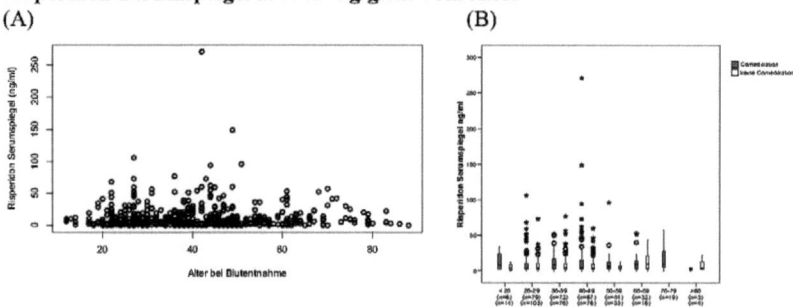

Abb. 26: Abhängigkeit der Risperidon-Serumspiegel vom Alter (A) Streudiagramm und (B) Boxplot bei Patienten mit und ohne Comedikation (n= 670)

Die Risperidon-Serumspiegel betrugen im Mittel 10,9 ng/ml (Spannweite 0 - 271 ng/ml), die meisten unter 100 ng/ml.
Die abweichenden Werte stammten von zwei weiblichen und einem männlichen Patienten, 27, 42 und 49 Jahre alt, Comedikationen waren Lorazepam (zweimal,) Olanzapin (zweimal) und Aripiprazol.
Die Streuung war bei Patienten mit Monotherapie größer. Extrem abweichende Werte kamen nur in den jüngeren Altersgruppen vor.
Im Mittel stiegen die Risperidon-Serumspiegel mit dem Alter an (Fisher Test: 0,000)

9OH-Risperidon-Serumspiegel in Abhängigkeit vom Alter
(A)   (B)

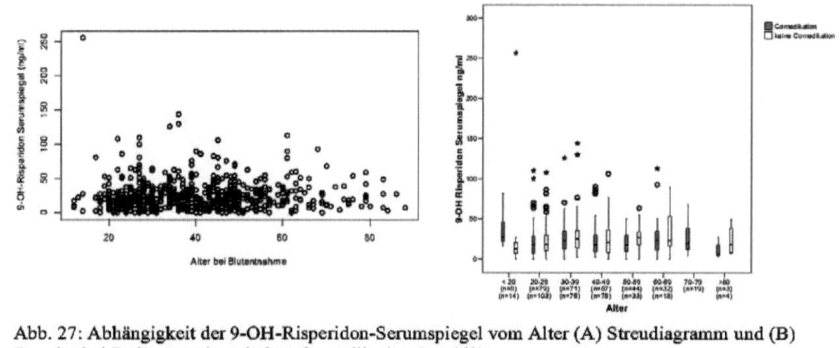

Abb. 27: Abhängigkeit der 9-OH-Risperidon-Serumspiegel vom Alter (A) Streudiagramm und (B) Boxplot bei Patienten mit und ohne Comedikation (n= 669)

3.3.1 Katalyse durch CYP 2D6: Risperidon

Die mittleren 9-OH-Risperidon-Serumspiegel lagen bei 24,6 ng/ml, die meisten unter 100 ng/ml. Wie bei den Risperidon-Serumspiegeln war die Streuung in der Altersgruppe 60 bis 69 Jahre am größten, extrem abweichende Werte kamen nur in den jüngeren Altersgruppen vor.
Die abweichenden Werte stammten von acht Patienten, davon waren fünf weiblich, zwischen 22 und 61 Jahre alt, fünf Patienten erhielten keine Comedikation, die anderen Clozapin, Topiramat, Flupentixol, Levomepromazin, Lorazepam und Aripiprazol.

9-OH-Risperidon-Serumspiegel unterlagen keiner Altersabhängigkeit (Fisher Test: 0,299)

Metabolische Ratio in Abhängigkeit vom Alter
(A)   (B)

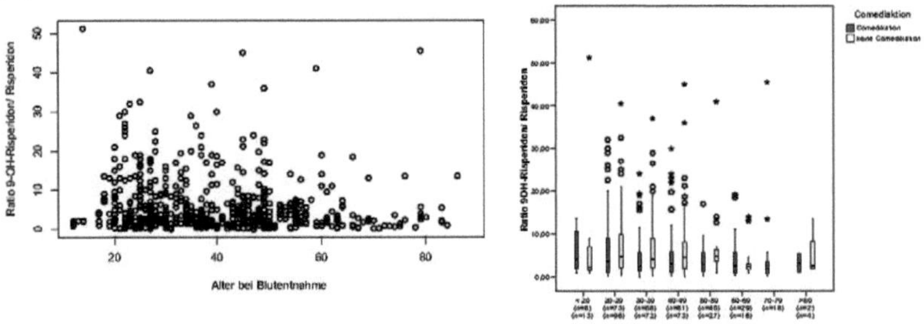

Abb. 28: Abhängigkeit der Ratio 9-OH-Risperidon/ Risperidon vom Alter (A) Streudiagramm und (B) Boxplot bei Patienten mit und ohne Comedikation (n= 757)

Die metabolische Ratio lag im Bereich 0 bis 51,20, zumeist aber unter 30,00, der Mittelwert betrug 5,8.
Bei neun Patienten wurde eine höhere Ratio als 30,0 gemessen. Sechs dieser Patienten waren männlich, die Altersspanne reichte von 14 bis 79 Jahre, nur zwei erhielten Comedikationen (Lorazepam; Lorazepam und Acetylsalicylsäure).
Es gab keine Altersabhängigkeit (Fisher Test: 0,065), lediglich die Streuung nahm mit zunehmendem Alter ab.

3.3.1 Katalyse durch CYP 2D6: Risperidon

Bildung von Altersgruppen durch Clusterzentrenanalyse

Durch eine Clusterzentrenanalyse sollte untersucht werden, ob anhand der Variablen „Alter bei Blutabnahme" und „Ratio" Altersgruppen gebildet werden können, die sich hinsichtlich der Ratio signifikant unterscheiden. Dabei werden die Daten so sortiert, dass die gebildeten Gruppen in sich möglichst homolog, untereinander möglichst unterschiedlich sind.

Altersgruppe		Ratio 9-OH-Risperidon/ Risperidon	Alter bei Blutentnahme
< 41	Mittelwert	6,46	28,9
	N	347	347
	Standardabweichung	7,50387	6,808
> 41	Mittelwert	5,01	53,8
	N	273	274
	Standardabweichung	6,39488	10,326
Insgesamt	Mittelwert	5,82	39,9
	N	620	621
	Standardabweichung	7,06846	14,997
Signifikanz		0,045	

Tabelle 13: Vergleich der mittleren 9-OH-Risperidon/ Risperidon Ratio in den gebildeten Altersgruppen

Patienten über 41 Jahre zeigten eine im Mittel um 22,4 % niedrigere Ratio.

Anhand der Risperidon- und 9-OH Risperidon-Serumspiegel konnten keine Altersgruppen gebildet werden.

3.3.1.3 Auswirkung von Comedikation auf den Metabolismus von Risperidon

Vergleich der Serumspiegel bei Patienten mit und ohne Comedikation

		Serumspiegel Risperidon ng/ml	Serumspiegel 9OH Risperidon ng/ml	Ratio 9 OH- Risperidon/ Risperidon
Comedikation	Mittelwert	13,18	23,41	4,96
	N	344	343	319
	Standardabweichung	22,595	19,528	6,34092
	Minimum	0,00	0,00	0,00
	Maximum	271	126	45,46
keine Comedikation	Mittelwert	8,50	25,76	6,73
	N	326	326	301
	Standardabweichung	11,505	24,161	7,67147
	Minimum	0,00	0,00	0,00
	Maximum	77	256	51,20
Insgesamt	Mittelwert	10,90	24,55	5,82
	N	670	669	620
	Standardabweichung	18,208	21,923	7,06846
	Minimum	0,00	0,00	0,00
	Maximum	271	256	51,20
Signifikanz (U-Test)		0,003	0,191	0,000

Tabelle 14: Vergleich der mittlere Risperidon- und 9-OH-Risperidon-Serumspiegel und der metabolischen Ratio bei Patienten mit und ohne Comedikation

3.3.1 Katalyse durch CYP 2D6: Risperidon

Patienten ohne Comedikation hatten um 35,5 % niedrigere Risperidon-Serumspiegel und eine um 35,7 % höhere metabolische Ratio als Patienten mit Comedikation.

Bildung von Altersgruppen durch Clusterzentrenanalyse bei Patienten ohne Comedikation

Bei Patienten ohne Comedikation konnten weder anhand der Risperidon- und 9-OH-Risperidon-Serumspiegel, noch anhand der metabolischen Ratio Altersgruppen gebildet werden.

Auswirkungen einzelner Comedikationen auf den Metabolismus von Risperidon

Die häufigste Comedikation war Lorazepam (15,0 %),

		Risperidon-Serumspiegel ng/ml	9-OH-Risperidon-Serumspiegel ng/ml	9-OH Risperidon/ Risperidon Ratio
Keine Comedikation	Mittlere Ratio bei Patienten ohne Comedikation	8,50 (n= 326)	25,76 (n= 326)	6,73 (n= 301)
Lorazepam	Comedikation Lorazepam	15,20 (n= 123)	26,83 (n= 122)	5,92 (n= 114)
	andere Comedikation als Lorazepam	12,06 (n= 221)	21,52 (n= 221)	4,43 (n= 205)
	Signifikanz Lorazepam / keine Comedikation	**0,012**	0,329	**0,011**

Tabelle 15: mittlere Risperidon und 9-OH-Risperidon-Serumsspiegel und mittlere metabolische Ratio unter der Einnahme von Lorazepam

Unter der Einnahme von Lorazepam traten um durchschnittlich 78,8 % erhöhte Risperidon-Serumspiegel sowie eine um 12 % niedrigere Ratio als bei Patienten ohne Comedikation auf.
18,4 % der Patienten unter 41 Jahre und 18,2 % der Patienten über 41 Jahre nahmen parallel Lorazepam und Risperidon ein.

3.3.2 Metabolisierung durch CYP 3A4: Quetiapin und Ziprasidon

3.3.2.1 Quetiapin

Anhand von 371 Datensätzen wurde die Aktivität des CYP 3A4 in unterschiedlichen Altersgruppen betrachtet.

Demographische Angaben zu den mit Quetiapin behandelten Patienten

	Alle Patienten	Patienten ohne Comedikation
n	371	77 (20,8%)
weiblich	195	46
männlich	176	31
Alter	16- 85	16- 75

Tabelle 16: Deskriptive Statistik der mit Quetiapin behandelten Patienten

Die Diagnose war bei 221 Patienten angegeben, davon litten 81 % an Schizophrenie.

Altersverteilung

Alter	n	%	Anteil Patienten ohne Comedikation	Mittelwert Anzahl Comedikation	Standardabweichung	Median	min	max
< 20	12	3,2	7 (58,3 %)	0,75	1,13818	0,00	0,00	3,00
20-29	94	25,6	36 (37,4%)	0,97	0,95548	1,00	0,00	5,00
30-39	110	30,5	19 (16,8 %)	1,98	1,52641	2,00	0,00	6,00
40-49	62	18,1	6 (9,0 %)	2,21	1,34453	2,00	0,00	6,00
50-59	38	8,4	3 (9,7 %)	3,39	2,83358	2,00	0,00	8,00
60-69	33	8,4	2 (6,5 %)	2,79	2,07300	2,00	0,00	8,00
70-79	14	4,0	4 (26,4 %)	1,64	1,27745	2,00	0,00	4,00
> 80	6	1,4	0	2,83	1,16905	3,00	1,00	4,00
Gesamt	369	100,0	77 (20,8%)	1,94	1,76522	2,00	0,00	8,00

Tabelle 17: durchschnittliche Anzahl an Begleitmedikamenten in den verschiedenen Altersgruppen

Die größte Altersgruppe stellten die 20 bis 29- und 30 bis 39-Jährigen dar. Es gab nur wenige Patienten älter als 70 Jahre, die mit Quetiapin behandelt wurden.
20,8 % der Patienten nahmen keine weitere Comedikation. Mit steigendem Alter sank der Anteil der Patienten ohne Begleitmedikation signifikant (Fisher-Test: 0,000)

Durchschnittlich wurden 1,9 Begleitmedikamente eingenommen. Mit steigendem Alter stieg auch die Anzahl der Comedikationen (Fisher Test: 0,000), am meisten Comedikationen nahmen die 50 bis 59-Jährigen.

3.3.2.1 Katalyse durch CYP 3A4: Quetiapin

Höhe der Tagesdosis

Die üblich wirksame Dosis beträgt 300- 450 mg täglich, kann aber individuell zwischen 150 und 750 mg/d liegen.

(A)   (B)

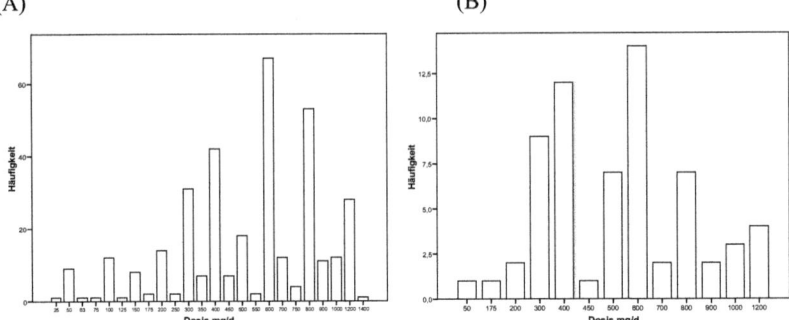

Abb. 29: Häufigkeitsverteilung der Dosis bei (A) Quetiapin-Patienten (n= 369) und bei (B) Quetiapin-Patienten ohne Comedikation (n= 77)

Die Tagesdosierungen lagen zwischen 25 und 1400 mg. Am häufigsten waren Dosierungen von 600 mg/d und 800 mg/d.
Bei Patienten ohne Comedikation reichte die Spannweite von 50 bis 1200 mg/d, am häufigsten waren 600 mg/d und 400 mg/d.
Die mittlere Tagesdosis betrug sowohl bei Patienten mit Mono- als auch mit Polytherapie 570 mg (Fisher- Test: 0,816).

Die Abnahme der mittleren Dosis mit dem Alter war signifikant (Fisher-Test: 0,000, bei Patienten ohne Comedikation 0,013; Tabelle im Anhang).

3.3.2.1.1 Schweregrad der Erkrankung, Therapieeffekt und Verträglichkeit in den verschiedenen Altersgruppen

Schweregrad der Erkrankung und Therapieerfolg

Der mittlere Schweregrad und Therapieerfolg sind für alle Altersgruppen in Tabelle 17 aufgeführt.

Alter	< 20	20-29	30-39	40-49	50-59	60-69	70-79	> 80	gesamt
Mittlerer Schweregrad der Erkrankung	5,6	5,7	5,7	5,4	5,4	5,7	5,9	6,6	5,7
n	9	82	105	57	26	26	12	7	324
Mittlerer Therapieerfolg	2,5	2,0	2,0	2,0	1,8	2,0	2,3	2,5	2,0
n	6	74	98	56	25	24	14	6	303

Tabelle 18: Schweregrad der Erkrankung und Therapieerfolg bei Quetiapin-Patienten verschiedener Altersgruppen

3.3.2.1 Katalyse durch CYP 3A4: Quetiapin

Der Schweregrad der Erkrankung war in den Altersgruppen unter 20 und über 80 Jahre mehrheitlich mit „schwer krank" angegeben. Beide Altersgruppen waren allerdings sehr klein.
Der Anteil der „deutlich kranken" Patienten sank von den 20 bis 29-Jährigen bis zu den 40 bis 49-Jährigen und stieg dann wieder an. Zudem war der Anteil der leicht" und „mäßig kranken"
Patienten in den Altersgruppen 40 bis 49, 50 bis 59 und 60 bis 69 Jahre höher als in den anderen Altersgruppen. Daher bestand ein signifikanter Zusammenhang zwischen Alter und Schweregrad der Erkrankung (Fisher-Test: 0,040; Tabelle im Anhang).

In allen Altersgruppen wurde der Therapieerfolg am häufigsten mit „mäßig" beurteilt, nur bei den 70 bis 79-Jährigen mit „gering".
Bei den 40 bis 49-, 50 bis 59- und 60 bis 69-Jährigen war der Anteil der Patienten mit „sehr gutem" Therapieerfolg mit jeweils etwa einem Drittel am höchsten (Tabelle im Anhang). Es bestand dennoch kein signifikanter Zusammenhang zwischen dem Therapieerfolg und dem Alter (Fisher-Test: 0,072).

Insgesamt wurde bei 25,8 % der Patienten ein „sehr guter" Therapieerfolg erzielt.

Verträglichkeit

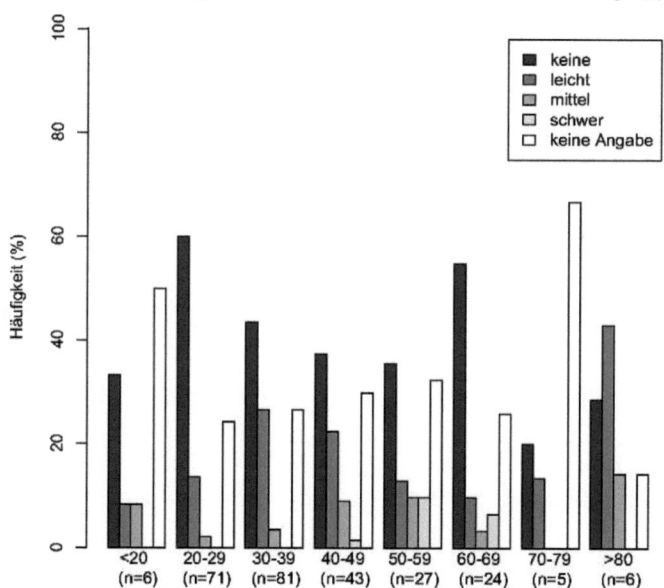

Abb. 30: Nebenwirkungen in den unterschiedlichen Altersgruppen (n= 263)

3.3.2.1 Katalyse durch CYP 3A4: Quetiapin

Angaben zum Auftreten von Nebenwirkungen wurden bei 263 Patienten (70,9 %) gemacht Insgesamt traten bei 63,9 % aller Patienten keine Nebenwirkungen auf. Mit zunehmendem Alter waren sie jedoch signifikant häufiger (Fisher-Test: 0,000).

Die häufigsten Nebenwirkungen waren Schläfrigkeit/ Sedierung, EPS-Nebenwirkungen und Spannung/ innere Unruhe.

Das Auftreten von Nebenwirkungen wurde in den in Kapitel 3.3.2.1.2 gebildeten Altersgruppen miteinander verglichen.

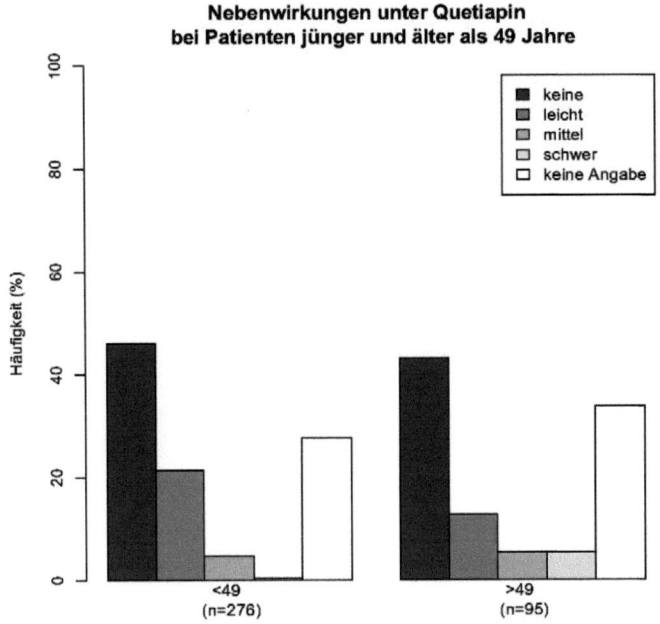

Abb. 31: Nebenwirkungen unter Quetiapin bei Patienten über und unter 49 Jahre (n= 263)

Nebenwirkungen traten in beiden Altersgruppen gleich häufig auf, in der jüngeren Altersgruppe wurden allerdings überwiegend leichte Nebenwirkungen beobachtet, während die älteren Patienten häufiger über mittelschwere oder schwere Nebenwirkungen klagten.

3.3.2.1 Katalyse durch CYP 3A4: Quetiapin

3.3.2.1.2 Abhängigkeit des Quetiapin-Metabolismus vom Alter

Quetiapin wird unter Beteiligung von CYP 3A4 zum Hauptmetaboliten Norquetiapin verstoffwechselt. Daneben entstehen unter Beteiligung von CYP 2D6 andere, nicht pharmakologisch aktive Metabolite.

Quetiapin-Serumspiegel
(A)   (B)

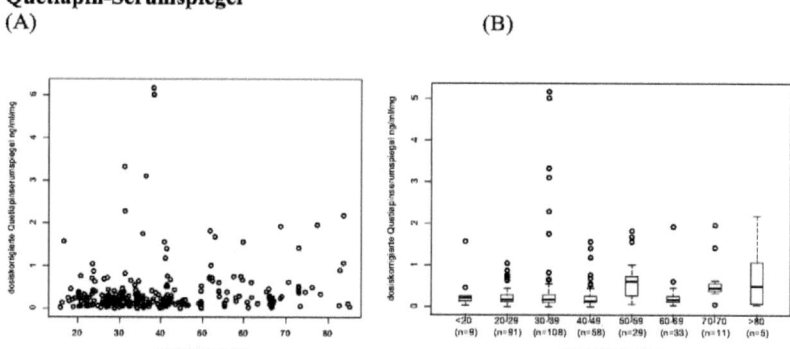

Abb. 32: Abhängigkeit der dosiskorrigierten Quetiapin-Serumspiegel vom Alter (A) Streudiagramm und (B) Boxplot bei Patienten mit und ohne Comedikation (n= 344)

Die Quetiapin-Serumspiegel betrugen im Mittel 0,3 ng/ml/mg (Spannweite 0,00-5,15 ng/ml/mg, zumeist unter 4,00 ng/ml/mg).
Die beiden höchsten Werte wurden bei der gleichen Patientin im Abstand von acht Wochen gemessen. Die Patientin war 38 Jahre alt, hatte bei der ersten Messung einen Serumspiegel von 2324 ng/ml Quetiapin bei einer Tagesdosis von 450 mg. Comedikationen waren Risperidon, Diazepam, Biperiden. Bei der zweiten Messung wurden noch 1503 ng/ml Quetiapin nachgewiesen bei einer Tagesdosis von 300 mg, unter Comedikation Risperidon und Biperiden. Die beiden anderen abweichenden Werte stammten von einer Patientin und einem Patienten, 31 und 36 Jahre alt, Tagesdosis 300 mg und 600 mg, Comedikation waren Fluvoxamin, Diazepam, Carbamazepin, bzw. Doxepin, Lorazepam, Pantoprazol. Beide Patienten litten unter Nebenwirkungen (Schläfrigkeit/Sedierung).

Bei Patienten ohne Comedikation waren die Fallzahlen in den einzelnen Altersgruppen größtenteils so gering, dass sie nicht im Boxplot dargestellt wurden.
Es bestand keine Abhängigkeit der Quetiapin-Serumspiegel vom Alter (Fisher-Test 0,381).

3.3.2.1 Katalyse durch CYP 3A4: Quetiapin

Bildung von Altersgruppen durch Clusterzentrenanalyse

Alter		dosiskorrigierter Quetiapinspiegel ng/ml/mg	Alter bei Blutentnahme
< 49	Mittelwert	0,30	32,2
	N	265	277
	Standardabweichung	0,56114	7,468
	Median	0,17	32,5
	Minimum	0,00	16
	Maximum	5,16	48
> 49	Mittelwert	0,45	62,8
	N	79	92
	Standardabweichung	0,49247	9,634
	Median	0,27	64,4
	Minimum	0,00	49
	Maximum	2,18	85
Insgesamt	Mittelwert	0,33	39,9
	N	344	369
	Standardabweichung	0,54903	15,508
	Median	0,18	34,5
	Minimum	0,00	16
	Maximum	5,16	85
Signifikanz (U-Test)		0,001	

Tabelle 19: Vergleich der mittleren Quetiapin-Serumspiegel in den gebildeten Altersgruppen

Anhand der Quetiapin-Serumspiegel wurden zwei Altersgruppen gebildet: Patienten über 49 Jahre hatten im Mittel um 49,7 % höhere Serumspiegel als jüngere Patienten.

3.3.2.1.3 Auswirkungen von Comedikation auf den Metabolismus von Quetiapin

Vergleich der Serumspiegel bei Patienten mit und ohne Comedikation

	Mittlere Quetiapin Serumspiegel ng/ml/mg	n	Standard-abweichung	Median	Minimum	Maximum
Monotherapie	0,19	64	0,16244	0,14	0,00	0,76
Polytherapie	0,36	280	0,59934	1,88	0,00	5,16
Insgesamt	0,33	344	0,54903	0,18	0,00	5,16
Signifikanz (U-Test)	0,012					

Tabelle 20: Vergleich der mittleren Quetiapin-Serumspiegel bei Patienten mit Mono- und Polytherapie

Patienten mit Comedikation hatten im Mittel um 87,5 % höhere Quetiapin-Serumspiegel als Patienten ohne Begleitmedikation.

3.3.2.1 Katalyse durch CYP 3A4: Quetiapin

Bildung von Altersgruppen durch Clusterzentrenanalyse bei Patienten ohne Comedikation

Alter			Dosiskorrigierte Quetiapin-Serumspiegel ng/ml/mg	Alter bei Blutentnahme
< 49		Mittelwert	0,17	28,9
		N	59	67
		Standardabweichung	0,13888	7,129
		Median	0,14	28,8
		Minimum	0,00	16
		Maximum	0,76	48
> 49		Mittelwert	0,45	63,5
		N	5	10
		Standardabweichung	0,21317	9,170
		Median	0,53	62,6
		Minimum	0,11	50
		Maximum	0,62	75
Insgesamt		Mittelwert	0,19	33,4
		N	64	77
		Standardabweichung	0,16244	13,815
		Median	0,14	29,1
		Minimum	0,00	16
		Maximum	0,76	75
Signifikanz (U-Test)			**0,006**	

Tabelle 21: Vergleich der mittleren Quetiapin-Serumspiegel in den gebildeten Altersgruppen bei Patienten ohne Comedikation

Bei Patienten ohne Comedikation waren die Serumspiegel bei Patienten über 49 Jahre im Schnitt 62,3 % höher als bei den jüngeren Patienten. Der Unterschied war signifikant und fiel sogar noch deutlicher aus als bei Patienten mit Comedikation.

Auswirkungen einzelner Wirkstoffe auf den Metabolismus von Quetiapin

Häufigste Comedikationen waren Lorazepam (22 %) und Valproat (10 %).

	n	Mittlerer dosiskorrigierter Quetiapin-Serumspiegel ng/ml/mg
Keine Comedikation	64	0,19
Comedikation Lorazepam	80	0,32
Andere Comedikation als Lorazepam	202	0,38
Signifikanz (U Test)		**0,013**
Comedikation Valproat	35	0,22
andere Comedikation als Valproat	247	0,38
Signifikanz (U Test)		0,517

Tabelle 22: mittlere Quetiapin-Serumspiegel unter der Einnahme von Lorazepam und Valproat

Patienten, die neben Quetiapin auch Lorazepam einnahmen, zeigten um 68,4 % erhöhte mittlere Quetiapin-Serumspiegel. Unter der Einnahme von Valproat traten dagegen keine signifikanten Unterschiede auf

3.3.2.2 Katalyse durch CYP 3A4: Ziprasidon

3.3.2.2 Metabolisierung durch CYP 3A4: Ziprasidon

Ziprasidon wurde hinsichtlich altersabhängiger Veränderungen des Metabolismus untersucht, die Aufschluss über den Alterseffekt auf die Aktivität von CYP 3A4 geben können.
Dafür stand nur eine vergleichsweise kleine Anzahl von Patienten zur Verfügung, Daten von Patienten über 70 Jahren waren nicht darunter.

Demographische Angaben zu den mit Ziprasidon behandelten Patienten

	Alle Patienten	Patienten ohne Comedikation
n	69	25 (36,8 %)
weiblich	43	15
männlich	25	10
Alter	18-70	20-67

Tabelle 23: Deskriptive Statistik zu den mit Ziprasidon behandelten Patienten

Bei 42 Patienten war eine Diagnose angegeben, 81 % dieser Patienten litten an Schizophrenie.

Alter	n	%	Anteil Patienten ohne Comedikation	Anzahl Comedikation Mittelwert	Standard-abweichung	Median	min	max
< 20	2	2,9		1,00	0,00000	1,00	1,00	1,00
20-29	19	27,9	7 (36,8%)	0,89	1,19697	1,00	0,00	5,00
30-39	21	30,9	7 (35,3%)	1,71	1,61688	2,00	0,00	5,00
40-49	20	29,4	8 (40%)	1,85	1,84320	2,00	0,00	6,00
50-59	4	5,9	2 (50%)	0,50	0,57735	0,50	0,00	1,00
60-69	1	1,5	1 (100%)	0,00	.	0,00	0,00	0,00
70-79	1	1,5		5,00	.	5,00	5,00	5,00
Gesamt	68	100,0	25 (36,8%)	1,46	1,60627	1,00	0,00	6,00

Tabelle 24: durchschnittliche Anzahl an Comedikationen bei Patienten unterschiedlicher Altersgruppen

Die meisten Patienten gehörten den Altersgruppen 20 bis 29, 30 bis 39 und 40 bis 49 Jahre zu. Es gab nur sechs Datensätze von Patienten älter als 50 Jahre, möglicherweise da Ziprasidon für ältere Patienten im Rahmen einer Demenz-Therapie nicht zugelassen ist, nachdem eine erhöhte Sterblichkeit aufgetreten war (Fachinformation Zeldox, 2009).Allgemeine Empfehlungen für die Therapie älterer Patienten mit Ziprasidon gibt es nicht.

Die Einnahme von Comedikation war unabhängig von der Altersgruppe (Fisher Test: 0,882). 36,8% aller Patienten nahmen keine Comedikation ein.

Die mittlere Anzahl an Begleitmedikamente betrug 1,5. Die 20 bis 29-Jährigen Patienten nahmen im Mittel nur halb so viele Comedikationen ein wie Patienten der Altersgruppen 30 bis 39 und 40 bis 49 Jahre. Dennoch ergab sich kein statistisch

3.3.2.2 Katalyse durch CYP 3A4: Ziprasidon

signifikanter Zusammenhang zwischen der Anzahl der Comedikationen und dem Alter (Fisher-Test: 0,074).

Höhe der Tagesdosis

Für Ziprasidon wird eine tägliche Dosis von 80-160 mg empfohlen. Es gibt keine Untersuchungen zur Verträglichkeit höherer Dosen.
(A) (B)

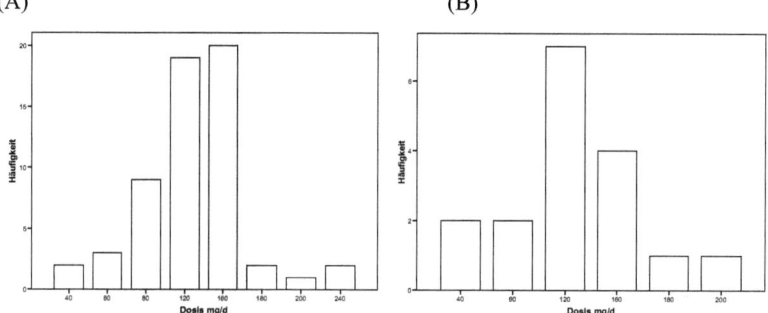

Abb. 33: Häufigkeitsverteilung der Dosis bei (A) Ziprasidon-Patienten (n= 58) und bei (B) Ziprasidon-Patienten ohne Comedikation (n= 25)

Die Tagesdosen lagen zwischen 40 und 240 mg (Patienten ohne Comedikation: 40-200 mg/d), am häufigsten waren Tagesdosen von 160 mg und 120 mg (Patienten ohne Comedikation: 120 mg).
Es gab keine Abhängigkeit der Dosis vom Alter (Fisher-Test: 0,379; bei Patienten ohne Comedikation: 0,529; Tabellen im Anhang). Patienten mit und ohne Comedikation erhielten im Mittel keine unterschiedlich hohen Tagesdosen (U-Test 0,446).

3.3.2.2.1 Schweregrad der Erkrankung, Therapieerfolg und Verträglichkeit in den verschiedenen Altersgruppen

Schweregrad der Erkrankung und Therapieerfolg

Der Schweregrad der Erkrankung sowie der Therapieerfolg waren bei 45 bzw. 43 Patienten angegeben (65 %) und sind in Tabelle 24 für jede Altersgruppe gemittelt aufgelistet.

Alter	< 20	20-29	30-39	40-49	50-59	60-69	70-79	> 80	gesamt
Mittelwert Schwere der Erkrankung	6,0	55,9	5,5	6,0	6,5	6,0	7,0		5,9
n	1	14	13	13	2	1	1		45
Mittelwert Therapieerfolg	2.0	2,3	2,4	2,2	3,0	4,0			2,4
n	1	12	14	13	2	1			43

Tabelle 25: Schweregrad der Erkrankung und Therapieerfolg bei Ziprasidon-Patienten verschiedener Altersgruppen

3.3.2.2 Katalyse durch CYP 3A4: Ziprasidon

In allen Altersgruppen wurde der Schweregrad der Erkrankung am häufigsten mit „deutlich krank" bewertet (Tabelle im Anhang). Ein Zusammenhang zwischen Alter und Schweregrad der Erkrankung bestand nicht (Fisher-Test: 0,822).

Bei den 20 bis 29, 30 bis 39 und 40 bis 49 Jahre alten Patienten wurde überwiegend ein „mäßiger" Therapieerfolg erzielt (Tabelle im Anhang).
Einen „sehr guten" Therapieerfolg erreichten unter Ziprasidon 10,4 % aller Patienten. Es war keine Abhängigkeit des Therapieerfolgs vom Alter nachweisbar (Fisher-Test: 0,208).

Verträglichkeit

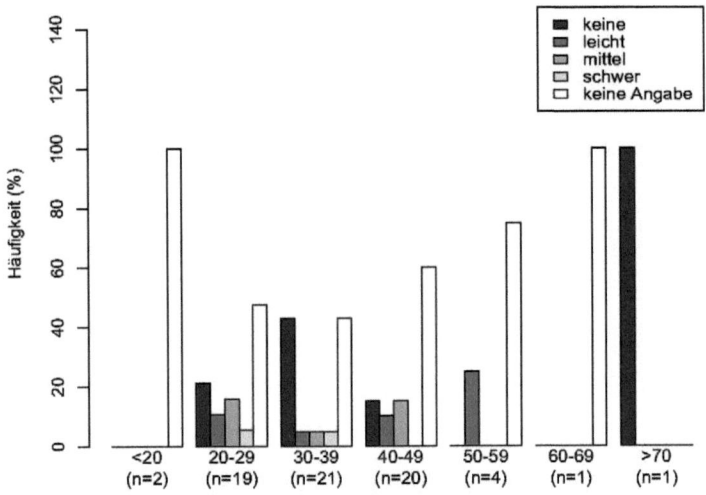

Abb. 34: Nebenwirkungen in den unterschiedlichen Altersgruppen (n= 32)

Nebenwirkungen traten unabhängig vom Alter (Fisher-Test: 0,563) bei 56,9 % der Patienten auf.

Einzelne Angaben zu Nebenwirkungen wurden in 23 Fällen gemacht (33,8 %). Die häufigste Nebenwirkung war Schläfrigkeit/ Sedierung, die bei 14 Patienten (20,6 %) auftrat.

3.3.2.2 Katalyse durch CYP 3A4: Ziprasidon

3.3.2.2.2 Abhängigkeit des Ziprasidon-Metabolismus vom Alter

Der Abbau von Ziprasidon erfolgt zum einen mithilfe einer Aldehyd-Oxidase in einer Reduktion mit anschließender S-Methylierung zum Hauptmetabolit Methyldihydroziprasidon. Ein alternativer Metabolisierungsweg ist die Oxidation mithilfe von CYP 3A4 und in geringerem Umfang CYP 1A2.

Ziprasidon-Serumspiegel

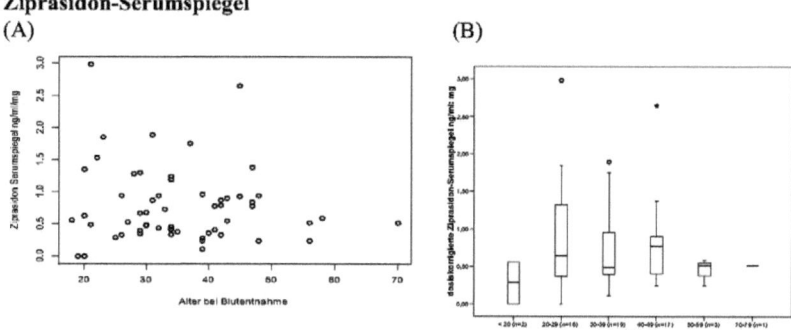

Abb. 35: Abhängigkeit der dosiskorrigierten Ziprasidon-Serumspiegel vom Alter (A) Streudiagramm und (B) Boxplot (n= 58)

Die dosiskorrigierten Ziprasidon-Serumspiegel lagen zwischen 0,00 ng/ml/mg und 2,96 ng/ml/mg, im Mittel bei 0,77 ng/ml/mg. Die meisten Werte überstiegen 2,0 ng/ml/mg nicht.
Der abweichende Wert stammte von einem 21jährigen Patienten, der eine Tagesdosis von 120 mg Ziprasidon einnahm. Er erhielt keine weitere Comedikation und klagte über Schläfrigkeit/ Sedierung als Nebenwirkung der Behandlung.

Die Ziprasidon-Serumspiegel veränderten sich mit dem Alter nicht (Fisher-Test: 0,466).

Bildung von Altersgruppen durch Clusterzentrenanalyse

Es konnten keine Altersgruppen gebildet werden, deren mittlere Ziprasidon-Serumspiegel sich signifikant unterschieden.

3.3.2.2 Katalyse durch CYP 3A4: Ziprasidon

3.3.2.2.3 Auswirkungen von Comedikation auf den Metabolismus von Ziprasidon

	mittlere dosiskorrigierte Ziprasidon-Serumspiegel ng/ml/mg	n	Standard-abweichung	Median	Minimum	Maximum
keine Comedikation	0,96	18	0,86016	0,5908	0,00	2,98
Comedikation	0,69	40	0,39948	0,5771	0,00	1,75
Insgesamt	0,78	58	0,58821	0,5771	0,00	2,98
Signifikanz (U-Test)	0,705					

Tabelle 26: Vergleich der mittleren Ziprasidon-Serumspiegel bei Patienten mit Mono- und Polytherapie

Die Ziprasidon-Serumspiegel unterscheiden sich bei Patienten mit Mono- oder Polytherapie im Mittel nicht signifikant voneinander.

Bildung von Altersgruppen durch Clusterzentrenanalyse bei Patienten ohne Comedikation

Auch bei Patienten mit Monotherapie unterschieden sich die mittleren Ziprasidon-Serumspiegel nicht altersabhängig.

Auswirkungen einzelner Wirkstoffe auf den Metabolismus von Ziprasidon

Häufigste Comedikationen waren Lorazepam (20,6 %), Sertralin (10,3 %) und Valproat (8,8 %).

		Mittlere dosiskorrigierte Ziprasidon-Serumspiegel ng/ml/mg
Keine Comedikation		0,96 (n= 18)
Lorazepam	Comedikation Lorazepam	0,79 (n= 12)
	andere Comedikation als Lorazepam	0,64 (n= 28)
	Signifikanz Lorazepam / keine Comedikation	0,597
Sertralin	Comedikation Sertralin	0,47 (n= 6)
	andere Comedikation als Sertralin	0,72 (n= 34)
	Signifikanz Sertralin / keine Comedikation	0,161
Valproat	Comedikation Valproat	0,76 (n= 6)
	andere Comedikation als Valproat	0,67 (n= 34)
	Signifikanz Valproat / keine Comedikation	0,764

Tabelle 27: mittlere dosiskorrigierte Ziprasidon-Serumspiegel unter der Einnahme verschiedener Begleitmedikamente

Die untersuchten Wirkstoffe beeinflussten die Ziprasidon-Serumspiegel nicht.

3.3.3 Metabolisierung durch CYP 2D6 und CYP 3A4: Aripiprazol, Donepezil, Venlafaxin

3.3.3.1 Aripiprazol

Der Metabolismus von Aripiprazol wurde an 362 Patientendatensätzen untersucht. Aripiprazol wird durch Hydroxylation, Dehydrierung und N-Dealkylierung verstoffwechselt. Einer der Metabolite, Dehydro-Aripiprazol, ist pharmakologisch aktiv. Die katalysierende Enzyme sind CYP 2D6 und CYP 3A4.

Demographische Angaben zu den mit Aripiprazol behandelten Patienten

	Alle Patienten	Patienten ohne Comedikation
n	362	110 (30,4%)
weiblich	163	41
männlich	199	69
Alter	17- 79	17- 63

Tabelle 28: Deskriptive Statistik zu den mit Aripiprazol behandelten Patienten

Von den 290 Patienten, bei denen eine Diagnose angegeben war, litten 90,6 % an Schizophrenie.

Altersverteilung

Alter	n	%	Anteil Patienten ohne Comedikation	Mittelwert Anzahl Comedikation	Standard- abweichung	Median	min	max
< 20	11	3,0	6 (54,5%)	0,82	0,982	0,00	0,00	2,00
20-29	139	38,4	45 (32,4%)	1,26	1,259	1,00	0,00	6,00
30-39	96	26,5	27 (28,1%)	1,72	1,594	1,00	0,00	6,00
40-49	71	14,6	20 (28,2%)	2,14	1,952	2,00	0,00	7,00
50-59	28	7,7	8 (28,6)	1,75	1,531	2,00	0,00	6,00
60-69	15	4,1	4 (26,7%)	2,73	2,939	2,00	0,00	9,00
70-79	2	0,6	0	4,00	2,828	4,00	2,00	6,00
Gesamt	362	100,0	132 (30,4%)	1,65	1,668	1,00	0,00	9,00

Tabelle 29: durchschnittliche Anzahl von Comedikationen in den unterschiedlichen Altersgruppen

Die größte Patientengruppe waren die 20 bis 29-Jährigen, die zweitgrößten Gruppen stellten die Altersgruppen 30 bis 39 und 40 bis 49 Jahre. Obgleich Aripiprazol für die Behandlung von Alterspatienten zugelassen ist, gab es kaum Datensätze von Patienten älter als 70 Jahre.

Der Anteil der Patienten ohne Comedikation lag im Mittel bei 30,4 %, nur bei Patienten unter 30 Jahre lag er höher. Eine signifikante Altersabhängigkeit bestand nicht (Fisher-Test 0,387).

Ältere Patienten nahmen im Mittel eine signifikant höhere Anzahl von Comedikationen ein (Fisher Test: 0,003).

3.3.3.1 Katalyse durch CYP 2D6 und CYP 3A4: Aripiprazol

Höhe der Tagesdosis

Die empfohlene Tagesdosis Aripiprazol beträgt 10-30 mg pro Tag, wobei mit einer Dosis von 10-15 mg/d begonnen werden sollte. Die Maximaldosis von 30 mg/d sollte nicht überschritten werden (Fachinformation Abilify 2010).

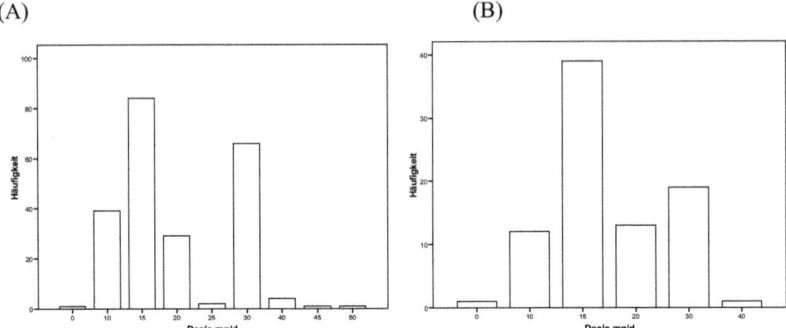

Abb. 36: Häufigkeitsverteilung der Tagesdosis bei (A) Aripiprazol Patienten (n= 362) und bei (B)Aripiprazol Patienten ohne Comedikation (n= 110)

Die häufigsten Dosierungen betrugen 15 und 30 mg/d.
In einem Fall wurde der Serumspiegel eines Patienten nach Absetzen von Aripiprazol gemessen. Sechs Patienten erhielten eine Tagesdosis oberhalb der empfohlenen Maximaldosierung, diese waren 20 bis 29, 30 bis 39 und 40 bis 49 Jahre alt (Tabelle im Anhang).
Die mittlere Tagesdosis war bei den unter 50jährigen Patienten konstant und fiel in den höheren Altersgruppen signifikant ab (Fisher Test 0,004).

Bei Patienten ohne Comedikation war die mit Abstand häufigste Tagesdosis 15 mg.
Ein Patient erhielt eine höhere als die empfohlene Maximaldosis. Tendenziell sank die Tagesdosis ebenfalls mit dem Alter, jedoch war der Zusammenhang nicht mehr signifikant (Fisher Test: 0,057).

Die Einnahme von Comedikation führte nicht zu einem signifikanten Unterschied in der durchschnittlichen Tagesdosis (U-Test: 0,215).
Patienten mit Comedikation erhielten eine durchschnittliche Tagesdosis von 20,6 mg (n= 145), Patienten ohne Comedikation nur 18,5 mg (n= 85).

3.3.3.1 Katalyse durch CYP 2D6 und CYP 3A4: Aripiprazol

3.3.3.1.1 Schweregrad der Erkrankung, Therapieeffekt und Verträglichkeit in den verschiedenen Altersgruppen

Schweregrad der Erkrankung und Therapieerfolg

Tabelle 29 zeigt die Mittelwerte des Schweregrads der Erkrankung und des Therapieerfolg in den verschiedenen Altersgruppen.

Alter	20-29	30-39	40-49	50-59	60-69	70-79	gesamt
Mittelwert Schwere der Erkrankung	5,2	5,9	6,1	6,1	6,1	7,0	6,0
n	9	122	68	56	23	1	290
Mittelwert Therapieerfolg	2,2	2,3	2,4	2,4	2,5	3,0	2,3
n	9	106	72	48	18	1	264

Tabelle 30: Schweregrad der Erkrankung und Therapieerfolg bei Aripiprazol- Patienten verschiedener Altersgruppen

In den Altersgruppen 20 bis 29 und 30 bis 39 Jahre wurde der Schweregrad der Erkrankung mehrheitlich mit „deutlich krank" angegeben. Patienten zwischen 40 bis 49 und 50 bis 59 Jahren wurden immer noch am häufigsten mit „deutlich krank" und fast ebenso häufig mit „schwer krank" beurteilt, während bei Patienten zwischen 60 und 69 Jahren die Angabe „schwer krank" am häufigsten war. Nur bei Patienten unter 20 Jahre wurde die Erkrankung überwiegend als „mäßig" stark beurteilt (Tabelle im Anhang).

Die Unterschiede zwischen den Altersgruppen waren allerdings nicht signifikant (Fisher Test: 0,186).

Der Therapieerfolg war bei den meisten Patienten „mäßig", nur 14,2 % erreichten einen „sehr guten" Therapieerfolg. Bei älteren Patienten waren die Angaben „sehr gut" und „gering" häufiger als bei jüngeren. Demzufolge gab es keine signifikante Altersabhängigkeit (Fisher Test: 0,697; Tabelle im Anhang).

3.3.3.1 Katalyse durch CYP 2D6 und CYP 3A4: Aripiprazol

Verträglichkeit bei Patienten unterschiedlicher Altersgruppen

Nebenwirkungen unter Aripiprazol in den einzelnen Altersgruppen

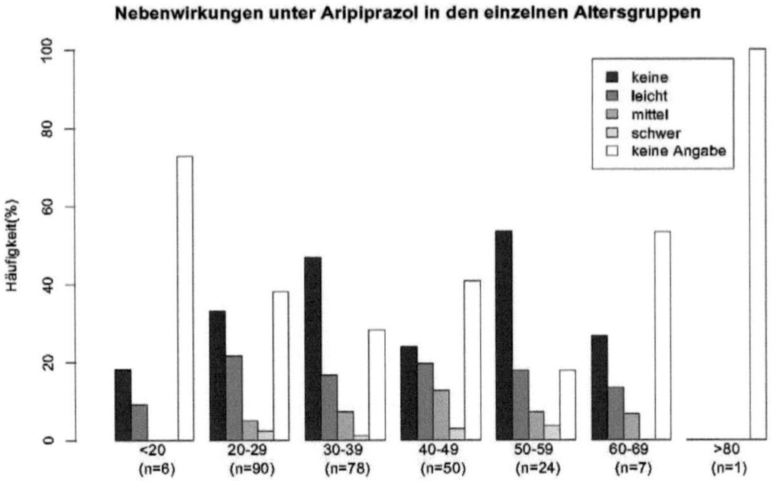

Abb. 37: Nebenwirkungen bei Patienten unterschiedlicher Altersgruppen (n= 256)

Insgesamt gab es von 256 Patienten (70,7 %) Angaben zur Nebenwirkung, Davon waren 55,1 %. ohne Nebenwirkungen. Bei Patienten ohne Comedikation waren es 53,5 %.
Die Stärke der Nebenwirkungen war altersunabhängig (Fisher Test 0,230; Tabelle im Anhang).

Bei 118 Patienten wurden die Nebenwirkungen klassifiziert, am häufigsten kamen Spannung und innere Unruhe (10,2 % aller Patienten) sowie Schläfrigkeit/ Sedierung (7,5 %) vor.
In drei Fällen wurden „andere" Nebenwirkungen angegeben, diese waren Drehschwindel, Milchfluss und die Zunahme kognitiver Störungen.

3.3.3.1 Katalyse durch CYP 2D6 und CYP 3A4: Aripiprazol

3.3.3.1.2 Abhängigkeit des Aripiprazol-Metabolismus vom Alter

Aripiprazol-Serumspiegel
(A)   (B)

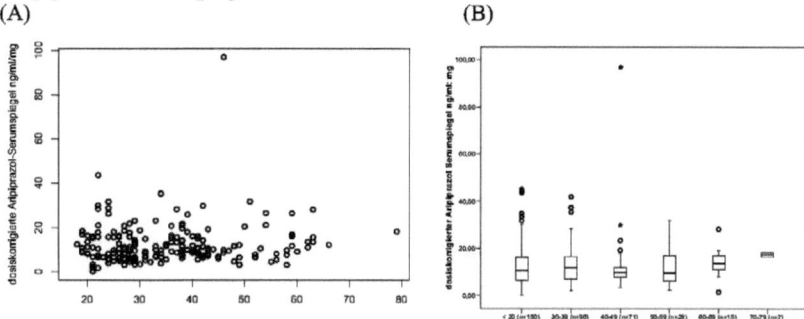

Abb. 38: Abhängigkeit des dosiskorrigierten Aripiprazol- Serumspiegel vom Alter (A) Streudiagramm (B) Boxplot (n= 222)

Die dosiskorrigierten Serumspiegel lagen zwischen 0,25 ng/ml/mg und 97,00 ng/ml/mg (Mittelwert 12,26 ng/ml/mg).
Bei den meisten Patienten lag der dosiskorrigierte Serumspiegel unterhalb von 40 ng/ml/mg.
Bei 140 Datensätzen konnten aufgrund fehlender Angaben für die Tagesdosis keine dosiskorrigierten Serumspiegel berechnet werden.

Sechs Werte von vier Patienten unterschieden sich extrem von den anderen. Diese Patienten zwischen 22 und 46 Jahre alt, die Tagesdosen lagen zwischen 10 und 30 mg. Ein Patient erhielt eine Monotherapie, Comedikationen waren Clozapin (in drei Fällen), Fluvoxamin, L- Thyroxin, Magaldrat, Metoprolol, Pipamperon, Pirenzepin, Reboxetin, Rofecoxib und Valproat.

Bei Patienten über 60 Jahre stiegen die dosiskorrigierten Serumspiegel zwar etwas an, die Varianz war bei Patienten über 50 Jahre höher als bei jüngeren Patienten. Die Unterschiede zwischen den Altersgruppen waren aber nicht signifikant.

Bei Patienten ohne Comedikation lagen die Aripiprazol-Serumspiegel im gleichen Bereich wie bei Patienten mit Comedikation, nämlich zwischen 0,25 und 43,7 ng/ml/mg.
Außer bei Patienten zwischen 60 und 69 Jahren war die Verteilung in allen Altersgruppen rechtsschief. Die Streuung der Daten war stärker als bei Patienten mit Comedikation, besonders bei Patienten unter 20 Jahre, zwischen 30 und 39, und 50 und 59 Jahre.
Es gab keine Abhängigkeit der Serumspiegel vom Alter.

Bildung von Altersgruppen durch Clusterzentrenanalyse

Es konnten keine Altersgruppen gebildet werden, die sich hinsichtlich des mittleren Serumspiegels signifikant voneinander unterschieden.

3.3.3.1 Katalyse durch CYP 2D6 und CYP 3A4: Aripiprazol

3.3.3.1.3 Auswirkungen von Comedikation auf den Metabolismus von Aripiprazol

Vergleich der Serumspiegel bei Patienten mit und ohne Begleitmedikation

Comedikation	Dosiskorrigierte Aripiprazol-Serumspiegel ng/ml/mg Mittelwert	n	Standardabweichung	Median	Minimum	Maximum
keine Comedikation	11,43	110	6,52570	10,33	0,25	43,67
Comedikation	13,32	252	9,62236	10,79	1,50	97,00
Insgesamt	12,75	362	8,83130	10,60	0,25	97,00
Signifikanz (U-Test)	0,178					

Tabelle 31: Vergleich der mittleren Aripiprazol-Serumspiegel bei Patienten mit Mono- und Polytherapie

Comedikation allgemein führte nicht zu einer Veränderung des Serumspiegels.

Bildung von Altersgruppen durch Clusterzentrenanalyse bei Patienten ohne Comedikation

Alter		dosiskorrigierte Aripiprazol-Serumspiegel ng/ml/mg	Alter bei Blutentnahme
< 35	Mittelwert	10,71	25,1
	N	61	73
	Standardabweichung	7,57815	4,633
> 35	Mittelwert	12,30	44,8
	N	49	59
	Standardabweichung	4,83991	8,612
Insgesamt	Mittelwert	11,43	33,9
	N	110	132
	Standardabweichung	6,52570	11,904
Signifikanz (U-Test)		**0,010**	

Tabelle 32: Vergleich der mittleren Aripiprazol-Serumspiegel in den gebildeten Altersgruppen bei Patienten ohne Comedikation

Bei Patienten ohne Comedikation ließen sich anhand des Serumspiegels zwei signifikant unterschiedliche Altersgruppen bilden, die Altersgrenze lag bei 35 Jahren: ältere Patienten hatten im Mittel 15,0 % höhere Serumspiegel.

Auswirkungen einzelner Wirkstoffe auf den Metabolismus von Aripiprazol

Bei der Auswertung des Einflusses verschiedener Comedikationen wurde nach Literaturvorgaben vorgegangen, daher wurden auch Medikationen berücksichtigt, bei denen die Fallzahl gering war. Diese Begleitmedikation waren Amisulprid (5,5 %), Clozapin (11,3 %), Escitalopram (2,5 %), Fluvoxamin (3,0 %), L-Thyroxin (3,9 %), Lithium (4,4 %), Lorazepam (19,6 %), Metoprolol (5,0 %), Mirtazapin (3,6 %), Olanzapin (5,5 %), Quetiapin (6,9 %), Reboxetin (2,2 %), Risperidon (2,8 %), Valproat (7,7 %) und Venlafaxin (6,4 %).

3.3.3.1 Katalyse durch CYP 2D6 und CYP 3A4: Aripiprazol

Auswirkungen einzelner Wirkstoffe auf den Metabolismus von Aripiprazol

		n	Mittlere dosiskorrigierte Aripiprazol-Serumspiegel ng/ml/mg
Keine Comedikation		110	11,43
Amisulprid	Comedikation mit Amisulprid	20	11,21
	Andere Comedikation als Amisulprid	232	13,50
	Signifikanz		0,732
Clozapin	Comedikation mit Clozapin	41	22,56
	Andere Comedikation als Clozapin	211	11,53
	Signifikanz		**0,000**
Escitalopram	Comedikation mit Escitalopram	9	10,38
	Andere Comedikation als Escitalopram	243	13,43
	Signifikanz		0,782
Fluvoxamin	Comedikation mit Fluvoxamin	11	26,79
	Andere Comedikation als Fluvoxamin	241	12,71
	Signifikanz		**0,005**
L-Thyroxin	Comedikation mit L-Thyroxin	14	19,89
	Andere Comedikation als L-Thyroxin	238	12,94
	Signifikanz		**0,009**
Lithium	Comedikation mit Lithium	16	8,73
	Andere Comedikation als Lithium	236	13,63
	Signifikanz		0,114
Lorazepam	Comedikation mit Lorazepam	71	11,74
	Andere Comedikation als Lorazepam	181	13,94
	Signifikanz		0,539
Metoprolol	Comedikation mit Metoprolol	18	20,52
	Andere Comedikation als Metoprolol	234	12,77
	Signifikanz		**0,000**

3.3.3.1 Katalyse durch CYP 2D6 und CYP 3A4: Aripiprazol

Mirtazapin	Comedikation mit Mirtazapin	13	13,25
	Andere Comedikation als Mirtazapin	239	13,26
	Signifikanz		0,395
Olanzapin	Comedikation mit Olanzapin	21	9,42
	Andere Comedikation als Olanzapin	231	13,68
	Signifikanz		**0,049**
Quetiapin	Comedikation mit Quetiapin	25	11,05
	Andere Comedikation als Quetiapin	227	13,57
	Signifikanz		0,692
Reboxetin	Comedikation mit Reboxetin	8	20,61
	Andere Comedikation als Reboxetin	244	13,08
	Signifikanz		0,626
Risperidon	Comedikation mit Risperidon	10	12,41
	Andere Comedikation als Risperidon	242	13,36
	Signifikanz		0,772
Valproat	Comedikation mit Amisulprid	28	12,94
	Andere Comedikation als Valproat	224	13,37
	Signifikanz		0,421
Venlafaxin	Comedikation mit Amisulprid	23	10,37
	Andere Comedikation als Venlafaxin	229	13,62
	Signifikanz		0,603

Tabelle 33: mittlere Aripiprazol-Serumspiegel unter der Einnahme verschiedener Comedikamente

Patienten, die als Comedikation Clozapin, Fluvoxamin, L-Thyroxin oder Metoprolol einnahmen, hatten gegenüber Patienten ohne Comedikation signifikant erhöhte Serumspiegel. Auch die mittleren Serumspiegel bei Patienten, die Reboxetin einnahmen, waren deutlich erhöht. Aufgrund der geringen Fallzahl der Gruppe und der Tatsache, dass ein Spiegel darunter den Mittelwert um das Vierfache überstieg, war der Unterschied aber nicht signifikant.

Die mittleren Aripiprazol-Serumspiegel waren unter der gleichzeitigen Einnahme von Clozapin um 97,4 %, in Kombination mit Fluvoxamin um 134 %, unter L-Thyroxin um 74 % und unter Metoprolol um 79,5 %, höher als bei Patienten die keine Begleitmedikation einnahmen.
Unter Olanzapin als Comedikation traten um 17,6 % niedrigeren Serumspiegel auf.

3.3.3.1 Katalyse durch CYP 2D6 und CYP 3A4: Aripiprazol

In der Literatur sind unter gleichzeitiger Einnahme von Aripiprazol und Lithium um 43 % niedrigere (Waade et al., 2009) bzw. um 34 % erhöhte (Castberg et al., 2007) Aripiprazol-Serumspiegel beschrieben.
In der eigenen Untersuchung beeinflusste die Einnahme von Lithium die mittleren Aripiprazol-Serumspiegel nicht signifikant.

3.3.4.1.5. Auswirkungen des BMI und auffälliger Nieren- und Leberparameter auf den Metabolismus von Aripiprazol

Es gab 20 Datensätze von Patienten, die in Mainz behandelt worden waren. Davon gab es in sieben Fällen Angaben zu BMI und zu Laborparametern. Alle sieben Datensätze fielen in die gleiche BMI Gruppe (25-30) und ließen keinen Vergleich zu. Es gab jeweils zwei Datensätze mit auffälligen Nieren- und Leberwerten, die ebenfalls keine Grundlage zu einer Berechnung darstellten.

3.3.3.2 Donepezil

Donepezil wird als Antidementivum hauptsächlich bei älteren Patienten eingesetzt. Demgemäß stammten nur zwei der untersuchten Datensätzen von Patienten unter 60 Jahre.

Donepezil bot damit die Möglichkeit, den Alterseffekt auf die Aktivität von CYP 2D6 und CYP 3A4 an einer großen Patientengruppe zu untersuchen.

Demographische Angaben zu den mit Donepezil behandelten Patienten

	Alle Patienten	Patienten ohne Comedikation
n	105	43
weiblich	46	25
männlich	59	18
Alter	44- 87	44- 84

Tabelle 34: Deskriptive Statistik zu den mit Donepezil behandelten Patienten

Die Diagnose war bei 73 Patienten angegeben, davon hatten 97 % eine Demenz, meist vom Alzheimer-Typ. Zwei Patienten litten an einer kognitiven Störung.

Altersverteilung

Alter	n	%	Patienten ohne Comedikation	Mittelwert Anzahl Comedikation	Standard-abweichung	Median	min	max
40-49	1	1,0	1 (100%)	0,00	.	0,00	0,00	0,00
50-59	1	1,0	1 (100%)	0,00	.	0,00	0,00	0,00
60-69	22	21,0	7 (31,8%)	2,00	2,44949	1,00	0,00	7,00
70-79	58	55,2	23 (39,7%)	1,91	2,28868	1,00	0,00	8,00
> 80	23	21,9	11 (47,8%	1,65	2,34731	1,00	0,00	7,00
Gesamt	105	100,0	43 (41,0%)	1,84	2,30853	1,00	0,00	8,00

Tabelle 35: mittlere Anzahl an Comedikation in den unterschiedlichen Altersgruppen

Die größte Altersgruppe bildeten Patienten zwischen 70 und 79 Jahren.

Der Anteil der Patienten ohne Comedikation betrug im Mittel 41,0 %. Obwohl der Anteil der Patienten mit Monotherapie mit dem Alter stieg, wurde keine signifikante Abhängigkeit beobachtet (Fisher: 0,333).

3.3.3.2 Katalyse durch CYP 2D6 und CYP 3A4: Donepezil

Höhe der Tagesdosis

Die empfohlenen Tagesdosis Donepezil beträgt 5 bis 10 mg. Zu höheren Dosen liegen keine klinischen Studien vor.

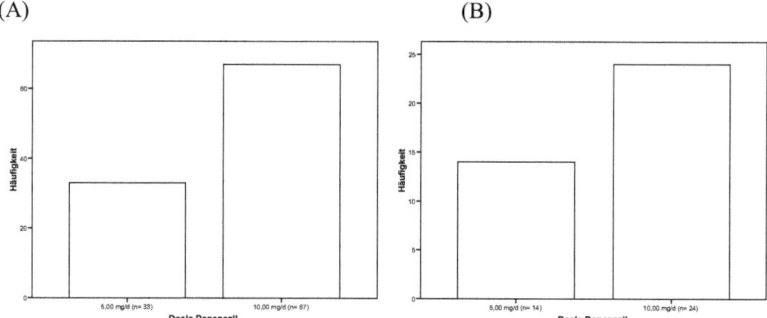

Abb. 39: Häufigkeitsverteilung der Tagesdosis bei (A) Donepezil-Patienten (n= 100) und (B) Donepezil-Patienten ohne Comedikation (n= 38)

Tagesdosen von 10 mg kamen doppelt so häufig zum Einsatz wie 5 mg, bei Patienten ohne Comedikation 1,7mal so häufig. Die mittlere Tagesdosis stieg mit dem Alter geringfügig, es gab aber keine signifikante Abhängigkeit der Dosis vom Alter (Fisher-Test 0,301 insgesamt und 0,737 bei Patienten ohne Comedikation)

Die mittlere Tagesdosis unterschied sich bei Patienten mit (8,2 mg) und ohne Comedikation (8,5 mg) nicht signifikant (U-Test 0,524).

3.3.3.2.1 Schweregrad der Erkrankung, Therapieeffekt und Nebenwirkungen in den verschiedenen Altersgruppen

Schweregrad der Erkrankung und Therapieerfolg

Tabelle 35 zeigt die Mittelwerte des Schweregrads der Erkrankung und des Therapieerfolg in den verschiedenen Altersgruppen

Alter	<60	60-69	70-79	>80	gesamt
Mittelwert Schweregrad der Erkrankung (CGI)	6,0	6,3	6,4	5,9	6,3
n	2	18	45	19	94
Mittelwert Therapieerfolg (CGI)	2,0	4,2	4,1	5,7	4,5
n	2	16	41	12	71

Tabelle 36: mittlerer Schweregrad der Erkrankung und Therapieerfolg bei Donepezil-Patienten unterschiedlicher Altersgruppe

3.3.3.2 Katalyse durch CYP 2D6 und CYP 3A4: Donepezil

Angaben zum Schweregrad der Erkrankung wurde bei 79 % der Patienten gemacht. Die Altersgruppe 40 bis 49 Jahre und 50 bis 59 Jahre enthielt jeweils nur einen Patienten und wurde zur Auswertung nicht berücksichtig.
In allen Altersgruppen war die häufigste Angabe zum Schweregrad der Erkrankung „schwer krank" (Tabelle im Anhang). Es bestand keine Abhängigkeit vom Alter (Fisher-Test: 0,133).

Bei den 60 bis 69-Jährigen war die mehrheitliche Angabe des Therapieerfolgs „ mäßig", die zweithäufigste „gering". Bei den über 80-Jährigen ergab sich das umgekehrte Bild (Tabelle im Anhang). Eine Altersabhängigkeit zeigte sich nicht (Fisher Test 0,239). Insgesamt konnte nur in 15,5 % aller Fälle ein „sehr guter" Therapieerfolg erzielt werden.

Verträglichkeit

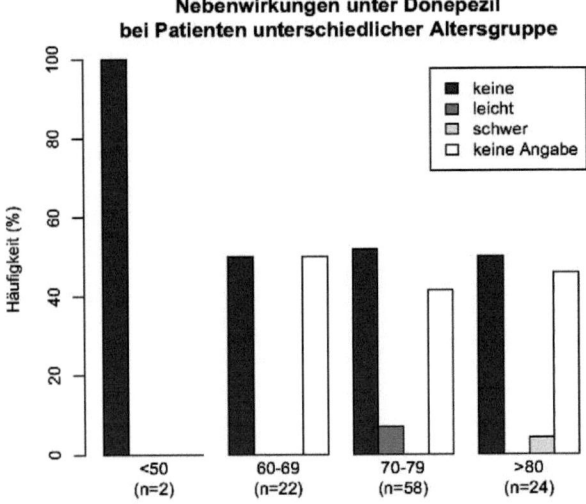

Abb. 40: Nebenwirkungen in den unterschiedlichen Altersgruppen (n= 59)

Die Angaben über die Schwere der Nebenwirkungen stammten von 56,2 % der Patienten, von denen die Mehrheit (91,5 %) keine Nebenwirkungen hatte. Es bestand keine Abhängigkeit vom Alter (Fisher-Test 0,322; Tabelle im Anhang). Aufgrund der geringen Fallzahl wurde die Klassifizierung der Nebenwirkungen nicht betrachtet.

3.3.3.2 Katalyse durch CYP 2D6 und CYP 3A4: Donepezil

3.3.3.2.2 Abhängigkeit des Donepezil-Metabolismus vom Alter

Donepezil-Serumspiegel
(A)   (B)

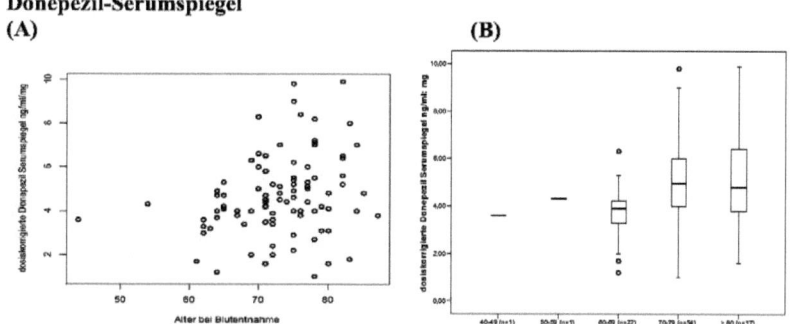

Abb. 41: Abhängigkeit des dosiskorrigierten Donepezil Serumspiegel vom Alter (A) Streudiagramm und (B) Boxplot (n= 95)

Die dosiskorrigierten Serumspiegel lagen zwischen 1,0 und 9,9 ng/ml/mg (Mittelwert: 4,7 ng/ml/mg), es gab keine Ausreißer.
Mit zunehmendem Alter stieg die Streuung, wie der Boxplot verdeutlicht. Die Serumspiegel stiegen im Mittel aber nicht (Fisher-Test 0,653). Die Daten waren bei Patienten zwischen 60 und 69 links-, bei Patienten über 80 rechtsschief verteilt.

Die Serumspiegel von Patienten ohne Comedikation lagen im gleichen Bereich mit einer ähnlich hohen Streuung, ohne Veränderung der mittleren Serumspiegel (Fisher-Test 0,684).

Bildung von Altersgruppen durch Clusterzentrenanalyse

Alter		dosiskorrigierte Donepezil-Serumspiegel ng/ml/mg	Alter bei Blutentnahme
< 70	Mittelwert	3,78	63,8
	N	24	24
	Standardabweichung	1,10660	5,364
>70	Mittelwert	4,98	76,3
	N	71	71
	Standardabweichung	1,90887	4,223
Insgesamt	Mittelwert	4,68	73,1
	N	95	95
	Standardabweichung	1,81410	7,095
Signifikanz (U-Test)		**0,002**	

Tabelle 37: Vergleich der mittleren Donepezil-Serumspiegel in den gebildeten Altersgruppen

Bei Patienten über 70 Jahre war der mittlere Serumspiegel 32,0 % höher als bei jüngeren Patienten.

3.3.3.2 Katalyse durch CYP 2D6 und CYP 3A4: Donepezil

3.3.3.2.3 Auswirkung von Comedikation auf den Metabolismus von Donepezil

Vergleich der Serumspiegel bei Patienten mit und ohne Begleitmedikation

Comedikation	Dosiskorrigierte Donepezil-Serumspiegel ng/ml/mg Mittelwert	n	Standard-abweichung	Median	Minimum	Maximum
keine Comedikation	4,95	38	1,80954	4,7	1,20	9,90
Comedikation	4,50	57	1,81048	4,4	1,00	9,80
Insgesamt	4,68	95	1,81410	4,4	1,00	9,90
Signifikanz (U-Test)	0,146					

Tabelle 38: Vergleich der mittleren Donepezil-Serumspiegel bei Patienten mit Mono- und Polytherapie

Eine Polytherapie führte im Mittel nicht zu veränderten Serumspiegeln.

Bildung von Altersgruppen durch Clusterzentrenanalyse bei Patienten ohne Comedikation

Alter			Dosiskorrigierte Donepezil-Serumspiegel ng/ml/mg	Alter bei Blutentnahme
< 70		Mittelwert	3,87	61,0
		N	9	9
		Standardabweichung	1,16404	7,406
> 70		Mittelwert	5,28	76,8
		N	29	34
		Standardabweichung	1,85685	4,039
Insgesamt		Mittelwert	4,95	73,5
		N	38	43
		Standardabweichung	1,80954	8,101
Signifikanz (U-Test)			**0,038**	

Tabelle 39: Vergleich der mittleren Donepezil-Serumspiegel in den gebildeten Altersgruppen bei Patienten ohne Comedikation

Bei Patienten über 70 Jahre wurden im Schnitt 36,6 % höhere Serumspiegel gemessen als bei jüngeren Patienten.

3.3.3.2 Katalyse durch CYP 2D6 und CYP 3A4: Donepezil

Auswirkungen einzelner Wirkstoffe auf den Metabolismus von Donepezil

Die häufigsten Comedikationen waren: Acetylsalicylsäure (13,3 %), Metoprolol (6,7 %) Ramipril (10,5 %), Simvastatin (6,7 %), Sertralin (5,7 %)

		n	Mittlerer dosiskorrigierter Donepezil-Serumspiegel ng/ml/mg
Keine Comedikation		38	4,95
Acetylsalicylsäure	Comedikation mit Acetylsalicylsäure	14	4,75
	Andere Comedikation als	43	4,41
	Signifikanz		0,718
Metoprolol	Comedikation mit Metoprolol	7	4,29
	Andere Comedikation als	50	4,53
	Signifikanz		0,301
Ramipril	Comedikation mit Ramipril	11	5,34
	Andere Comedikation als Ramipril	43	4,26
	Signifikanz		0,783
Simvastatin	Comedikation mit Simvastatin	7	3,37
	Andere Comedikation als Simvastatin	50	4,65
	Signifikanz		**0,005**
Sertralin	Comedikation mit Sertralin	6	3,25
	Andere Comedikation als Sertralin	51	4,64
	Signifikanz		**0,011**

Tabelle 40: mittlere Donepezil-Serumspiegel unter der Einnahme verschiedener Comedikation

Unter der Einnahme von Simvastatin waren die mittleren Donepezil-Serumspiegel um 32 %, unter Sertralin um 34 % niedriger als bei Patienten ohne Comedikation.

3.3.4.2.5. Auswirkungen des BMI und auffälliger Nieren- und Leberparameter auf den Metabolismus von Donepezil

Nur bei zwei Datensätzen wurden Angaben zu Größe und Gewicht des Patienten gemacht. Der Einfluss des BMI auf den Metabolismus konnte daher nicht analysiert werden.

Von 25 Patienten lagen Daten zu Leber und Nierenfunktion vor. Dabei zeigten die Parameter bei acht Patienten auffällige Leber- und bei zehn Patienten auffällige Nierenwerte. Davon hatten drei Patienten sowohl Leber- als auch Nierenwerte außerhalb der Norm.

3.3.3.2 Katalyse durch CYP 2D6 und CYP 3A4: Donepezil

Donepezil-Serumspiegel bei Patienten mit veränderten Leberfunktionsparametern

Leberwerte	n	Mittelwert dosiskorrigierter Donepezil-Serumspiegel ng/ml/mg	Standard-abweichung
Innerhalb der Norm	17	4,63	2,48849
auffällig	8	4,94	1,860068
Signifikanz (U-Test)		0,838	

Tabelle 41: mittlere Donepezil-Serumspiegel bei Patienten mit auffälligen und unauffälligen Leberparametern

Donepezil-Serumspiegel bei Patienten mit veränderten Nierenfunktionsparametern

Nierenwerte	n	Mittelwert dosiskorrigierter Donepezil-Serumspiegel ng/ml/mg	Standard-abweichung
Innerhalb der Norm	15	5,17	2,42536
auffällig	10	4,35	2,04130
Signifikanz (U-Test)		0,304	

Tabelle 42: mittlere Donepezil-Serumspiegel bei Patienten mit auffälligen und unauffälligen Nierenparametern

Weder eine veränderte Leber- noch Nierenfunktion führte zu signifikant abweichenden Donepezil-Serumspiegeln

3.3.3.3 Katalyse durch CYP 2D6 und CYP 3A4: Venlafaxin

3.3.3.3 Venlafaxin

Venlafaxin gehört zu den SSRNI. Es wird über CYP 2D6 zu OD-Venlafaxin und über CYP 3A4 zu ND-Venlafaxin metabolisiert. Mittels Venlafaxin wurde also der Alterseinfluss auf die Aktivität dieser beiden CYP-Isoenzyme untersucht.

Demographische Angaben zu den mit Venlafaxin behandelten Patienten

	Alle Patienten	Patienten ohne Comedikation
n	460	61 (13,3%)
weiblich	315	41
männlich	145	20
Alter	19-88	20-78

Tabelle 43: Deskriptive Statistik zu den mit Venlafaxin behandelten Patienten

Die Diagnose war bei 359 Patienten angegeben, darunter litten 77 % an Depression.

Altersverteilung

Alter	n	%	Anteil Patienten ohne Comedikation	Anzahl Comedikation Mittelwert	Standard-abweichung	Median	min	max
20-29	14	3,0	5 (35,7%)	1,21	1,05090	1,50	0,00	3,00
30-39	48	10,4	5 (10,4%)	2,56	2,19192	2,00	0,00	11,00
40-49	90	19,6	19 (21,1%)	2,61	2,92104	2,00	0,00	11,00
50-59	106	23,0	15 (14,2%)	2,40	1,97932	2,00	0,00	11,00
60-69	113	24,6	12 (10,6%)	3,08	2,36092	3,00	0,00	11,00
70-79	78	17,0	5 (6,4%)	2,71	1,98114	2,00	0,00	10,00
> 80	11	2,4	0	4,73	2,41209	5,00	1,00	8,00
Gesamt	460	100,0	61	2,70	2,33352	2,00	0,00	11,00

Tabelle 44: mittlere Anzahl an Comedikationen in den verschiedenen Altersgruppen

Mit Venlafaxin wurden Patienten aller Altersgruppen therapiert. Die größten Altersgruppen bildeten Patienten zwischen 60 und 69 und zwischen 50 und 59 Jahren. Am wenigsten Patienten waren in den Altersgruppen über 80 Jahre und 20 bis 29 Jahre.

Der Anteil der Patienten ohne Comedikation war in der jüngsten Altersgruppe (20 bis 29 Jahre) am größten. Bei den Patienten über 50 Jahre sank er stetig ab, in der ältesten Patientengruppe (über 80 Jahre) fanden sich schließlich gar keine Patienten ohne Comedikation mehr (Fisher-Test: 0,004).

Die Anzahl an Comedikation stieg im Mittel mit dem Alter signifikant an (Fisher-Test 0,000). Dabei ließ sich mittels Clusterzentrenanalyse eine Altersgrenze von 56 Jahren definieren.

3.3.3.3 Katalyse durch CYP 2D6 und CYP 3A4: Venlafaxin

Alter	% der Patienten mit Polytherapie	Mittlere Anzahl an Begleitmedikation
< 56	83	2,4
> 56	90	2,9
Signifikanz (U-Test)	0,000	0,027

Tabelle 45: Unterschiede in der Einnahme von Comedikation in den gebildeten Altersgruppen

Höhe der Tagesdosis

Die empfohlene Tagesdosis für Venlafaxin liegt zwischen 75 und 375 mg.
(A)   (B)

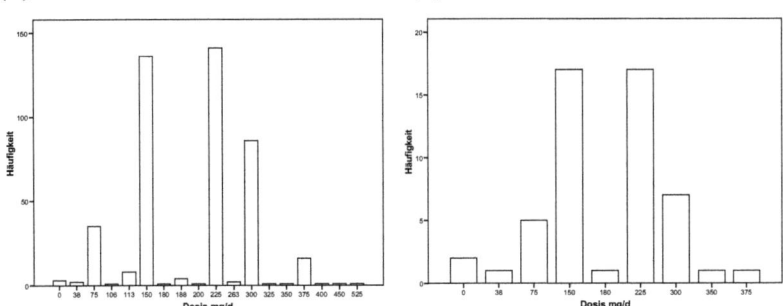

Abb. 42: Häufigkeitsverteilung Dosis bei (A) Venlafaxin-Patienten (n= 441) und (B) Venlafaxin-Patienten ohne Comedikation (n= 52)

Die tatsächliche Dosis lag zwischen 38 und 525 mg pro Tag bei allen Venlafaxin-Patienten und zwischen 38 und 375 mg täglich bei Venlafaxin-Patienten ohne Comedikation.

In drei Fällen wurde eine Tagesdosis von 0 mg angegeben. Bei diesen Patienten, die alle zwischen 60 und 69 Jahre alt waren, wurde der Venlafaxin-Spiegel offenkundig nach Absetzen des Medikaments gemessen. Es waren folgende Venlafaxin/ OD-Venlafaxin Spiegel im Blut nachweisbar: 331/378 ng/ml; 68/26 ng/ml (2 Tage nach dem Absetzen); 297/85 ng/ml. Bei allen drei Datensätzen fehlte die Angabe zum Grund der Anforderung. Zwei Patienten erhielten keine Comedikation.

Bei der Untersuchung der Verordnungspraxis von Venlafaxin fiel auf, dass bezüglich der Tagesdosen Angaben von 37,5 mg, 75 mg, 150 mg, 225 mg, 300 mg und 375 mg häufiger vorkommen als Zwischendosierungen. Diese Diskrepanz beruht offensichtlich auf der verfügbaren Darreichungsform von Venlafaxin als Hartkapseln in den Stärken 37,5 mg, 75 mg und 150 mg.
Bei den Patienten mit Comedikation wurde in drei Fällen eine Tagesdosis oberhalb der empfohlenen Maximaldosis verordnet, nämlich 400 mg/d (Altersgruppe 60 bis 69 Jahre), 450 mg/d (Altersgruppe 50 bis 59 Jahre) und 525 mg/d(Altersgruppe 40 bis 49 Jahre). Die höchsten Dosierungen erhielten Patienten zwischen 40 und 49, 50 und 59 und 60 und 69 Jahren. Gleichzeitig waren auch niedrigere Dosen in diesen Altersgruppen häufig. Bei den jüngeren und älteren Patienten war die Spannweite kleiner, besonders die

3.3.3.3 Katalyse durch CYP 2D6 und CYP 3A4: Venlafaxin

Alterspatienten erhielten hauptsächlich niedrigere Dosierungen. Der Zusammenhang war signifikant (Fisher-Test 0,005)
Patienten ohne Comedikation erhielten im Mittel niedrigere Tagesdosen (U-Test 0,123).
Ebenfalls war die Spannweite bei den mittleren Altersgruppen hoch, während jüngere und alte Patienten im Schnitt mittelhohe Dosen erhielten. Der Zusammenhang zwischen Alter und Tagesdosis war signifikant (Fisher-Test: 0,000).

3.3.3.3.1 Schweregrad der Erkrankung, Therapieerfolg und Verträglichkeit in den verschiedenen Altersgruppen

Schweregrad der Erkrankung und Therapieerfolg

Alter	< 20	20-29	30-39	40-49	50-59	60-69	70-79	> 80	gesamt
Mittelwert Schweregrad der Erkrankung		4,9	5,4	5,4	5,4	5,4	5,5	5,9	5,4
n		7	29	66	77	83	59	10	331
Mittelwert Therapieerfolg		1,5	2,4	2,4	2,2	2,6	2,4	2,2	2,4
n		8	33	54	75	73	51	9	303

Tabelle 46: Schweregrad der Erkrankung und Therapieerfolg bei Venlafaxin-Patienten in den unterschiedlichen Altersgruppen

In den Altersgruppen 20 bis 29 Jahre und 40 bis 49 Jahre wurden die meisten Patienten als „mäßig krank" eingestuft, in allen anderen Altersgruppen dominierte der Anteil der „deutlich kranken" Patienten.
Bei den über 80-Jährigen ist der Anteil der „deutlich kranken" Patienten prozentual gesehen besonders hoch (66,7 % in dieser Altersgruppe gegenüber 34,9 % in allen Altersgruppen, Tabelle im Anhang).
Dennoch gibt es bezüglich der Schwere der Erkrankung keine altersabhängigen statistisch signifikanten Unterschiede (Fisher-Test 0,244).

Insgesamt erreichten 17,6 % aller Patienten einen sehr guten Therapieerfolg, am kleinsten war der Anteil in der Altersgruppe 60 bis 69 Jahre (Tabelle im Anhang).

3.3.3.3 Katalyse durch CYP 2D6 und CYP 3A4: Venlafaxin

Verträglichkeit

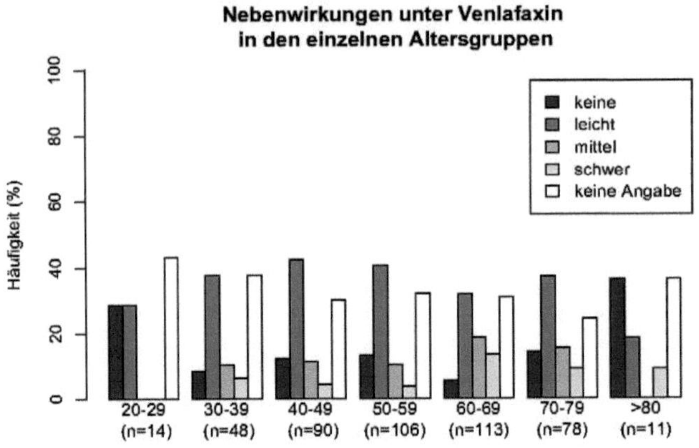

Abb. 43: Nebenwirkungen in den unterschiedlichen Altersgruppen (n= 263)

Insgesamt waren 17 % der Patienten ohne Nebenwirkungen.
In der Gruppe der 20 bis 29-Jährigen traten bei je 50 % gar keine oder leichte Nebenwirkungen auf.
Dagegen lag der Anteil der Patienten ohne Nebenwirkungen in der Altersgruppe der 60 bis 69-Jährigen nur noch bei 7,7 % und bei den 70 bis 79-Jährigen bei 18,6 %. In beiden Altersgruppen kamen leichte Nebenwirkungen am häufigsten vor (46,2 % bei den 60 bis 69-Jährigen und 49,2 % bei den 70 bis 79-Jährigen), aber auch die Angaben „mittel" und „schwer" waren häufig.

Bei den Alterspatienten über 80 Jahre war wieder die Mehrheit ohne Nebenwirkungen (57,1 %), daneben traten auch leichte (28,6 %) und schwere (14,3 %) Nebenwirkungen auf (Tabelle im Anhang).

3.3.3.3 Katalyse durch CYP 2D6 und CYP 3A4: Venlafaxin

Der Unterschied in der Stärke der auftretenden Nebenwirkungen in den verschiedenen Altersgruppen war signifikant (Fisher-Test 0,022), bei den älteren Patienten sind die Nebenwirkungen im Mittel schwerer, wobei der Anteil der Patienten, die keine Nebenwirkungen beobachtet hatten, bei den 60 bis 69 Jährigen am kleinsten ist und am größten bei den ganz jungen und ganz alten Patienten.

Mittels Clusterzentrenanalyse wurden zwei Altersgruppen gebildet, deren mittlere Serumspiegel sich signifikant voneinander unterschieden. Die Altersgrenze lag bei 55 bzw. 54 Jahren. Die Altersgruppen jünger und älter als 55 Jahre wurden daher auch bezüglich der Verträglichkeit von Venlafaxin untersucht.

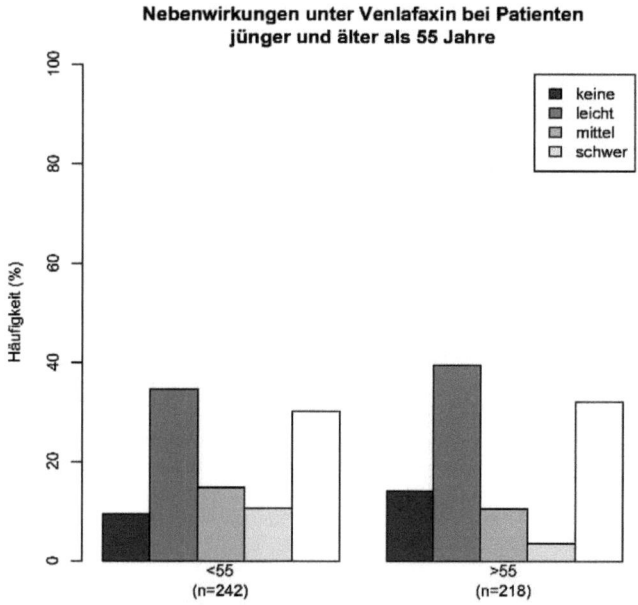

Tabelle 47: Nebenwirkungen unter Venlafaxin bei Patienten jünger und älter als 55 Jahre

Häufigkeit und Schwere der beobachteten Nebenwirkungen unterschieden sich in den untersuchten Altersgruppen nicht signifikant (U-Test: 0,158).

3.3.3.3 Katalyse durch CYP 2D6 und CYP 3A4: Venlafaxin

3.3.3.3.2 Abhängigkeit des Venlafaxin-Metabolismus vom Alter

Die Aktivität von CYP 2D6 wird anhand der Ratio von OD-Venlafaxin/ Venlafaxin gemessen, die von CYP 3A4 anhand der Ratio von ND-Venlafaxin/ Venlafaxin.

Serumspiegel Venlafaxin
(A)   (B)

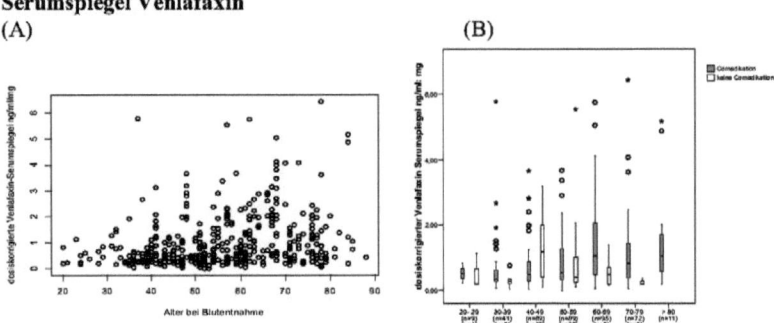

Abb. 44: Abhängigkeit der dosiskorrigierten Venlafaxin-Serumspiegel vom (A) Streudiagramm (B) Boxplot (n= 434)

Die Venlafaxin-Serumspiegel lagen im Bereich 0,04 bis 6,43 ng/ml/mg, im Mittel bei 1,01 ng/ml/mg. Bei Patienten zwischen 60 und 69 Jahre sowie über 80 Jahre lagen die mittleren Serumspiegel signifikant höher als in den anderen Altersgruppen (U-Test: 0,003 und 0,022). Die Werte streuen in den älteren Altersgruppen, besonders bei den 60 bis 69-Jährigen Patienten, stärker als bei Patienten unter 40 Jahre. Einen linearen Anstieg der Serumspiegel mit dem Alter gab es nicht (Fischer Test 0,791).
Bei Patienten ohne Comedikation gab es keinen einheitlichen Trend bezüglich Streuung und Lage der Daten im Vergleich zu Patienten mit Comedikation. Es gab keinen statistisch signifikanten Alterstrend.

Serumspiegel OD-Venlafaxin
(A)   (B)

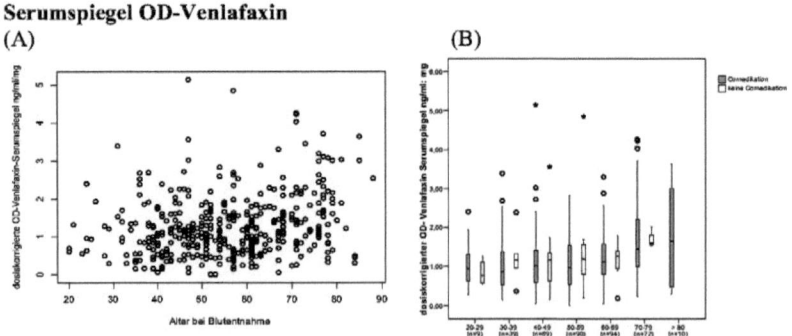

Abb. 45: Abhängigkeit der dosiskorrigierten OD-Venlafaxin- Serumspiegel vom Alter (A) Streudiagramm (B) Boxplot (n= 432)

3.3.3.3 Katalyse durch CYP 2D6 und CYP 3A4: Venlafaxin

Die OD-Venlafaxin Serumspiegel lagen im Mittel bei 1,26 ng/ml/mg (Bereich 0,05 bis 5,14 ng/ml/mg) und zeigten eine lineare Abhängigkeit vom Alter (Fisher-Test: 0,000). Der Anstieg fiel bei Patienten unter 60 Jahren sehr gering aus, die Werte der Altersgruppen 70 bis 79 Jahre waren signifikant erhöht (U-Test: 0,000). Die Serumspiegel der über 80-Jährigen streuten sehr stark, so dass trotz hohen Mittelwertes keine Signifikanz erreicht wurde (U-Test: 0,113).

Serumspiegel ND-Venlafaxin
(A)   (B)

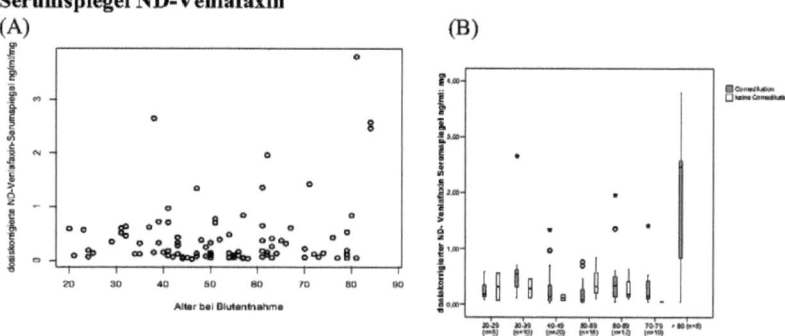

Abb. 46: Abhängigkeit der dosiskorrigierten ND-Venlafaxin-Serumspiegel vom Alter (A) Streudiagramm (B) Boxplot (n= 92)

Die ND-Venlafaxin Serumspiegel, die im Mittel bei 0,43 ng/ml/mg (Bereich 0,03 bis 3,74 ng/ml/mg) lagen, zeigten keine Altersabhängigkeit (Fisher Test: 0,467). Signifikant erhöht waren die Spiegel in den Altersgruppen 30 bis 39 Jahre (U-Test 0,013) und über 80 Jahre (U-Test 0,033). Die Patientengruppe der Hochbetagten war allerdings sehr klein (n= 5) und zeigte eine sehr große Streuung.

Ratio OD-Venlafaxin/Venlafaxin
(A)   (B)

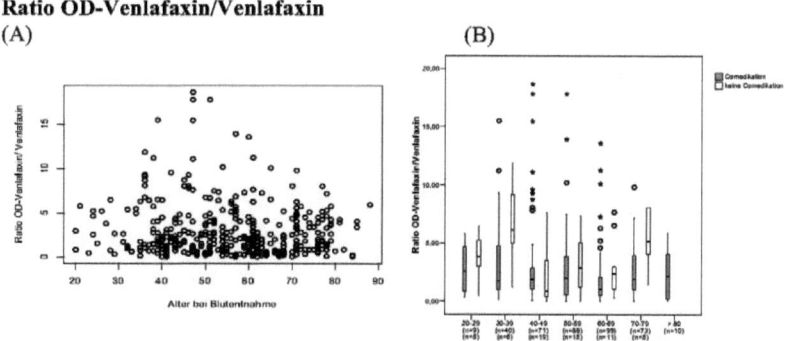

Abb. 47: Abhängigkeit der Ratio OD-Venlafaxin/ Venlafaxin vom Alter (A) Streudiagramm (B) Boxplot (n= 451)

Die OD-Venlafaxin/ Venlafaxin-Ratio lag im Mittel bei 2,71 (Bereich zwischen 0,4 bis 18,66) in den meisten Fällen aber unter 10.

3.3.3.3 Katalyse durch CYP 2D6 und CYP 3A4: Venlafaxin

Es gab zwölf Ausreißer, deren OD-Venlafaxin/ Venlafaxin Ratio größer als 10 war, davon stammen vier Werte aus wiederholten Serumspiegelmessungen der gleichen Patientin.

Die Altersspanne der Patienten mit erhöhter Ratio reichte von 36 bis 65 Jahren, vier Patienten waren männlich. Die häufigste Tagesdosis betrug 225 mg, höhere Dosierungen wurden nicht eingesetzt. In keinem Fall wurde der ND-Venlafaxin Serumspiegel bestimmt. Aufgeführte Comedikationen waren Acetylsalicylsäure (in zwei Fällen) ,Carbamazepin, Clozapin, Diazepam, Dihydroergotan, Eisensulfat, Etilefrin, L-Thyroxin (in drei Fällen), Lithium, Lorazepam (in drei Fällen), Magnesium, Metoprolol, Mirtazapin, Olanzapin (in zwei Fällen), Omeprazol, Risperidon (in zwei Fällen), Temazepam, Valproat, Vitamin B_1, Zolpidem und Zotepin.

Im Mittel nahm die OD-Venlafaxin/ Venlafaxin-Ratio bei Patienten über 20 Jahre mit steigendem Alter ab, wobei der Tiefpunkt in der Altersgruppe 60 bis 69 Jahre lag (Fisher-Test: 0,029).
Der Boxplot zeigt, dass die Streuung in den Altersgruppen 40 bis 49, 50 bis 59 und 60 bis 69 Jahre besonders stark war. Bei den 30 bis 39-Jährigen gab es besonders viele nach oben abweichende Werte, was sich im Boxplot durch den nach unten verschobenen Median und den langen Whisker nach oben zeigt. In allen anderen Altersgruppen war die Verteilung rechtsschief.

Ratio ND-Venlafaxin/Venlafaxin

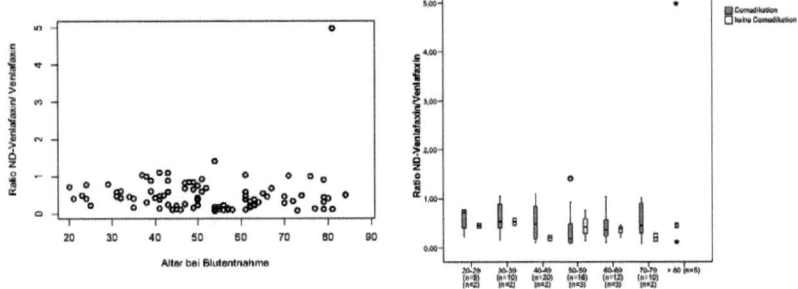

Abb. 48: Abhängigkeit der dosiskorrigierten ND-Venlafaxin- Serumspiegel vom Alter (A) Streudiagramm (B) Boxplot (n= 92)

Die Ratio ND-Venlafaxin/ Venlafaxin, die Rückschluss auf die Aktivität von CYP 3A3 und 3A4 zulässt, lag im Mittel bei 0,51 (Bereich 0,08 bis 4,98). Die meisten Werte lagen unter 2, nur in einem Fall wurde eine Ratio von 4,98 gemessen.
Dieser Wert stammte von einer 81jährigen Patientin, die mit einer täglichen Venlafaxin-Dosis von 150 mg/d behandelt wurde. Die Serumspiegel betrugen 114 ng/ml (Venlafaxin), 454 ng/ml (OD-Venlafaxin) und 568 ng/ml (ND-Venlafaxin). Damit lag die Summe Venlafaxin und OD-Venlafaxin weit über dem angegebenen Referenzbereich von 200-400 ng/ml. Die Laborparameter zur Bestimmung der Leber- und Nierenfunktion zeigten auffällig Werte.
Comedikationen waren Acetylsalicylsäure, Vitamin B_1 und B_6, Carvedilol sowie Ibuprofen.

3.3.3.3 Katalyse durch CYP 2D6 und CYP 3A4: Venlafaxin

Neben diesem Wert, der gegenüber dem Durchschnitt neunfach erhöht war, konnte in der Altersgruppe der über 80-Jährigen nur in vier weiteren Fällen der ND-Venlafaxin-Serumspiegel gemessen werden.

Die Patienten, die mit einer erhöhten ND-Venlafaxin/ Venlafaxin Ratio auffielen, waren nicht identisch mit den Patienten, deren OD-Venlafaxin/ Venlafaxin Ratio erhöht war Die Streuung war am stärksten bei den 40 bis 49-Jährigen, insgesamt jedoch kleiner als bei der OD-Venlafaxin/ Venlafaxin Ratio. Die Daten waren in allen Altersgruppen rechtschief verteilt.

Metabolische Ratio in Abhängigkeit von der Dosis

Um zu analysieren, ob sich die Reaktionsgeschwindigkeit von CYP 2D6 oder 3A4 bei hohen Substratkonzentrationen verändert, wurde die metabolische Ratio in Abhängigkeit von der Tagesdosis betrachtet.

Metabolische Ratio bei unterschiedlicher Venlafaxin-Tagesdosis
(A)   (B)

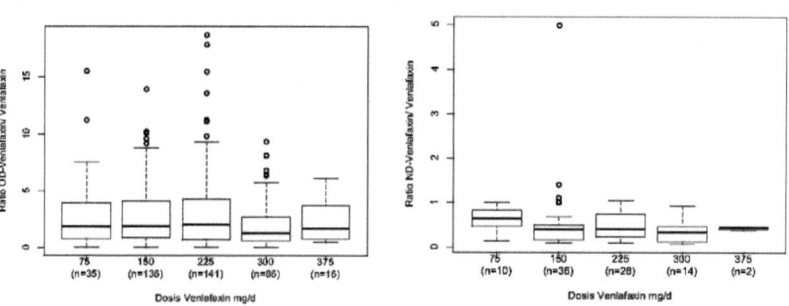

Abb. 49: (A) CYP 2D6 Aktivität gemessen an der OD-Venlafaxin/ Venlafaxin-Ratio und (B) CYP 3A4-Aktivität gemessen an der ND-Venlafaxin/ Venlafaxin-Ratio bei unterschiedlicher Tagesdosis

Weder die OD-Venlafaxin/ Venlafaxin Ratio noch die ND-Venlafaxin/ Venlafaxin-Ratio zeigten eine Abhängigkeit von der Tagesdosis (Kruskal-Wallis-Test: $p = 0{,}22$ für OD-Venlafaxin/ Venlafaxin, bzw. $p = 0{,}25$ für ND-Venlafaxin/ Venlafaxin).

3.3.3.3 Katalyse durch CYP 2D6 und CYP 3A4: Venlafaxin

Bildung von Altersgruppen durch Clusterzentrenanalyse

Alter		dosiskorrigierter Venlafaxin Serumspiegel ng/ml/mg	dosiskorrigierter OD-Venlafaxin Serumspiegel ng/ml/mg	Alter bei Blutentnahme
< 55	Mittelwert	0,37	1,11	43,5
	N	48	203	204
	Standardabweichung	0,43944	0,72009	7,905
	Median	0,25	1,00	44,3
> 55	Mittelwert	0,51	1,38	66,9
	N	44	230	232
	Standardabweichung	0,79867	,84196	7,809
	Median	0,16	1,26	66,2
Signifikanz (U-Test)		**0,000**	**0,000**	

Alter		Ratio ND-Venlafaxin/ Venlafaxin	dosiskorrigierter ND-Venlafaxin Serumspiegel ng/ml/mg	Alter bei Blutentnahme
< 54	Mittelwert	0,54	0,37	40,0
	N	48	48	48
	Standardabweichung	0,28631	0,43944	8,961
	Median	0,49	0,25	41,7
> 54	Mittelwert	0,48	0,51	66,3
	N	44	44	44
	Standardabweichung	0,75742	0,79867	9,589
	Median	0,31	0,156	63,3
Signifikanz (U-Test)		**0,006**	0,568	

Alter		Ratio OD-Venlafaxin/ Venlafaxin	Alter bei Blutentnahme
< 56	Mittelwert	2,40	67,0
	N	239	242
	Standardabweichung	2,43556	7,636
	Median	1,61	66,2
> 56	Mittelwert	3,05	43,7
	N	213	218
	Standardabweichung	3,31970	8,049
	Median	1,95	44,9
Signifikanz (U-Test)		**0,009**	

Tabelle 48: Vergleich der mittleren Venlafaxin-, OD-Venlafaxin und ND-Venlafaxin-Serumspiegel sowie der OD-Venlafaxin/ Venlafaxin und ND-Venlafaxin/ Venlafaxin-Ratio in den gebildeten Altersgruppen

Die Venlafaxin-Serumspiegel waren bei Patienten über 55 Jahre um 36,4 %, die OD-Venlafaxin Serumspiegel um 24,3 % erhöht.

3.3.3.3 Katalyse durch CYP 2D6 und CYP 3A4: Venlafaxin

Auch anhand der Ratio OD-Venlafaxin/ Venlafaxin sowie der Ratio ND-Venlafaxin/ Venlafaxin konnten Altersgruppen gebildet werden. Dabei war die OD-Venlafaxin/ Venlafaxin-Ratio bei Patienten über 56 Jahren um 60,8 % höher und die ND-Venlafaxin/ Venlafaxin-Ratio bei Patienten über 54 Jahren um 11,1 % niedriger als bei jüngeren Patienten.

3.3.3.3.3 Auswirkung von Comedikation auf den Metabolismus von Venlafaxin

Vergleich der Serumspiegel bei Patienten mit und ohne Begleitmedikation

		dosis-korrigierter Venlafaxin Serumspiegel ng/ml/mg	dosis korrigierter OD-Venlafaxin Serumspiegel ng/ml/mg	dosis korrigierter ND-Venlafaxin Serumspiegel ng/ml/mg	Ratio OD-Venlafaxin/ Venlafaxin	Ratio ND-Venlafaxin/ Venlafaxin
Comedikation	Mittelwert	1,01	1,26	0,46	2,61	0,53
	N	386	383	78	390	78
	Standardabweichung	1,01357	0,79795	0,68014	2,90445	0,60127
	Median	0,63	1,12	0,21	1,72	0,43
keine Comedikation	Mittelwert	0,91	1,22	0,27	3,36	0,37
	N	49	49	14	61	14
	Standardabweichung	1,07260	0,80997	0,25732	2,82782	0,18390
	Median	0,44	1,17	0,15	2,88	0,40
Signifikanz		0,072	0,867	0,590	**0,041**	0,440

Tabelle 49: Vergleich der mittleren Venlafaxin-, OD-Venlafaxin und ND-Venlafaxin-Serumspiegel sowie der OD-Venlafaxin/ Venlafaxin und ND-Venlafaxin/ Venlafaxin-Ratio bei Patienten mit Mono- und Polytherapie

Bei Patienten ohne Comedikation war die durchschnittliche Ratio von OD-Venlafaxin zu Venlafaxin um 28,7 % höher als bei Patienten mit Comedikation.

Bildung von Altersgruppen durch Clusterzentrenanalyse bei Patienten ohne Comedikation

Bei Patienten ohne Comedikation konnten keine Altersgruppen gebildet werden, bei denen sich die Serumkonzentration von Venlafaxin und seiner Metabolite oder die metabolische Ratio signifikant voneinander unterschieden.

3.3.3.3 Katalyse durch CYP 2D6 und CYP 3A4: Venlafaxin

Auswirkungen einzelner Wirkstoffe auf den Metabolismus von Venlafaxin

Die häufigsten Comedikationen waren Lorazepam (36,2 %), Mirtazapin (19,0 %), Lithium (15,6 %), Olanzapin (12,1 %), Risperidon (11,8 %), Pipamperon (10,0 %), Amisulprid (8,5 %), Acetylsalicylsäure (7,9 %), Zolpidem (7,4 %), Clozapin (7,4 %) und Carbamazepin (6,7 %).
Die mittleren Serumspiegel von Patienten, die mit einem der genannten Comedikation behandelt worden waren, wurden mit den mittleren Serumspiegeln von Patienten ohne Comedikation verglichen.

		Mittlerer dosis-korrigierter Venlafaxin Serumspiegel ng/ml/mg	Mittlerer dosiskorrigierter OD-Venlafaxin Serumspiegel ng/ml/mg	Mittlerer dosiskorrigierter ND-Venlafaxin Serumspiegel ng/ml/mg	mittlere Ratio OD Venlafaxin/ Venlafaxin	mittlere Ratio ND Venlafaxin/OD Venlafaxin
Keine Comedikation	Mittlere Ratio bei Patienten ohne Comedikation	0,90 (n= 50)	1,23 (n= 50)	0,26 (n= 15)	3,29 (n= 61)	0,36 (n= 15)
Amisulprid	Comedikation Amisulprid	0,89 (n= 31)	0,86 (n= 31)	1,12 (n= 5)	1,13 (n= 31)	0,67 (n= 4)
	andere Comedikation als Amisulprid	1,03 (n= 355)	1,30 (n= 352)	0,42 (n= 72)	2,74 (n= 360)	0,53 (n= 73)
	Signifikanz	0,085	**0,006**	**0,042**	**0,001**	**0,028**
Acetylsalicyl-säure	Comedikation Acetylsalicyl-säure	1,77 (n= 31)	1,69 (n= 30)	1,47 (n= 6)	2,28 (n= 30)	1,49 (n= 6)
	andere Comedikation als Acetylsalicyl-säure	0,95 (n= 355)	1,22 (n= 353)	0,38 (n= 71)	2,64 (n= 361)	0,46 (n= 71)
	Signifikanz	**0,002**	**0,007**	**0,014**	0,096	**0,002**
Carbamazepin	Comedikation Carbamazepin	0,71 (n= 26)	1,38 (n= 23)	1,02 (n= 3)	3,90 (n= 25)	0,47 (n= 3)
	andere Comedikation als Carbamazepin	1,04 (n= 360)	1,25 (n= 358)	0,45 (n= 74)	2,53 (n= 366)	0,542 (n= 74)
	Signifikanz	0,649	0,621	**0,038**	0,422	0,260
Clozapin	Comedikation Clozapin	0,67 (n= 28)	0,90 (n= 28)	0,20 (n= 2)	1,88 (n= 29)	0,75 (n= 2)
	andere Comedikation als Clozapin	1,05 (n= 358)	1,29 (n= 355)	0,48 (n= 75)	2,68 (n= 362)	0,53 (n= 75)
	Signifikanz	0,610	**0,013**	0,709	**0,035**	0,180
Lithium	Comedikation Lithium	1,24 (n= 59)	1,51 (n= 58)	0,25 (n= 9)	2,98 (n= 59)	0,41 (n= 9)
	andere Comedikation als Lithium	0,98 (n= 327)	1,22 (n= 325)	0,50 (n= 68)	2,55 (n= 332)	0,56 (n= 68)
	Signifikanz	**0,011**	**0,050**	0,929	0,212	0,952

3.3.3.3 Katalyse durch CYP 2D6 und CYP 3A4: Venlafaxin

Lorazepam	Comedikation Lorazepam	1,00 (n= 139)	1,24 (n= 138)	0,34 (n= 21)	2,65 (n= 139)	0,42 (n= 21)
	andere Comedikation als Lorazepam	1,03 (n= 247)	1,27 (n= 245)	0,52 (n= 56)	2,60 (n= 252)	0,58 (n= 56)
	Signifikanz	0,070	0,739	0,547	0,071	0,386
Mirtazapin	Comedikation Mirtazapin	0,82 (n= 69)	1,12 (n= 68)	0,52 (n= 17)	2,74 (n= 72)	0,51 (n= 17)
	andere Comedikation als Mirtazapin	1,06 (n= 317)	1,29 (n= 315)	0,46 (n= 60)	2,59 (n= 319)	0,55 (n= 60)
	Signifikanz	0,669	0,350	0,313	0,303	0,052
Olanzapin	Comedikation Olanzapin	0,98 (n= 43)	1,13 (n= 43)	0,87 (n= 13)	3,12 (n= 44)	0,46 (n= 13)
	andere Comedikation als Olanzapin	1,02 (n= 343)	1,28 (n= 340)	3,89 (n= 64)	2,55 (n= 347)	0,55 (n= 64)
	Signifikanz	0,355	0,338	0,545	0,406	0,982
Pipamperon	Comedikation Pipamperon	1,38 (n= 39)	1,18 (n= 39)	0,65 (n= 8)	2,04 (n= 39)	0,53 (n= 8)
	andere Comedikation als Pipamperon	0,98 (n= 347)	1,27 (n= 344)	0,45 (n= 6)	2,68 (n= 352)	0,54 (n= 69)
	Signifikanz	0,058	0,872	0,146	**0,038**	0,333
Risperidon	Comedikation Risperidon	0,96 (n= 44)	1,45 (n= 44)	0,34 (n= 9)	3,47 (n= 44)	0,37 (n= 9)
	andere Comedikation als Risperidon	1,03 (n= 342)	1,24 (n= 339)	0,49 (n= 68)	2,51 (n= 347)	0,56 (n= 68)
	Signifikanz	0,750	0,206	0,905	0,868	0,881
Zolpidem	Comedikation Zolpidem	0,75 (n= 27)	1,01 (n= 28)	0,25 (n= 3)	2,99 (n= 25)	0,44 (n= 3)
	andere Comedikation als Zolpidem	1,04 (n= 359)	1,28 (n= 355)	0,48 (n= 74)	2,59 (n= 366)	0,54 (n= 74)
	Signifikanz	0,940	0,229	0,654	0,395	0,594

Tabelle 50: mittlere Venlafaxin-, OD-Venlafaxin und ND-Venlafaxin-Serumspiegel sowie OD-Venlafaxin/ Venlafaxin und ND-Venlafaxin/ Venlafaxin-Ratio unter der Einnahme verschiedener Begleitmedikamente

Unter Amisulprid als Comedikation war der mittlere OD-Venlafaxin-Spiegel gesenkt, während der ND-Venlafaxin-Spiegel sowie die Ratio OD-Venlafaxin/ Venlafaxin stiegen.
Patienten, die ASS einnahmen, hatten eine erhöhte ND-Venlafaxin/ Venlafaxin-Ratio.
Unter Clozapin-Einnahme waren die OD-Venlafaxin-Serumspiegel gesenkt, während die OD-Venlafaxin/ Venlafaxin Ratio stieg.
Unter Lithium stiegen sowohl die mittleren Venlafaxin- als auch die mittleren OD-Venlafaxin-Serumspiegel, während unter Pipamperon eine niedrigere OD-Venlafaxin/ Venlafaxin Ratio beobachtet wurde.

3.3.3.3 Katalyse durch CYP 2D6 und CYP 3A4: Venlafaxin

3.3.3.3.4 Auswirkungen des BMI sowie auffälliger Nieren- und Leberparameter auf den Metabolismus von Venlafaxin

Im Alter verändert sich die Körperzusammensetzung, der Anteil an Körperwasser und Muskelmasse wird kleiner, wohingegen der Körperfettanteil steigt. Dadurch ist eine Veränderung des Verteilungsvolumens, das dazu führt dass weniger Wirkstoff in der Leber metabolisiert wird, bei älteren Patienten denkbar.

Es wurde untersucht, ob Patienten mit hohem Körperfettanteil im Mittel veränderte Werte für die dosiskorrigierten Venlafaxin-, OD-Venlafaxin-, ND-Venlafaxin-Serumspiegel oder die Ratio OD-Venlafaxin/ Venlafaxin bzw. ND-Venlafaxin/ Venlafaxin aufwiesen.
Dazu wurden die Daten von 37 Patienten, die vier BMI- Gruppen zugeordnet wurden, verglichen.

BMI		dosis-korrigierter Venlafaxin Serumspiegel ng/ml/mg	dosis-korrigierter OD-Venlafaxin Serumspiegel ng/ml/mg	dosis-korrigierter ND-Venlafaxin Serumspiegel ng/ml/mg	Ratio OD-Venlafaxin/ Venlafaxin	Ratio ND-Venlafaxin / Venlafaxin
BMI < 20 (untergewichtig)	Mittelwert	0,52	1,24	0,18	2,70	0,36
	N	6	6	3	6	3
	Standardabweichung	0,21232	0,63782	0,12741	1,68780	0,24860
BMI 20-25 (normalgewichtig)	Mittelwert	0,80	1,25	0,26	2,39	0,54
	N	12	12	9	12	9
	Standardabweichung	0,86551	0,60147	0,14510	1,27215	0,23339
BMI 25-30 (übergewichtig)	Mittelwert	0,53	1,33	0,31	3,05	0,51
	N	13	13	10	13	10
	Standardabweichung	0,23947	0,57514	0,22964	1,76522	0,36308
BMI > 30 (stark übergewichtig)	Mittelwert	1,46	1,09	0,58	2,22	0,44
	N	6	6	6	6	6
	Standardabweichung	2,13235	0,76777	0,72404	1,71778	0,19971
Insgesamt	Mittelwert	0,77	1,25	0,34	2,64	0,49
	N	37	37	28	37	28
	Standardabweichung	0,99775	0,60512	0,37468	1,56498	0,27530

Tabelle 51: Vergleich der mittleren Venlafaxin-, OD-Venlafaxin- und ND-Venlafaxin-Serumspiegel sowie der OD-Venlafaxin/ Venlafaxin- und ND-Venlafaxin/ Venlafaxin-Ratio bei Patienten mit unterschiedliche hohem BMI

Im Trend scheint die durchschnittliche OD-Venlafaxin/ Venlafaxin-Ratio mit steigendem BMI abzunehmen. Davon abweichend zeigte sich der höchste Wert für die Patientengruppe, deren BMI zwischen 25 und 30 lag.

Es gab keine signifikanten Unterschiede zwischen den Gruppen (Kruskal-Wallis-Test). Die ND-Venlafaxin/Venlafaxin-Ratio war bei Patienten mit einem BMI unter 20 am niedrigsten. Bei normalgewichtigen Patienten (BMI 20-25) war sie am höchsten und sank dann mit steigendem BMI weiter ab.

3.3.3.3 Katalyse durch CYP 2D6 und CYP 3A4: Venlafaxin

Leber- und Nierenwerte konnten von 38 Patienten aufgenommen werden. Davon hatten 2 Patienten auffällige Leber-, 15 auffällige Nierenwerte und bei 11 Patienten lagen sowohl Leber- als auch Nierenparameter außerhalb des Normbereichs.

Metabolismus von Venlafaxin bei Patienten mit auffälligen Leberwerten

Leberparameter		dosiskorrigierter Venlafaxin-Serumspiegel ng/ml/mg	dosiskorrigierter OD-Venlafaxin-Serumspiegel ng/ml/mg	dosiskorrigierter ND-Venlafaxin-Serumspiegel ng/ml/mg	Ratio OD-Venlafaxin/ Venlafaxin	Ratio ND-Venlafaxin/ Venlafaxin
innerhalb der Norm	Mittelwert	0,98	1,34	0,47	2,50	0,48
	N	25	25	24	25	24
	Standardabweichung	1,27661	0,74158	0,66685	1,63367	0,25113
auffällig	Mittelwert	1,05	1,08	0,70	2,30	0,83
	N	13	13	12	13	12
	Standardabweichung	1,48881	0,79133	1,10673	1,67478	1,34058
Insgesamt	Mittelwert	1,01	1,25	0,55	2,43	0,60
	N	38	38	36	38	36
	Standardabweichung	1,33302	0,75849	0,83030	1,62791	0,79650
Signifikanz (U-Test)		0,716	0,222	0,908	0,761	1,000

Tabelle 52: Vergleich der mittleren Venlafaxin-, OD-Venlafaxin und ND-Venlafaxin-Serumspiegel sowie der OD-Venlafaxin/ Venlafaxin und ND-Venlafaxin/ Venlafaxin-Ratio bei Patienten mit auffälligen Leberparametern

Patienten in dieser Gruppe zeigten überwiegend auch auffällige Nierenparameter. Die Serumspiegel sowie die Relationen der Metaboliste zur Muttersubstanz waren bei Patienten mit auffälligen und normalen Leberfunktionsparametern unverändert.

3.3.3.3 Katalyse durch CYP 2D6 und CYP 3A4: Venlafaxin

Metabolismus von Venlafaxin bei Patienten mit auffälligen Nierenwerten

Nierenparameter		dosiskorrigierter Venlafaxin Serumspiegel ng/ml/mg	dosiskorrigierter OD-Venlafaxin-Serumspiegel ng/ml/mg	dosiskorrigierter ND-Venlafaxin-Serumspiegel ng/ml/mg	Ratio OD-Venlafaxin/ Venlafaxin	Ratio ND-Venlafaxin / Venlafaxin
innerhalb der Norm	Mittelwert	1,00	1,20	0,45	2,34	0,47
	N	12	12	12	12	12
	Standardabweichung	1,30253	0,59514	0,65924	1,29785	0,28161
auffällig	Mittelwert	1,01	1,27	0,60	2,47	0,66
	N	26	26	24	26	24
	Standardabweichung	1,37235	0,83310	0,91269	1,78190	0,95649
Insgesamt	Mittelwert	1,01	1,25	0,55	2,43	0,60
	N	38	38	36	38	36
	Standardabweichung	1,33302	0,75849	0,83030	1,62791	0,79650
Signifikanz (U-Test)		0,963	0,963	0,704	0,938	0,830

Tabelle 53: Vergleich der mittleren Venlafaxin-, OD-Venlafaxin und ND-Venlafaxin-Serumspiegel sowie der OD-Venlafaxin/ Venlafaxin- und der ND-Venlafaxin/ Venlafaxin-Ratio bei Patienten mit auffälligen Leberparametern

Auch Nierenfunktionsstörungen beeinflussten den Metabolismus von Venlafaxin nicht signifikant.

3.3.4 Metabolisierung durch CYP 2C19, 2D6 und 3A4: Citalopram und Escitalopram

3.3.4.1 Citalopram

An 189 Patientendatensätzen wurde der Metabolismus von Citalopram untersucht, um die Altersabhängigkeit der CYP 2C19-, CYP 2D6- und CYP 3A4-Aktivität zu analysieren.

Demographische Angaben zu den mit Citalopram behandelten Patienten

	Alle Patienten	Patienten ohne Comedikation
n	189	40 (21,2%)
weiblich	115	25
männlich	74	15
Alter	15-85	15-81

Tabelle 54: Deskriptive Statistik der mit Citalopram behandelten Patienten

Die Diagnose war bei 148 Patienten angegeben, davon litten 65 % an Depression, 16 % an Schizophrenie und 11 % an Alkohol- oder Benzodiazepinmissbrauch.

Altersverteilung

Alter	n	%	Anteil Patienten ohne Comedikation	Durchschnittliche Anzahl der Comedikation	Median	Minimum	Maximum
< 20	5	2,6	2 (40%)	2,0	2,0	0,0	5,0
20-29	25	13,2	6 (24,0%)	1,2	1,0	0,0	3,0
30-39	30	15,8	7 (23,3%)	1,5	1,0	0,0	4,0
40-49	37	19,5	7 (18,9%)	2,2	2,0	0,0	7,0
50-59	28	15,3	6 (20,7%)	1,8	1,0	0,0	6,0
60-69	25	13,2	6 (24,0%)	2,4	2,0	0,0	7,0
70-79	31	16,3	4 (12,9%)	3,7	4,0	0,0	8,0
>80	8	4,2	2 (25,0%)	3,1	3,5	0,0	6,0
gesamt	189	100,0	40 (21,1%)	2,2	2,0	0,0	8,0

Tabelle 55: mittlere Anzahl an Comedikation bei Patienten der verschiedenen Altersgruppen

Am häufigsten wurde Citalopram bei Patienten zwischen 40 und 49 Jahren eingesetzt, die zweitgrößte Gruppe bildeten die 70 bis 79-Jährigen.

Bei den Patienten ohne Begleitmedikation waren die Altersgruppen über 80, 60 bis 69, 20 bis 29 und 30 bis 39 Jahre etwa gleich stark vertreten. Am kleinsten war der Anteil der Patienten ohne Comedikation in der Altersgruppe 70 bis 79 Jahre. Der Anteil an Patienten mit Monotherapie unterschied sich in den Altersgruppen nicht signifikant (Fisher-Test: 0,889).
Die Anzahl der Begleitmedikamente stieg linear mit der Altersgruppe. Lediglich die Altersgruppe 50 bis 59 Jahre zeigte einen nach unten abweichenden Wert. Die maximale Anzahl an Begleitmedikamenten erhielten die 70 bis 79jährigen Patienten.

3.3.4.1 Katalyse durch CYP 2C19, 2D6 und 3A4: Citalopram

Die über 80-Jährigen bekamen wieder weniger Comedikation, allerdings immer noch deutlich mehr als die 60 bis 69-Jährigen.
Der Zusammenhang zwischen der Anzahl der Comedikationen und der Altersgruppe war signifikant (Fisher-Test: 0,037).

Höhe der Tagesdosis

Die empfohlene Tagesdosis beträgt 20 mg/d, kann aber in Einzelfällen auf maximal 60 mg/d erhöht werden.
(A)   (B)

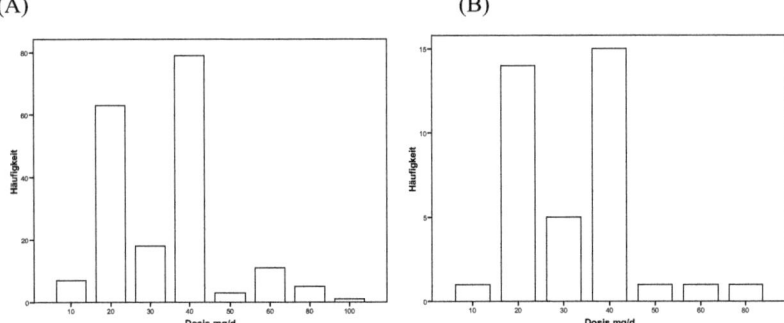

Abb. 50: Häufigkeitsverteilung der Tagesdosis bei (A) Citalopram-Patienten (n= 187) und (B) Citalopram-Patienten ohne Comedikation (n= 38)

In sechs Fällen wurde eine Dosis oberhalb der empfohlenen Maximaldosis verordnet, davon erhielt ein Patient keine andere Medikation. Die tatsächliche Höchstdosis lag bei 100 mg/d.

Am häufigsten wurde eine Tagesdosis von 40 mg verordnet, lediglich Patienten der Altersgruppen 20 bis 29 und 60 bis 69 Jahre nahmen überwiegend nur 30 mg Citalopram täglich.

Insgesamt nahmen Patienten zwischen 20 und 29 Jahren im Mittel die niedrigsten Tagesdosen, sonst war der Mittelwert in allen Altersgruppen vergleichbar. Nur bei den 60 bis 69-Jährigen lag der Median niedriger als in den anderen Altersgruppen.
Es bestand kein signifikanter Zusammenhang zwischen der Höhe der Tagesdosis und dem Alter (Fisher-Test: 0,241).

Bei Patienten ohne Comedikation erhielten ebenfalls die 20 bis 29-Jährigen im Mittel die niedrigsten Tagesdosen. Auch hier war der Zusammenhang zwischen Alter und Dosis nicht signifikant (Fisher-Test 0,947).
Die Tagesdosis unterschied sich bei Patienten mit Mono- und Polytherapie nicht signifikant (U-Test: 0,531)

3.3.4.1 Katalyse durch CYP 2C19, 2D6 und 3A4: Citalopram

3.3.4.1.1 Schweregrad der Erkrankung, Therapieeffekt und Verträglichkeit in den verschiedenen Altersgruppen

Für die Auswertung wurden die Datensätze der unter 20-Jährigen (n= 3) und 20 bis 29-Jährigen (n= 15) zusammengenommen.

Schweregrad der Erkrankung und Therapieerfolg

Alter	< 20	20-29	30-39	40-49	50-59	60-69	70-79	> 80	gesamt
Mittelwert Schweregrad der Erkrankung	5,3	5,6	6,1	5,5	5,6	5,7	5,5	6,0	5,7
n	3	16	23	29	18	18	21	1	129
Mittelwert Therapieerfolg	2,3	2,1	2,5	2,1	2,5	2,6	2,4	4,0	2,4
n	3	15	18	28	19	15	19	1	118

Tabelle 56: Schweregrad der Erkrankung und Therapieerfolg bei Citalopram-Patienten in den einzelnen Altersgruppen

Bei den 30 bis 39-Jährigen waren die meisten Patienten „deutlich krank", die zweitgrößte Patientengruppe war „schwer krank".
Bei den über 80-Jährigen waren alle Patienten „ deutlich krank".
In allen anderen Altersgruppen dominierte der Anteil der „deutlich kranken", während die jeweils zweitgrößte Gruppe „mäßig krank" war (Tabelle im Anhang).
Es bestand keine signifikante Abhängigkeit des Schweregrads vom Alter (Fisher-Test: 0,256)

Angaben zum Therapieerfolg wurden bei 120 Patienten gemacht (62,5 %).
Der Therapieerfolg wurde in allen Altersgruppen am häufigsten mit „mäßig" beurteilt.
Nur in der Altersgruppe 30 bis 39 Jahre war der Anteil der Patienten mit „geringem" Therapieerfolg genauso groß.
Bei den 60 bis 69-Jährigen konnte in keinem Fall ein „sehr guter" Therapieerfolg erzielt werden. In den übrigen Altersgruppen schwankte der Anteil der Patienten mit sehr gutem Therapieerfolg zwischen 5,3 % (30 bis 39-Jährige) und 31,0 % (40 bis 49-Jährige), durchschnittlich betrug er 14,2 %.

Da nur in einem Fall der über 80-Jährigen Angaben zum Therapiererfolg gemacht wurden, konnte diese Altersgruppe bei der Auswertung nicht mitbeurteilt werden (Tabelle im Anhang).
Es bestand keine statistisch signifikante Abhängigkeit des Therapieerfolgs vom Alter (Fisher-Test: 0,492)

3.3.4.1 Katalyse durch CYP 2C19, 2D6 und 3A4: Citalopram

Verträglichkeit

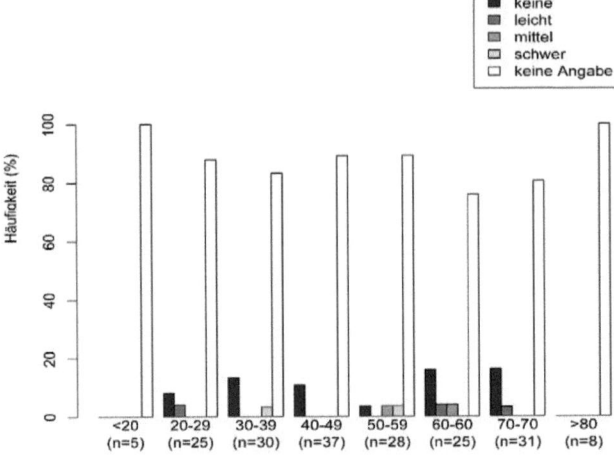

Abb. 51: Nebenwirkungen in den unterschiedlichen Altersgruppen (n= 27)

Angaben zu Nebenwirkungen wurden nur bei 27 Datensätzen (14,3 %) gemacht, daher war die statistische Aussagekraft gering.

In der Altersgruppe der 50 bis 59-Jährigen traten bei je einem Drittel der Patienten „keine", „mittelstarke" oder „schwere" Nebenwirkungen auf.
In allen anderen Altersgruppen traten überwiegend keine Nebenwirkungen auf. Eine Altersabhängigkeit bestand nicht (Fisher-Test: 0,556).
Insgesamt traten bei 74,1 % aller Patienten keine Nebenwirkungen auf (Tabelle im Anhang).

Die am häufigsten (in 15,3 % der Fälle) genannte Nebenwirkung war Schläfrigkeit/ Sedierung.

3.3.4.1 Katalyse durch CYP 2C19, 2D6 und 3A4: Citalopram

Abb. 52 zeigt den Vergleich der beobachteten Nebenwirkungen in den in Kapitel 3.3.4.3 gebildeten Altersgruppen.

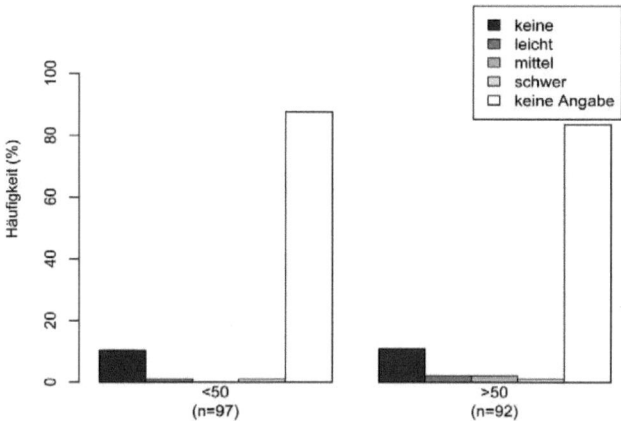

Abb. 52: Nebenwirkungen bei Citalopram-Patienten jünger und älter als 50 Jahre

Die beiden Altersgruppen waren hinsichtlich der Häufigkeit und der Stärke der berichteten Nebenwirkungen vergleichbar.

3.3.4.1 Katalyse durch CYP 2C19, 2D6 und 3A4: Citalopram

3.3.4.1.2 Abhängigkeit des Citalopram-Metabolismus vom Alter

Die Desmethylierung von Citalopram zu D-Citalopram erfolgt unter Beteiligung von CYP 2C19 (zu 60 % am Abbau beteiligt), CYP 3A4 (30 %) und CYP 2D6 (10 %). D-Citalopram wird weiter zu DD-Citalopram metabolisiert, das katalysierende Enzym ist CYP 2D6.

Citalopram-Serumspiegel
(A)   (B)

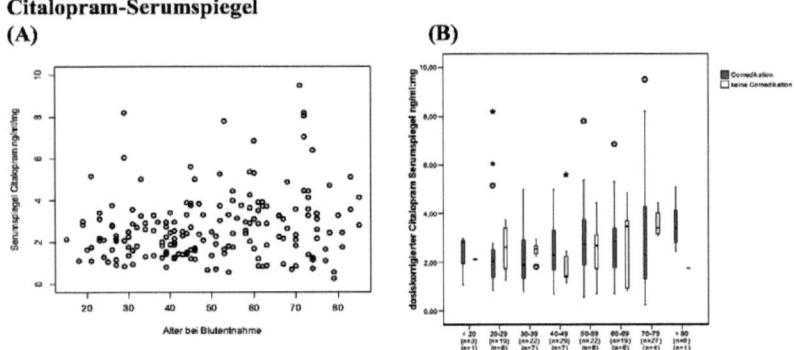

Abb. 53: dosiskorrigierte Citalopram-Serumspiegel in Abhängigkeit vom Alter (A) Streudiagramm und (B) Boxplot bei Patienten mit und ohne Comedikation (n= 185)

Die Citalopram Serumspiegel lagen im Bereich 0,26 ng/ml/mg bis 9,50 ng/ml/mg. Der Mittelwert betrug 2,70 ng/ml/mg, es gab keine extremen Ausreißer.
Die Serumspiegel waren in allen Altersgruppen vergleichbar (Fisher-Test: 0,677), jedoch war die Streuung im Alter stärker, besonders in den Altersgruppen 70 bis 79 Jahre mit Comedikation und 60 bis 69 Jahre ohne Comedikation.

D-Citalopram-Serumspiegel
(A)   (B)

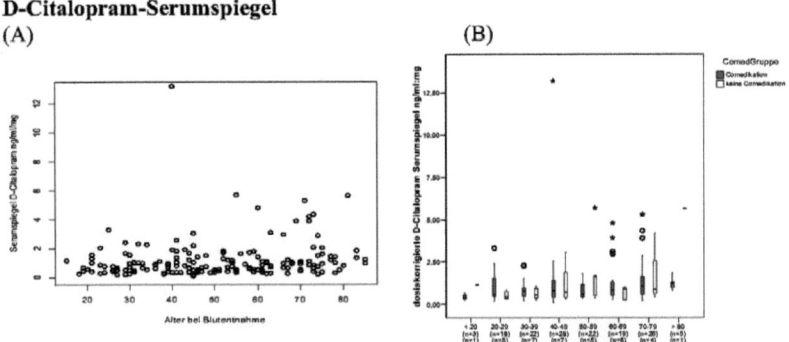

Abb. 54: dosiskorrigierte D-Citalopram-Serumspiegel in Abhängigkeit vom Alter (A) Streudiagramm und (B) Boxplot bei Patienten mit und ohne Comedikation (n= 179)

3.3.4.1 Katalyse durch CYP 2C19, 2D6 und 3A4: Citalopram

Der dosiskorrigierte D-Citalopram Serumspiegel betrug durchschnittlich 1,16 ng/ml/mg (Spannweite 0,10 ng/ml/mg bis 5,70 ng/ml/mg). Der einzige stark abweichende Wert (13,20 ng/ml/mg) stammte von einer 40jährigen Patienten, die eine Tagesdosis von 10 mg Citalopram erhielt sowie eine Comedikation mit Clozapin und Lorazepam. Bei den Laborparametern war die Harnsäurekonzentration leicht unterhalb der Norm.
Es bestand keine Altersabhängigkeit der D-Citalopram Serumspiegel bei Patienten mit (Fisher-Test: 0,363) und ohne Comedikation (Fisher-Test: 1,000), auch gab es keine einzelnen abweichenden Altersgruppen. Die Streuung war bei Patienten mit Comedikation stärker.

Ratio D-Citalopram/ Citalopram
(A)   (B)

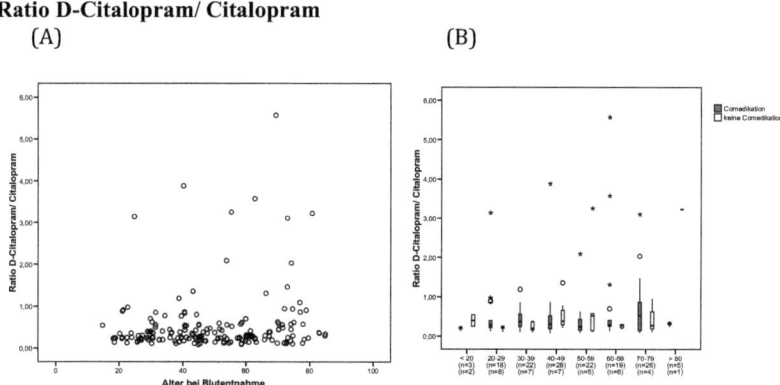

Abb. 55: Ratio D-Citalopram/ Citalopram in Abhängigkeit vom Alter (A) Streudiagramm und (B) Boxplot bei Patienten mit und ohne Comedikation (n= 189)

Die metabolische Ratio lag in allen Altersgruppen im Bereich von 0,08 bis 2,09 (Mittelwert: 0,52). Bei den Patienten mit Comedikation war die Streuung allerdings höher.
Bei acht Patienten lagen die Werte für die Ratio über 2,09. Davon waren 6 Patienten weiblich, die Altersspanne betrug 25 bis 81 Jahre. Bei einer Patienten war der D-Citalopram Spiegel auffällig. Die Tagesdosen lagen zwischen 10 mg und 40 mg, Comedikationen waren Bisoprolol, Cimitidin, Clozapin, Hydrocortin, Lorazepam , Ofloxacin, Pipamperon, Quetiapin, Reboxetin, Risperidon, Ximovan (bei zwei Patienten) und Zopiclon. Zwei Patienten erhielten keine Comedikation.

Die Ratio zeigte keine Altersabhängigkeit bei Patienten mit (Fisher-Test: 0,944) und ohne Comedikation (Fisher-Test: 1,000), es gab keine einzelnen abweichenden Altersgruppen. Allerdings nahm bei Patienten mit Comedikation die Streuung mit dem Alter zu.

3.3.4.1 Katalyse durch CYP 2C19, 2D6 und 3A4: Citalopram

Bildung von Altersgruppen durch Clusterzentrenanalyse

Alter		dosiskorrigierter Citalopram-Serumspiegel ng/ml/mg	dosiskorrigierter D-Citalopram-Serumspiegel ng/ml/mg	Ratio D-Citalopram/ Citalopram	Alter bei Blutentnahme
< 50	Mittelwert	2,38	1,02	0,44	34,70
	N	94	91	92	97
	Standardabweichung	1,23508	1,45276	0,52545	8,924
	Median	2,14	0,70	0,28	36,00
> 50	Mittelwert	3,03	1,29	0,60	65,96
	N	91	88	88	92
	Standardabweichung	1,84661	1,25482	0,88642	9,614
	Median	2,87	0,93	0,30	66,13
Signifikanz (U-Test)		**0,009**	**0,028**	0,739	

Tabelle 57: Vergleich der mittleren Citalopram und D-Citalopram-Serumspiegel sowie der metabolischen Ratio in den gebildeten Altersgruppen

Patienten über 50 Jahre wiesen signifikant höhere Citalopram und D-Citalopram-Serumspiegel auf als jüngere Patienten. Bezüglich der Ratio unterschieden sich die beiden Altersgruppen nicht.

3.3.4.1.3 Auswirkung von Comedikation auf den Metabolismus von Citalopram

Vergleich der Serumspiegel bei Patienten mit und ohne Begleitmedikation

		dosiskorrigierter Citalopram-Serumspiegel ng/ml/mg	dosiskorrigierter D-Citalopram-Serumspiegel ng/ml/mg	Ratio D-Citalopram/ Citalopram
Comedikation	Mittelwert	2,72	1,15	0,53
	N	147	143	143
	Standardabweichung	1,69373	1,36462	0,73373
	Median	2,37	0,80	0,29
keine Comedikation	Mittelwert	2,61	1,19	0,50
	N	38	36	37
	Standardabweichung	1,15350	1,37105	0,70967
	Median	2,52	0,82	0,27
Insgesamt	Mittelwert	2,70	1,16	0,52
	N	185	179	180
	Standardabweichung	1,59556	1,36219	0,72697
	Median	2,40	0,80	0,29
Signifikanz (U Test)		0,667	0,516	0,455

Tabelle 58: Vergleich der mittleren Citalopram und D-Citalopram-Serumspiegel sowie der metabolischen Ratio bei Patienten mit und ohne Comedikation

Die Einnahme von Begleitmedikation führte nicht allgemein zu einer signifikanten Veränderung des Citalopram-Abbaus.

3.3.4.1 Katalyse durch CYP 2C19, 2D6 und 3A4: Citalopram

Bildung von Altersgruppen durch Clusterzentrenanalyse bei Patienten ohne Comedikation

Bei Patienten ohne Comedikation konnten keine Altersgruppen gebildet werden, deren Citalopram-Metabolismus sich signifikant voneinander unterschied.

Auswirkungen einzelner Wirkstoffe auf den Metabolismus von Citalopram

Die häufigsten Comedikationen waren Mirtazapin (18,0 %), Lorazepam (14,8 %), Lithium (12,2 %), Olanzapin (10,6 %), L-Thyroxin (9,5 %), Risperidon (7,9 %), Zolpidem (7,9 %), Reboxetin (7,4 %), Clozapin (6,9 %) und Quetiapin (6,9 %).

		Dosiskorrigierter Citalopram-Serumspiegel ng/ml/mg	Dosiskorrigierter D-Citalopram-Serumspiegel ng/ml/mg	D-Citalopram/ Citalopram Ratio
Keine Comedikation		2,61 (n= 38)	1,19 (n= 36)	0,50 (n= 32)
Mirtazapin	Comedikation mit Mirtazapin	2,49 (n= 34)	0,83 (n= 33)	0,41 (n= 33)
	Andere Comedikation als Mirtazapin	2,79 (n= 113)	1,24 (n= 110)	0,56 (n= 110)
	Signifikanz	0,271	0,597	0,874
Lorazepam	Comedikation mit Lorazepam	2,67 (n= 28)	1,49 (n= 26)	0,55 (n= 26)
	Andere Comedikation als Lorazepam	2,74 (n= 119)	1,07 (n= 117)	0,52 (n= 117)
	Signifikanz	0,948	0,607	0,911
Lithium	Comedikation mit Lithium	3,49 (n= 23)	1,46 (n= 23)	0,42 (n= 23)
	Andere Comedikation als Lithium	2,58 (n= 124)	1,09 (n= 120)	0,55 (n= 120)
	Signifikanz	0,208	0,228	0,370
Olanzapin	Comedikation mit Olanzapin	3,42 (n= 20)	1,42 (n= 20)	0,40 (n= 20)
	Andere Comedikation als Olanzapin	2,61 (n= 127)	1,10 (n= 113)	0,55 (n= 123)
	Signifikanz	0,550	0,598	0,483
Quetiapin	Comedikation mit Quetiapin	2,69 (n= 13)	1,43 (n= 13)	0,98 (n= 13)
	Andere Comedikation als Quetiapin	2,72 (n= 134)	1,12 (n= 130)	0,48 (n= 130)
	Signifikanz	0,642	**0,037**	**0,031**
Clozapin	Comedikation mit Clozapin	2,93 (n= 13)	1,91 (n= 13)	0,64 (n= 12)
	Andere Comedikation als Clozapin	2,70 (n= 134)	1,07 (n= 130)	0,51 (n= 130)
	Signifikanz	0,411	0,415	0,619

Tabelle 59: Vergleich der mittleren Citalopram- und D-Citalopram-Serumspiegel sowie der metabolischen Ratio unter der Einnahme verschiedener Begleitmedikamente

Patienten, die auch Quetiapin einnahmen, wiesen um 20 % erhöhte D-Citalopram-Serumspiegel und eine um 96 % erhöhte metabolische Ratio auf.

3.3.4.1 Katalyse durch CYP 2C19, 2D6 und 3A4: Citalopram

Die Abweichung der metabolischen Ratio war auf zwei extreme Ausreißer zurückzuführen, die den Mittelwert der kleinen Fallgruppe verzerrten. Die metabolische Ratio bei Patienten mit Comedikation Quetiapin ohne diese beiden Extremwerte entsprach mit einem Mittelwert von 0,47 der mittleren metabolischen Ratio von Patienten ohne Comedikation.

3.3.4.1.4 Auswirkungen des BMI sowie auffälliger Nieren- und Leberparameter auf den Metabolismus von Citalopram

Untersucht wurde die Abhängigkeit der Citalopram und D-Citalopram Serumspiegel sowie der metabolischen Ratio vom Körperfettanteil (gemessen am BMI) und von einer Einschränkung der Leber- bzw. Nierenfunktion.

Für den Vergleich des Citalopram-Metabolismus in Abhängigkeit vom BMI wurde auf die Daten von 37 (19,6 %) Patienten zurückgegriffen.

BMI		dosiskorrigierter Citalopram-Serumspiegel ng/ml/mg	dosiskorrigierter D-Citalopram-Serumspiegel ng/ml/mg	Ratio D-Citalopram/ Citalopram
BMI < 20 (untergewichtig)	Mittelwert	2,55	1,59	0,92
	N	6	5	5
	Standardabweichung	1,55903	1,21393	1,27476
BMI 20-25 (normalgewichtig)	Mittelwert	2,62	1,75	0,63
	N	12	12	12
	Standardabweichung	1,24932	3,63293	1,05917
BMI 25-30 (übergewichtig)	Mittelwert	3,10	1,46	0,55
	N	15	15	15
	Standardabweichung	2,12564	1,21024	0,43877
BMI >30 (stark übergewichtig)	Mittelwert	3,30	0,61	0,21
	N	5	5	5
	Standardabweichung	2,34841	0,26428	0,05385
Insgesamt	Mittelwert	2,89	1,46	0,58
	N	38	37	37
	Standardabweichung	1,78336	2,21444	0,79680

Tabelle 60: Vergleich der mittleren Citalopram- und D-Citalopram-Serumspiegel sowie der metabolischen Ratio bei Patienten mit unterschiedlich hohem BMI

Die Citalopram- und D-Citalopram Serumspiegel sowie die metabolische Ratio unterschieden sich nicht abhängig vom BMI der Patienten.

3.3.4.1 Katalyse durch CYP 2C19, 2D6 und 3A4: Citalopram

Es lagen von 50 Patienten (26,5 %) Laborparameter zur Bestimmung der Leber- und der Nierenfunktion vor.

26 Patienten hatten auffällige Leberwerte, 23 Patienten auffällige Nierenparameter. Darunter waren 14 Patienten, bei denen sowohl Leber- als auch Nierenfunktionsparameter außerhalb der Norm lagen.

Citalopram-Serumspiegel bei Patienten mit auffälligen Leberfunktionsparametern

Leberparameter		dosiskorrigierte Citalopram-Serumspiegel ng/ml/mg	dosiskorrigierter D-Citalopram-Serumspiegel ng/ml/mg	Ratio D-Citalopram/ Citalopram
innerhalb der Norm	Mittelwert	3,11	1,70	0,62
	N	26	26	26
	Standardabweichung	1,84133	2,60990	0,91019
auffällig	Mittelwert	2,60	0,96	0,43
	N	25	23	24
	Standardabweichung	1,41625	0,56829	0,35491
Insgesamt	Mittelwert	2,86	1,35	0,53
	N	51	49	50
	Standardabweichung	1,65070	1,95820	0,70064
Signifikanz (U-Test)		0,434	0,833	0,816

Tabelle 61: Vergleich der mittleren Citalopram- und D-Citalopram-Serumspiegel sowie der metabolischen Ratio bei Patienten mit regelrechten und mit auffälligen Leberparametern

Citalopram-Serumspiegel bei Patienten mit auffälligen Nierenfunktionsparametern

Nierenparameter		dosiskorrigierte Citalopram-Serumspiegel ng/ml/mg	dosiskorrigierte D-Citalopram-Serumspiegel ng/ml/mg	Ratio D-Citalopram/ Citalopram
innerhalb der Norm	Mittelwert	2,49	1,23	0,61
	N	26	26	26
	Standardabweichung	1,42649	0,93361	0,64659
auffällig	Mittelwert	3,41	1,58	0,46
	N	22	21	22
	Standardabweichung	1,85319	2,82201	0,78952
Insgesamt	Mittelwert	2,91	1,39	0,55
	N	48	47	48
	Standardabweichung	1,68223	1,99156	0,71180
Signifikanz (U-Test)		0,058	0,669	0,148

Tabelle 62: Vergleich der mittleren Citalopram- und D-Citalopram-Serumspiegel sowie der metabolischen Ratio bei Patienten mit regelrechten und mit auffälligen Nierenparametern

Weder Patienten mit veränderten Leber- noch Patienten mit veränderten Nierenparametern zeigten auffällige Citalopram- oder D-Citalopram Serumspiegel. Auch die metabolische Ratio war gegenüber Patienten mit normalen Laborwerten unverändert

3.3.4.2 Escitalopram

Anhand der Daten der Escitalopram-Datensätze wurde die Abhängigkeit der CYP-Isoenzyme 2C19, 2D6 und 3A4 vom Alter untersucht.

Demographische Angaben zu den mit Escitalopram behandelten Patienten

	Alle Patienten	Patienten ohne Comedikation
n	569	71 (12,5%)
weiblich	334	38
männlich	235	33
Alter	15- 87	20-87

Tabelle 63: Deskriptive Statistik zu den mit Escitalopram behandelten Patienten

Die Diagnose war bei 411 Patienten angegeben, davon litten 45,3 % an Depression und 29,4 % an Alkoholabhängigkeit.

Altersverteilung

Alter	n	Prozent	Anzahl Patienten ohne Comedikation	Anzahl Comedikation Mittelwert	Standard-abweichung	Median	min	max
< 20	4	0,7	0	1,00	0,816	1,00	0	2
20-29	46	8,1	8 (17,4%)	1,93	1,497	2,00	0	6
30-39	96	16,9	12 (12,5%)	2,09	1,610	2,00	0	9
40-49	129	22,7	12 (9,3%)	2,66	1,748	3,00	0	9
50-59	130	22,8	7 (5,4%)	3,55	2,440	3,00	0	10
60-69	96	16,9	23 (24,0%)	3,53	2,832	4,00	0	10
70-79	49	8,6	6 (12,2%)	3,61	2,722	3,00	0	8
> 80	19	3,3	3 (15,8%)	3,58	2,874	3,00	0	8
gesamt	569	100,0	71 (12,5%)	2,96	2,308	3,00	0	10

Tabelle 64: mittlere Anzahl an Begleitmedikation in den verschiedenen Altersgruppen

Den größten Anteil hatten Patienten zwischen 50 bis 59 und 40 bis 49 Jahre.

In der jüngsten Altersgruppe (< 20 Jahre) gab es keine Patienten ohne Comedikation. Ihr Anteil war in der Altersgruppe der 60 bis 69-Jährigen am höchsten, bei den älteren Patienten nahm der Einsatz von Comedikation etwas zu. Am häufigsten war Comedikation in den Altersgruppen 40 bis 49 und 50 bis 59 Jahre.

Die durchschnittliche Anzahl der Comedikationen stieg altersabhängig signifikant an (Fisher-Test: 0,000).

3.3.4.2 Katalyse durch CYP 2C19, 2D6 und 3A4: Escitalopram

Mittels Clusterzentrenanalyse wurden Altersgruppen gebildet: Patienten über 52 Jahre nahmen zwar nicht signifikant häufiger Begleitmedikamente, aber eine signifikant höhere Anzahl an Begleitmedikamenten als jüngere Patienten (Tabelle 64).

Alter	Anteil an Patienten mit Polytherapie	Mittlere Anzahl an Comedikationen
< 52	90,7%	2,44
> 52	85,4%	3,73
Signifikanz (U-Test)	0,100	0,000

Tabelle 65: Unterschiede der Einnahmepraxis von Comedikation in den verschiedenen Altersgruppen

Höhe der Tagesdosis

Die empfohlene Tagesdosis Escitalopram beträgt 10 mg, sie kann individuell auf maximal 20 mg/d angehoben werden (Fachinformation Cipralex, 2009).

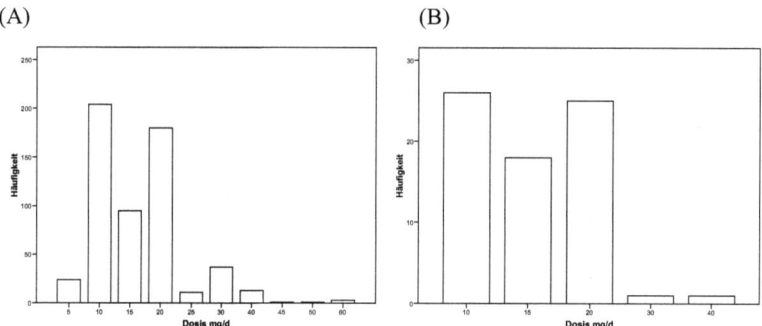

Abb. 56: Häufigkeitsverteilung Dosis bei (A) Escitalopram-Patienten (n= 569) und (B) Escitalopram Patienten ohne Comedikation (n= 71)

Die Tagesdosen lagen mit zwischen 5 und 60 mg innerhalb der Empfehlungen. Die häufigste Tagesdosis betrug gemäß der Empfehlung 10 bzw. 20 mg. Die höhere Dosierung fand besonders in den Altersgruppen 40 bis 49, 60 bis 69 und, bei den Patienten ohne Comedikation, bei Patienten über 80 Jahre Verwendung. Damit bestand ein signifikanter Zusammenhang zwischen Alter und Höhe der Tagesdosis (Fisher Test: 0,047).

Patienten mit Monotherapie erhielten zwischen 10 und 40 mg Escitalopram täglich. Es bestand ebenfalls eine signifikante Abhängigkeit der Tagesdosis vom Alter (Fisher-Test: 0,014).

Die mittlere Tagesdosis unterschied sich bei Patienten mit und ohne Comedikation nicht (U-Test: 0,658)

3.3.4.2 Katalyse durch CYP 2C19, 2D6 und 3A4: Escitalopram

3.3.4.2.1 Schweregrad, Therapieeffekt und Verträglichkeit in den verschiedenen Altersgruppen

Schweregrad der Erkrankung und Therapieerfolg

Alter	< 20	20-29	30-39	40-49	50-59	60-69	70-79	> 80	gesamt
Mittelwert Schweregrad der Erkrankung	3,5	5,7	5,6	5,6	5,6	5,6	5,9	6,5	5,7
n	2	26	59	72	62	58	32	17	328
Mittelwert Therapieerfolg	2,0	2,5	2,1	2,1	2,2	2,1	2,3	2,7	2,2
n	1	20	53	71	50	56	26	14	291

Tabelle 66: Schweregrad der Erkrankung und Therapieerfolg bei Escitalopram-Patienten in den einzelnen Altersgruppen

Bei allen Patienten unter 60 Jahre dominierten die Angaben „mäßig krank" und „deutlich krank", wobei bei den 30 bis 39-Jährigen auch die Beurteilung „schwer krank" häufig war.
Bei Patienten zwischen 60 und 69 Jahren dominierte der Anteil der „deutlich kranken", bei den 70 bis 79jährigen Patienten sogar der Anteil der „schwer kranken".
Bei Patienten über 80 Jahren kamen nur die Angaben „mäßig", „schwer", „extrem schwer" und „deutlich" krank vor (Tabelle im Anhang).

Damit bestand ein signifikanter Zusammenhang zwischen Alter und Schweregrad der Erkrankung (Fisher–Test: 0,000).

Ein „sehr guter" Therapieerfolg" wurde insgesamt von 18,3 % aller Patienten erreicht. Bei den Patienten jünger als 50 Jahre dominierte für den Therapieerfolg jeweils die Angabe „mäßig". Bei den 50 bis 59-Jährigen sank der Anteil der Patienten mit „mäßigem" Therapieerfolg, dafür ergab sich in dieser Gruppe für je etwa 20 % ein „sehr guter" bzw. „geringer" Therapieerfolg. Bei den 70 bis 79-Jährigen erzielte die Therapie wieder bei der Hälfte der Patienten „mäßige" Erfolge, und bei 29,3 % „geringe". Bei den Alterspatienten über 80 Jahre konnten dagegen hauptsächlich „geringe" Therapieerfolge verzeichnet werden, der Anteil an „mäßigen" betrug nur 28,6 % (Tabelle im Anhang).

Unterm Strich zeigte sich kein statistisch signifikanter Zusammenhang zwischen Alter und Therapieerfolg (Fisher-Test: 0,405).

Verträglichkeit

Die Angaben zum Auftreten von Nebenwirkungen waren so lückenhaft, dass eine aussagekräftige Auswertung nicht möglich war.

3.3.4.2 Katalyse durch CYP 2C19, 2D6 und 3A4: Escitalopram

3.3.4.2.2 Abhängigkeit des Escitalopram-Metabolismus vom Alter

Escitalopram wird analog zu Citalopram zu D-Escitalopram und weiter zu DD-Escitalopram abgebaut, die beteiligten Enzyme sind CYP 2C19, 3A4 und 2D6. Die Ratio D-Escitalopram/ Escitalopram resultiert aus der Aktivität aller genannten CYP Enzyme, während die Ratio DD-Escitalopram/ D-Escitalopram die Aktivität des CYP 2D6 widerspiegelt.

Serumspiegel Escitalopram

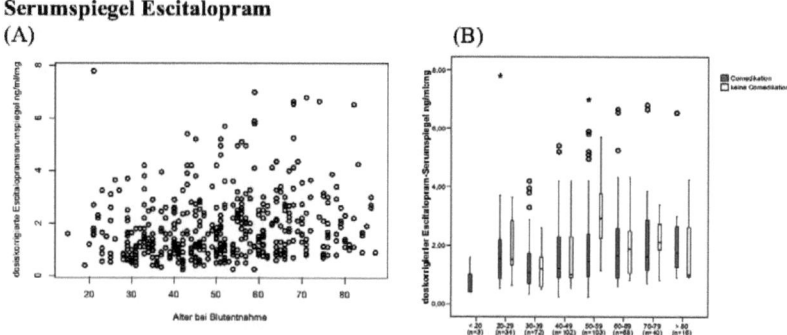

Abb. 57: dosiskorrigierte Escitalopram-Serumspiegel in Abhängigkeit vom Alter (A) Streudiagramm und (B) Boxplot bei Patienten mit und ohne Comedikation (n= 569)

Die dosiskorrigierten Escitalopram-Serumspiegel lagen zwischen 0,23 ng/ml/mg und 7,80 ng/ml/mg. Der Mittelwert betrug 1,78 ng/ml/mg. Nur einzelne Werte lagen oberhalb von 6,0 ng/ml/mg.

Die durchschnittlichen Serumspiegel stiegen mit steigendem Lebensalter signifikant an (Fisher-Test: 0,000). Außerdem nahm die Streuung im Alter zu, besonders stark war sie in den Gruppen 70 bis 79 Jahre mit Comedikation und 60 bis 69 Jahre ohne Comedikation.

Serumspiegel Desmethyl-Escitalopram

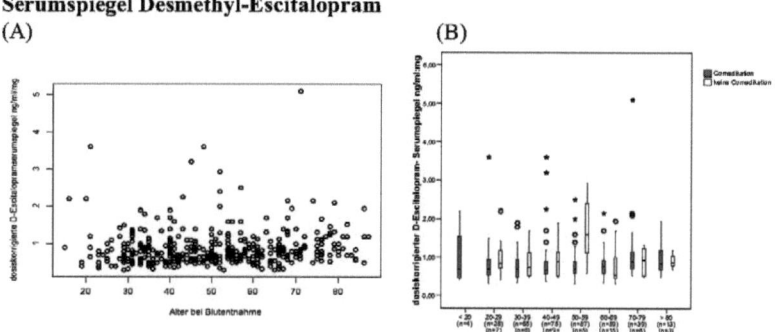

Abb. 58: dosiskorrigierte D-Escitalopram-Serumspiegel in Abhängigkeit vom Alter (A) Streudiagramm und (B) Boxplot bei Patienten mit und ohne Comedikation (n= 421)

3.3.4.2 Katalyse durch CYP 2C19, 2D6 und 3A4: Escitalopram

Die D-Escitalopram-Serumspiegel lagen im Bereich: 0,30 ng/ml/mg bis 5,10 ng/ml/mg, die meisten Werte waren kleiner als 4,0 ng/ml/mg. Der Mittelwert betrug 0,86 ng/ml/mg.
Es bestand ein signifikanter Anstieg mit dem Alter (Fisher-Test: 0,021).

Serumspiegel Didesmethyl-Escitalopram

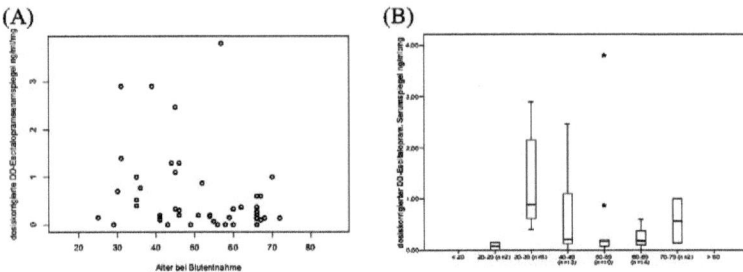

Abb. 59: dosiskorrigierte DD-Escitalopram-Serumspiegel in Abhängigkeit vom Alter (A) Streudiagramm und (B) Boxplot bei Patienten mit und ohne Comedikation (n= 49)

Die dosiskorrigierten DD-Escitalopram-Serumspiegel betrugen bis zu 3,80 ng/ml/mg, wobei nur vier Werte lagen oberhalb von 4,00 ng/ml/mg lagen. Der Mittelwert betrug 0,58 ng/ml/mg.

Es bestand keine Altersabhängigkeit (Fisher Test: 0,163).

Ratio Desmethyl-Escitalopram/ Escitalopram

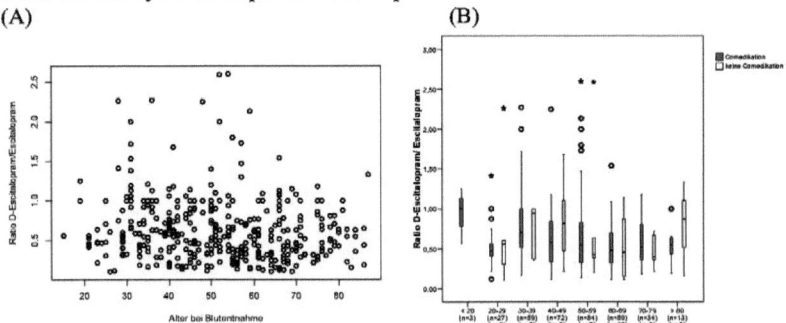

Abb. 60: Ratio D-Escitalopram/ Escitalopram in Abhängigkeit vom Alter (A) Streudiagramm und (B) Boxplot bei Patienten mit und ohne Comedikation (n= 49)

Die metabolische Ratio betrug im Mittel 0,64, die Spannweite reichte von 0,11 bis 2,60.
Es bestand keine Altersabhängigkeit (Fisher- Test: 0,097).

3.3.4.2 Katalyse durch CYP 2C19, 2D6 und 3A4: Escitalopram

Ratio Didesmethyl-Escitalopram/ Desmethyl-Escitalopram
(A) (B)

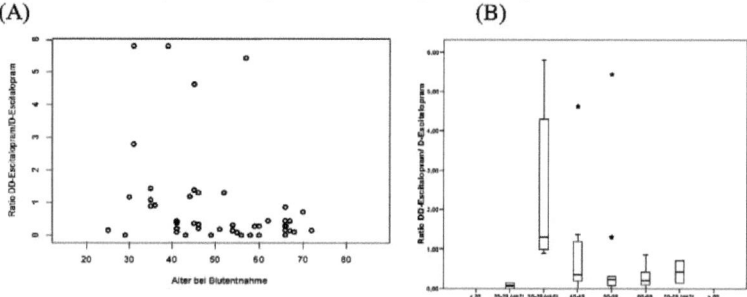

Abb. 61: Ratio DD-Escitalopram/ D-Escitalopram in Abhängigkeit vom Alter (A) Streudiagramm und (B) Boxplot bei Patienten mit und ohne Comedikation (n= 49)

Die Ratio DD-Escitalopram/ D-Escitalopram erreichte Werte bis 5,80, durchschnittlich lag sie bei 0,88. Nur vier Patienten zeigten Werte größer als 4,0.

Es bestand keine Altersabhängigkeit (Fisher-Test 0,265).

3.3.4.2 Katalyse durch CYP 2C19, 2D6 und 3A4: Escitalopram

Bildung von Altersgruppen durch Clusterzentrenanalyse

Alter		Dosiskorrigierter Escitalopram-Serumspiegel ng/ml/mg	Dosiskorrigierter D-Escitalopram-Serumspiegel ng/ml/mg	Ratio D-Escitalopram / Escitalopram	Alter bei Blutentnahme
< 52	Mittelwert	1,55	0,82	0,68	38,2
	N	205	205	205	205
	Standardabweichung	1,05823	0,45664	0,39425	8,530
>52	Mittelwert	2,08	0,99	0,59	65,3
	N	199	199	199	199
	Standardabweichung	1,37303	0,52156	0,42362	9,023
Signifikanz (U-Test)		0,000	0,012	0,001	

Tabelle 67: Vergleich der mittleren Escitalopram- und D-Escitalopram-Serumspiegel sowie der D-Escitalopram/ Escitalopram-Ratio in den gebildeten Altersgruppen

Patienten über 52 Jahre hatten um 34,5 % erhöhte Escitalopram-, um 11,4 % erhöhte D-Escitalopram-Serumspiegel sowie eine um 51,7 % niedrigere D-Escitalopram/ Escitalopram-Ratio.

Alter		dosiskorrigierter DD-Escitalopram-Serumspiegel ng/ml/mg	Ratio DD-Escitalopram/ D-Escitalopram	Alter bei Blutentnahme
< 50	Mittelwert	0,80	1,33	39,1
	N	23	23	23
	Standardabweichung	0,89771	1,75623	6,653
> 50	Mittelwert	0,38	0,48	61,9
	N	26	26	26
	Standardabweichung	0,74299	1,05274	5,928
Signifikanz (U-Test)		0,041	0,012	

Tabelle 68: Vergleich der mittleren DD-Escitalopram-Serumspiegel und der DD-Escitalopram/ D-Escitalopram-Ratio in den gebildeten Altersgruppen

Auch anhand der DD-Escitalopram-Serumspiegel und der DD-Escitalopram/D-Escitalopram Ratio ließen sich Altersgruppen bilden, die sich signifikant voneinander unterschieden. Die Altersgrenze lag bei 50 Jahren, ältere Patienten hatten um 13,6 % niedrigere DD-Escitalopram Serumspiegel und eine um 64,1 % niedrigere DD-Escitalopram/ D-Escitalopram Ratio.

3.3.4.2 Katalyse durch CYP 2C19, 2D6 und 3A4: Escitalopram

3.3.4.2.3 Auswirkung von Comedikation auf den Metabolismus von Escitalopram

Vergleich der Serumspiegel bei Patienten mit und ohne Begleitmedikation

		Dosis-korrigierter Escitalopram Serumspiegel ng/ml/mg	Dosis-korrigierter D-Escitalopram Serumspiegel ng/ml/mg	Dosis-korrigierter DD-Escitalopram Serumspiegel ng/ml/mg	Ratio D-Escitalopram/ Escitalopram	Ratio DD-Escitalopram/ D-Escitalopram
Comedikation	Mittelwert	1,75	0,85	0,62	0,63	0,93
	N	438	370	46	356	46
	Standardabweichung	1,23934	0,48002	0,85021	0,39366	1,50513
keine Comedikation	Mittelwert	1,94	0,99	0,16	0,67	0,31
	N	64	51	10	48	10
	Standardabweichung	1,14345	0,58619	0,9228	0,52702	0,29224
Insgesamt	Mittelwert	1,78	0,86	0,58	0,64	0,88
	N	502	421	49	404	49
	Standardabweichung	1,22795	0,49559	0,83661	0,41111	1,47476
Signifikanz (U-Test)		0,095	0,230	0,090	0,751	0,295

Tabelle 69: Vergleich der mittleren Escitalopram-, D-Escitalopram- und DD-Escitalopram-Serumspiegel sowie der D-Escitalopram/ Escitalopram- und DD-Escitalopram/ D-Escitalopram-Ratio bei Patienten mit Mono- und Polytherapie

Die dosiskorrigierten Escitalopram-, D-Escitalopram und DD-Escitalopram-Serumspiegel sowie deren metabolische Ratio unterschieden sich bei Patienten mit Mono- und Polytherapie nicht signifikant voneinander.

Bildung von Altersgruppen durch Clusterzentrenanalyse bei Patienten ohne Comedikation

Bei Patienten mit Monotherapie ließen sich keine Altersgruppen bilden, deren Escitalopram-, D-Escitalopram- und DD-Escitalopram-Serumspiegel oder der D-Escitalopram/ Escitalopram- und DD-Escitalopram/ D-Escitalopram-Ratio sich signifikant unterschieden.

3.3.4.2 Katalyse durch CYP 2C19, 2D6 und 3A4: Escitalopram

Auswirkungen einzelner Wirkstoffe auf den Metabolismus von Escitalopram

Häufigste Comedikationen waren Mirtazapin (38,7 %), Lorazepam (10,4 %), Olanzapin (10,9 %), Pantoprazol (10,5 %) und Quetiapin (13,9 %).

	dosiskorrigierter Escitalopram-Serumspiegel ng/ml/mg	dosiskorrigierter D-Escitalopram-Serumspiegel ng/ml/mg	dosiskorrigierter DD-Escitalopram-Serumspiegel ng/ml/mg	Ratio D-Escitalopram/ Escitalopram	Ratio DD-Escitalopram/ D-Escitalopram
Keine Comedikation	1,92 (n= 60)	0,94 (n= 48)	0,16 (n= 10)	0,67 (n= 45)	0,31 (n= 10)
Comedikation mit Mirtazapin	1,64 (n= 220)	0,80 (n= 176)	0,58 (n= 15)	0,60 (n= 176)	0,76 (n= 15)
Andere Comedikation als Mirtazapin	1,88 (n= 222)	0,90 (n= 197)	0,63 (n= 31)	0,67 (n= 183)	1,02 (n= 31)
Signifikanz (U-Test)	0,094	0,640	0,643	0,775	0,892
Comedikation mit Lorazepam	1,78 (n= 59)	0,96 (n= 49)	0,15 (n= 6)	0,06 (n= 49)	0,17 (n= 6)
Andere Comedikation als Lorazepam	1,84 (n= 14)	1,05 (n= 12)	0,18 (n= 1)	0,61 (n= 12)	0,14 (n= 1)
Signifikanz (U-Test)	0,137	0,601	0,792	0,221	0,368
Comedikation mit Olanzapin	1,65 (n= 62)	1,00 (n= 49)	0,41 (n= 4)	0,68 (n= 48)	0,37 (n= 4)
Andere Comedikation als Olanzapin	1,77 (n= 380)	0,83 (n= 324)	0,64 (n= 42)	0,63 (n= 311)	0,99 (n= 42)
Signifikanz (U-Test)	0,250	0,396	0,945	0,148	0,539
Comedikation mit Pantoprazol	2,17 (n= 60)	0,82 (n= 50)	0,45 (n= 15)	0,56 (n= 43)	0,63 (n= 15)
Andere Comedikation als Pantoprazol	1,69 (n= 382)	0,86 (n= 323)	0,70 (n= 31)	0,65 (n= 310)	1,08 (n= 31)
Signifikanz (U-Test)	0,817	**0,030**	0,261	0,565	0,723
Comedikation mit Quetiapin	1,57 (n= 40)	0,76 (n= 79)	0,42 (n= 14)	0,71 (n= 77)	0,63 (n= 14)
Andere Comedikation als Quetiapin	1,80 (n= 352)	0,88 (n= 294)	0,70 (n= 32)	0,62 (n= 282)	1,07 (n= 32)
Signifikanz (U-Test)	**0,038**	0,297	0,122	0,271	0,666

Tabelle 70: Vergleich der mittleren Escitalopram-, D-Escitalopram- und DD-Escitalopram-Serumspiegel sowie der D-Escitalopram/ Escitalopram- und DD-Escitalopram/ D-Escitalopram-Ratio unter der Einnahme verschiedener Begleitmedikamente

3.3.4.2 Katalyse durch CYP 2C19, 2D6 und 3A4: Escitalopram

Patienten, die auch Pantoprazol einnahmen wiesen um 12,8 % niedrigere D-Escitalopram-Serumspiegel auf als Patienten ohne Comedikation. Unter der Einnahme von Quetiapin waren die mittleren Escitalopram-um 5,2 % niedriger.

3.3.4.2.4 Auswirkungen des BMI sowie auffälliger Nieren- und Leberparameter auf den Metabolismus von Escitalopram

Ob sich die Metabolisierung von Escitalopram abhängig vom BMI veränderte, konnte nicht untersucht werden, da nur bei einzelnen Datensätzen Angaben zu Körpergröße und –gewicht gemacht wurden.

Es lagen von 15 Patienten (2,3 %) Laborparameter zur Bestimmung der Leber- und der Nierenfunktion vor.

Davon hatten sieben Patienten auffällige Leber- und elf Patienten auffällige Nierenparameter.

Vergleich der Escitalopram-Serumspiegel und ihrer Metabolite bei Patienten mit auffälligen Leberparametern

Leberparameter		Dosis-korrigierter Escitalopram-Serumspiegel ng/ml/mg	Dosis-korrigierter D-Escitalopram-Serumspiegel ng/ml/mg	Dosis-korrigierter DD-Escitalopram-Serumspiegel ng/ml/mg	Ratio D-Citalopram/ Citalopram	Ratio DD-Citalopram/ D-Citalopram
innerhalb Norm	Mittelwert	1,87	0,89	1,40	0,58	2,80
	N	8	7	1	6	1
	Standardabweichung	0,65680	0,40970		0,24617	
auffällig	Mittelwert	2,22	0,63		0,67	
	N	7	4		4	
	Standardabweichung	2,00487	0,17078		0,38686	
Insgesamt	Mittelwert	2,03	0,80	1,40	0,61	2,80
	N	15	11	1	10	1
	Standardabweichung	1,40394	0,35739		0,29275	
Signifikanz (U-Test)		0,644	0,412		1,000	

Tabelle 71: Vergleich der mittleren Escitalopram-, D-Escitalopram- und DD-Escitalopram-Serumspiegel sowie der D-Escitalopram/ Escitalopram und DD-Escitalopram/ D-Escitalopram-Ratio bei Patienten mit regelrechten und auffälligen Leberparametern

Bei Patienten, deren Leberfunktionsparameter auffällig waren, traten keine signifikanten Veränderungen der Serumspiegel oder der metabolische Ratio auf.

3.3.4.2 Katalyse durch CYP 2C19, 2D6 und 3A4: Escitalopram

Vergleich der Escitalopram-Serumspiegel und ihrer Metabolite bei Patienten mit auffälligen Nierenparametern

Nierenparameter		Dosiskorrigierte E-scitalopram-Serumspiegel ng/ml/mg	Dosiskorrigierte D-Escitalopram-Serumspiegel ng/ml/mg	Dosiskorrigierte DD-Escitalopram-Serumspiegel ng/ml/mg	Ratio D-Citalopram/ Citalopram	Ratio DD-Citalopram/ D-Citalopram
innerhalb Norm	Mittelwert	1,94	0,81	1,40	0,44	2,80
	N	4	4	1	3	1
	Standardabweichung	0,53131	0,36600		0,09688	
auffällig	Mittelwert	2,07	0,79		0,69	
	N	11	7		7	
	Standardabweichung	1,63398	0,38157		0,32194	
Insgesamt	Mittelwert	2,03	0,80	1,40	0,61	2,80
	N	15	11	1	10	1
	Standardabweichung	1,40394	0,35739		0,29275	
Signifikanz (U-Test)		0,743	1,000		0,299	

Tabelle 72: Vergleich der mittleren Escitalopram-, D-Escitalopram- und DD-Escitalopram-Serumspiegel sowie der D-Escitalopram/ Escitalopram- und DD-Escitalopram/ D-Escitalopram-Ratio bei Patienten mit regelrechten und auffälligen Nierenparametern

Auch abweichende Nierenfunktionsparameter führten nicht zu einem veränderten Escitalopram-Metabolismus.

3.3.5 Metabolisierung durch CYP 2B6, 2C19, 3A4, 2D6 und 2C9: Sertralin

Sertralin gehört zu den SSRI. Am Abbau beteiligt sind die CYP-Enzyme 2B6, 2C19, 2D6, 3A4 und 2C9.

Demographische Angaben zu den mit Sertralin behandelten Patienten

	Alle Patienten	Patienten ohne Comedikation
n	159	34 (21,4 %)
weiblich	94	21
männlich	65	13
Alter	14-89	14- 86

Tabelle 73: Deskriptive Statistik zu den mit Sertralin behandelten Patienten

Bei 83 Patienten war eine Diagnose angegeben, davon litten 74,7 % an Depression.

Altersverteilung

Altersgruppe	n	%	Anteil Patienten ohne Comedikation %	mittlere Anzahl Comedikation	Median	Minimum	Maximum
<20	1	0,6	1 (100%)			0,0	0,0
20-29	20	12,6	5 (25,0%)	1,6	1,0	0,0	6,0
30-39	21	13,2	5 (23,8%)	1,7	1,0	0,0	5,0
40-49	33	20,8	5 (15,2%)	1,8	2,0	0,0	4,0
50 bis 59	19	11,9	6 (31,6%)	1,5	1,0	0,0	4,0
60-69	20	12,6	2 (10,0%)	3,1	3,0	0,0	7,0
70-79	27	17,0	6 (22,2%)	2,8	3,0	0,0	7,0
>80	18	11,3	4 (22,2%)	3,4	3,0	0,0	12,0
gesamt	159	100,0	34 (21,4%)				

Tabelle 74: mittlere Anzahl an Comedikation in den unterschiedlichen Altersgruppen

Die größte Patientengruppe stellten die 40 bis 49-Jährigen dar. Ein Patient war unter 20 Jahre alt. Alle anderen Altersgruppen waren etwa gleich groß.

Insgesamt bekamen 21,4 % aller Patienten keine Comedikation.
In den Altersgruppen 50 bis 59 Jahre war der Anteil der Patienten ohne Comedikation am höchsten, am kleinsten in der Gruppe 60 bis 69 Jahre. Eine Abhängigkeit vom Alter bestand nicht (Fisher-Test: 0,387).

In der Gruppe der 50 bis 59jährigen Patienten war nicht nur der Anteil der Patienten ohne Begleitmedikation am höchsten, auch die Anzahl der verordneten Medikamente war in dieser Altersgruppe besonders gering.
Die Anzahl der Comedikationen stieg linear mit dem Alter, der Zusammenhang war außerhalb der Signifikanzgrenze (Fisher-Test: 0,103).

3.3.5 Katalyse durch CYP 2B6, 2C19, 3A4, 2D6 und 2C9: Sertralin

Höhe der Tagesdosis

Die übliche Tagesdosis beträgt 50 mg, die Maximaldosis 200 mg/d.

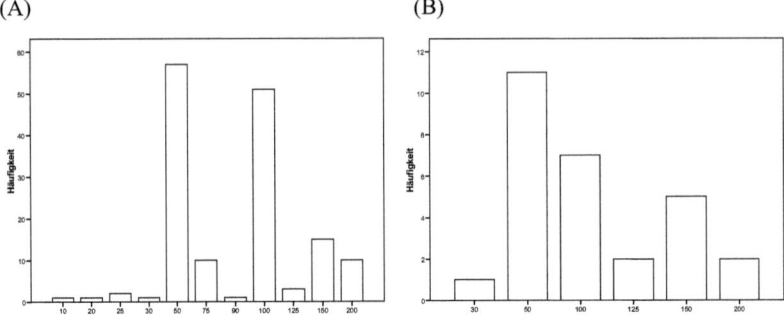

Abb. 62: Häufigkeitsverteilung der Tagesdosis bei (A) Sertralin-Patienten (n= 151) und bei (B) Sertralin-Patienten ohne Comedikation (n= 27)

Es wurden Tagesdosen zwischen 10 und 200 mg dokumentiert, wobei Patienten über 70 Jahre im Mittel niedrigere Dosen erhielten als jüngere Patienten (Fisher-Test: 0,020).
Bei Patienten ohne Comedikation lagen die Tagesdosen zwischen 50 und 200 mg, es bestand keine Altersabhängigkeit (Fisher Test 0,840)
Die Dosierungen überstiegen somit nicht die empfohlene Tagesdosis.

Die Höhe der Tagesdosis unterschied sich bei Patienten mit und ohne Comedikation nicht signifikant (U-Test: 0,274)

3.3.5.1.1 Schweregrad der Erkrankung, Therapieerfolg und Verträglichkeit in den verschiedenen Altersgruppen

Schweregrad der Erkrankung und Therapieerfolg

Alter	20-29	30-39	40-49	50-59	60-69	70-79	> 80	gesamt
Mittelwert Schweregrad der Erkrankung	5,8	5,4	5,2	5,1	4,9	4,9	5,7	5,2
n	10	8	20	9	11	15	9	82
Mittelwert Therapieerfolg	2,1	2,3	1,8	1,6	2,2	1,5	1,9	1,9
n	11	12	19	9	9	18	8	86

Tabelle 75: Schweregrad der Erkrankung und Therapieerfolg bei Sertralin-Patienten in den einzelnen Altersgruppen

In den Altersgruppen 20 bis 29, 30 bis 39, 40 bis 49, 50 bis 59 und 70 bis 79 Jahre war die häufigste Angabe „deutlich krank". In den beiden verbleibenden Altersgruppen, 60 bis 69 und über 80 Jahre wurde überwiegend „mäßig krank" angegeben (Tabelle im Anhang).
Es gab keine signifikante Altersabhängigkeit (Fisher-Test 0,366).

3.3.5 Katalyse durch CYP 2B6, 2C19, 3A4, 2D6 und 2C9: Sertralin

Der Therapieerfolg wurde in den Altersgruppen 20 bis 29, 40 bis 49, 50 bis 59, 60 bis 69 und über 80 Jahre am häufigsten als „mäßig", in der Altersgruppe 30 bis 39 Jahre meist als „mäßig" oder „gering" angegeben.
Bei Patienten zwischen 70 und 79 Jahre war er dagegen überwiegend „sehr gut".
Insgesamt lag der Anteil der Patienten mit sehr gutem Therapieerfolg in den einzelnen Altersgruppen zwischen 25,0 % und 52,9 %, im Mittel betrug er 34,9 % (Tabelle im Anhang).
Ein signifikanter Zusammenhang zwischen Alter und Therapieerfolg bestand nicht (Fisher Test: 0,273).

Verträglichkeit

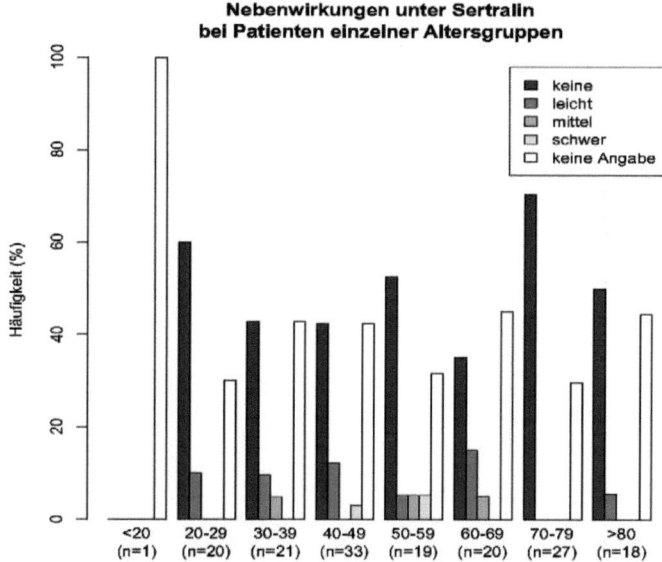

Abb. 57: Nebenwirkungen in den verschiedenen Altersgruppen (n= 98)

Angaben über das Auftreten von Nebenwirkungen stammten von 60,9 % der Patienten, davon wurden nur in neun Datensätzen Angaben über die Art der Nebenwirkungen gemacht.
In allen Altersgruppen traten überwiegend keine Nebenwirkungen auf. Die meisten Nebenwirkungen gab es bei den 60 bis 69-Jährigen (63,6 % Patienten ohne Nebenwirkungen), bei den 70 bis 79-Jährigen traten gar keine Nebenwirkungen auf (Tabelle im Anhang).Es bestand kein signifikanter Zusammenhang zwischen dem Alter und dem Auftreten von Nebenwirkungen (Fisher-Test 0,306).

3.3.5 Katalyse durch CYP 2B6, 2C19, 3A4, 2D6 und 2C9: Sertralin

Die mittels Clusterzentrenanalyse gebildeten Altersgruppen wurden bezüglich der Häufigkeit der beobachteten Nebenwirkungen miteinander verglichen.

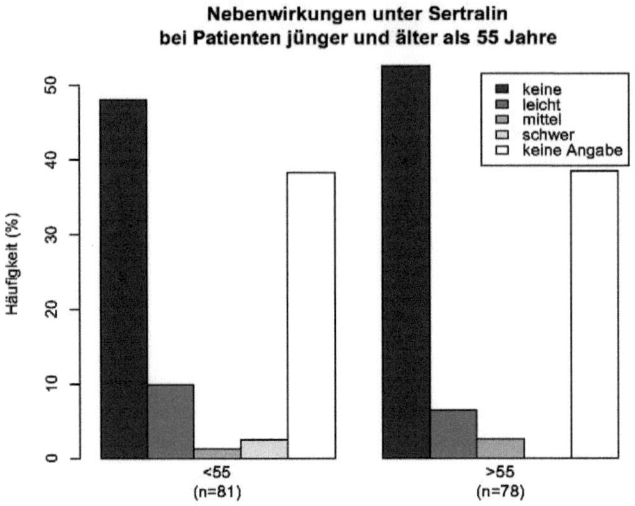

Abb. 63: Nebenwirkungen in den verschiedenen Altersgruppen (n= 98)

Häufigkeit und Schwere von Nebenwirkungen unterschieden sich in den beiden Altersgruppen nicht signifikant (U-Test: 0,34).

3.3.5.1.2 Abhängigkeit des Sertralin-Metabolismus vom Alter

Sertralin- und D-Sertralin-Serumspiegel

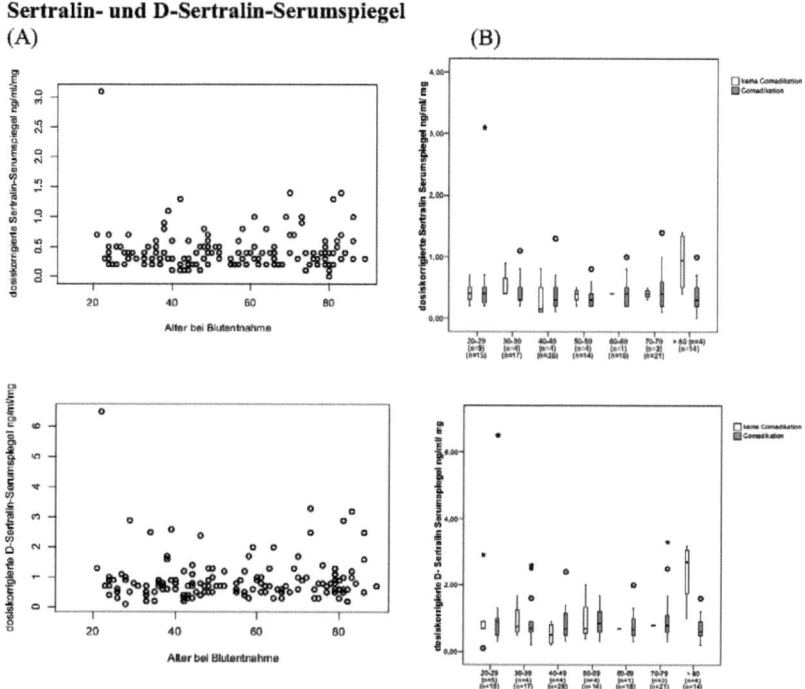

Abb. 64: Abhängigkeit der dosiskorrigierten Sertralin- und D-Sertralin-Serumspiegel vom Alter (A) Streudiagramm (B) Boxplot bei Patienten mit (n= 127) und ohne Comedikation (n= 25)

Die dosiskorrigierten Sertralin-Serumspiegel lagen im Mittel bei 0,43 ng/ml/mg (Spannweite 0,1 bis 3,10 ng/ml/mg), die dosiskorrigierten D-Sertralin-Serumspiegel bei 0,93 ng/ml/mg (0,10 bis 6,50 ng/ml/mg). Die höchsten Werte fanden sich in der Gruppe der über 80-Jährigen ohne Comedikation. Insgesamt streuten die Werte bei Patienten mit Polytherapie weniger stark, abgesehen von der ältesten Gruppe unterschieden sich die Serumspiegel bei Patienten mit und ohne Comedikation aber nicht voneinander.

3.3.5 Katalyse durch CYP 2B6, 2C19, 3A4, 2D6 und 2C9: Sertralin

Ratio D-Sertralin/Sertralin

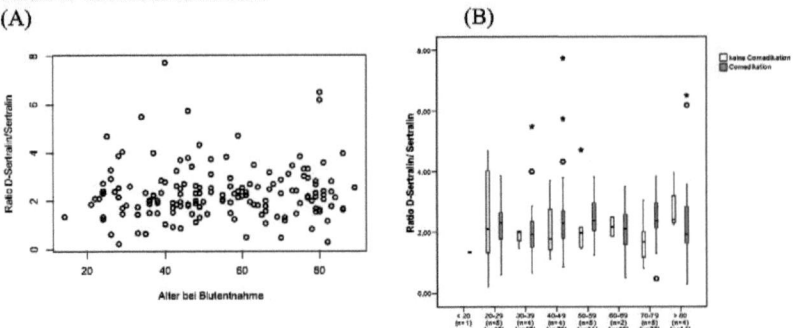

Abb. 65: Abhängigkeit der D-Sertralin/ Sertralin-Ratio vom Alter (A) Streudiagramm (B) Boxplot bei Patienten mit (n= 129) und ohne Comedikation (n= 30)

Die mittlere metabolische Ratio lag bei 2,33 (Bereich 0,21 bis 7,73); die meisten Werte lagen unter 4,5.
Die Streuung war bei der Ratio viel stärker als bei den dosiskorrigierten Serumspiegeln, erkennbar an den großen Boxen im Boxplot. Die Ratio lag bei Patienten ohne Comedikation in den meisten Altersgruppen etwas niedriger als bei Patienten mit Comedikation. Nur bei Patienten über 80 zeigte sich das umgekehrte Bild.

Es gab keine Ausreißer, sieben Werte lagen oberhalb 4,5. Davon stammten vier von weiblichen, drei von männlichen Patienten. Die Alterspanne betrug 25 bis 80 Jahre alt, die Tagesdosen lagen zwischen 50-100 mg/d. Zwei Patienten erhielten eine Monotherapie mit Sertralin, Comedikationen waren Acetylsalicylsäure, Carbamazepin, Clomipramin, Lorazepam, Mirtazapin, Metohexal, Olanzapin, Pantoprazol, Quetiapin, Reboxetin, Risperidon, Simvastatin, Temazepam, Valsartan je einmal.

Bildung von Altersgruppen durch Clusterzentrenanalyse

Weder anhand der Sertralin- und D-Sertralin-Serumspiegel, noch anhand der metabolischen Ratio konnten signifikant unterschiedliche Altersgruppen gebildet werden.

3.3.5 Katalyse durch CYP 2B6, 2C19, 3A4, 2D6 und 2C9: Sertralin

3.3.5.1.3 Auswirkung von Comedikation auf den Metabolismus von Sertralin

Vergleich der Serumspiegel bei Patienten mit und ohne Begleitmedikation

	N	Dosiskorrigierte Sertralin-Serumspiegel ng/ml/mg	Dosiskorrigierte D-Sertralin-Serumspiegel ng/ml/mg	Ratio D-Sertralin/Sertralin
keine Comedikation	29	0,49	1,1	2,20
Comedikation	130	0,42	0,90	2,36
Signifikanz (U-Test)		0,170	0,395	0,274

Tabelle 76: Vergleich der mittleren Sertralin- und D-Sertralin-Serumspiegel sowie der metabolischen Ratio bei Patienten mit und ohne Comedikation

Die Einnahme von Comedikation führte nicht zu abweichenden Sertralin- und D-Sertralin-Serumspiegeln oder einer veränderten metabolischen Ratio.

Bildung von Altersgruppen durch Clusterzentrenanalyse bei Patienten ohne Comedikation

Alter		dosiskorrigierte Sertralin-Serumspiegel ng/ml/mg	dosiskorrigierte D-Sertralin-Serumspiegel ng/ml/mg	Ratio D-Sertralin/Sertralin	Alter bei Blutentnahme
< 55	Mittelwert	0,42	0,83	2,10	36,83
	N	15	15	15	15
	Standardabweichung	0,23664	0,67999	1,17280	9,555
> 55	Mittelwert	0,59	1,51	2,31	72,77
	N	10	10	14	14
	Standardabweichung	0,41486	1,03650	1,03732	9,819
Insgesamt	Mittelwert	0,49	1,10	2,20	54,18
	N	25	25	29	29
	Standardabweichung	0,32316	0,88717	1,09475	20,603
Signifikanz (U- Test)		0,397	**0,041**	0,310	

Tabelle 77: Vergleich der mittleren Sertralin- und D-Sertralin-Serumspiegel sowie der metabolischen Ratio in den gebildeten Altersgruppen bei Patienten ohne Comedikation

Die dosiskorrigierten D-Sertralin-Serumspiegel waren bei Patienten über 55 Jahren im Mittel um 81 % erhöht.
Anhand der dosiskorrigierten Sertralin-Serumspiegel und der Ratio D-Sertralin/ Sertralin konnten keine signifikant unterschiedlichen Altersgruppen gebildet werden.

Auswirkungen einzelner Wirkstoffe auf den Metabolismus von Sertralin

Häufigste Comedikationen waren Acetylsalicylsäure (6,9 %), Hydrochlorothiazid (5,0 %), L-Thyroxin (6,3 %), Lorazepam (20,0 %), Lithium (4,4 %), Melperon (5,0 %), Mirtazapin (17,6 %), Olanzapin (10,0 %), Pantoprazol (6,9 %), Pipamperon (6,9 %), Risperidon (10,7 %) und Valproat (4,4 %). Die mittleren Serumspiegel sind für jedes Medikament in Tabelle 78 aufgelistet.

3.3.5 Katalyse durch CYP 2B6, 2C19, 3A4, 2D6 und 2C9: Sertralin

		n	dosiskorrigierte Sertralin-Serumspiegel ng/ml/mg	dosiskorrigierte D-Sertralin-Serumspiegel ng/ml/mg	Mittlere Ratio D-Sertralin/ Sertralin
	Keine Comedikation	26	0,45	1,03	2,21
Acetylsalicylsäure	Comedikation Acetylsalicylsäure	11	0,34	0,76	2,45
	Andere Comedikation als Acetylsalicylsäure	119	0,218	0,91	2,35
	Signifikanz		0,618	0,396	0,618
Hydrochlorothiazid	Comedikation Hydrochlorothiazid	8	0,45	0,99	2,26
	Andere Comedikation als Hydrochlorothiazid	122	0,42	0,80	2,37
	Signifikanz		0,565	0,801	0,361
Lithium	Comedikation Lithium	7	0,43	0,80	2,21
	Andere Comedikation als Lithium	123	0,42	0,90	2,37
	Signifikanz		0,328	0,901	0.660
Lorazepam	Comedikation Lorazepam	32	0,45	0,83	2,1716
	Andere Comedikation als Lorazepam	98	0,41	0,91	2,4214
	Signifikanz		0,922	0,965	0,754
L- Thyroxin	Comedikation L- Thyroxin	10	0,33	0,83	2,1465
	Andere Comedikation als L- Thyroxin	120	0,43	0,91	2,3777
	Signifikanz		0,287	0,965	0,805
Melperon	Comedikation Melperon	8	0,51	0,94	1,8914
	Andere Comedikation als	122	0,42	0,89	2,3907
	Signifikanz		0,320	0,504	0,903
Mirtazapin	Comedikation Mirtazapin	28	0,39	0,84	2,4322
	Andere Comedikation als Mirtazapin	102	0,43		2,3401
	Signifikanz		0,239	0,91	0,206
Olanzapin	Comedikation Olanzapin	16	2,5281	1,14	2,5281
	Andere Comedikation als Olanzapin	114	2,3363	0,86	2,3363
	Signifikanz		0,501	0,942	0,501

3.3.5 Katalyse durch CYP 2B6, 2C19, 3A4, 2D6 und 2C9: Sertralin

Pantoprazol	Comedikation Pantoprazol	11	2,8007	0,99	2,8007
	Andere Comedikation als Pantoprazol	119	2,3192	0,88	2,3192
	Signifikanz		0,184	0,925	0,184
Pipamperon	Comedikation Pipamperon	11	2,2765	1,03	2,2765
	Andere Comedikation als Pipamperon	119	2,3676	0,88	2,3676
	Signifikanz		0,352	0,693	0,352
Risperidon	Comedikation Risperidon	17	2,2245	0,94	2,2245
	Andere Comedikation als Risperidon	113	2,3803	0,89	2,3803
	Signifikanz		0,559	0,377	0,559
Valproat	Comedikation Valproat	7	2,4947	0,90	2,4947
	Andere Comedikation als Valproat	123	2,3523	0,89	2,3523
	Signifikanz		0,218	0,438	0,218

Tabelle 78: mittlere Sertralin-, D-Sertralin-Serumspiegel und D-Sertralin/ Sertralin-Ratio unter der Einnahme verschiedener Begleitmedikamente

Unter keinem der untersuchten Wirkstoffe traten signifikant veränderte Sertralin- oder D-Sertralin-Serumspiegel oder Veränderungen der D-Sertralin/ Sertralin-Ratio auf.

3.3.5 Katalyse durch CYP 2B6, 2C19, 3A4, 2D6 und 2C9: Sertralin

3.3.5.1.4 Auswirkungen des BMI und auffälliger Nieren- und Leberparameter auf den Metabolismus von Sertralin

Die Serumspiegel von Sertralin und seines Metaboliten sowie der metabolischen Ratio wurden bei Patienten mit unterschiedlichem BMI miteinander verglichen, um den Einfluss eines erhöhten Körperfettgehaltes, der auch im Alter auftritt, auf den Metabolismus von Sertralin zu untersuchen.

BMI		dosiskorrigierte Sertralin-Serumspiegel ng/ml/mg	dosiskorrigierte D-Sertralin-Serumspiegel ng/ml/mg	Ratio D-Sertralin/ Sertralin
BMI < 20 (untergewichtig)	Mittelwert	0,55	1,10	2,08
	N	4	4	4
	Standardabweichung	0,10000	0,21602	0,43161
BMI 20-25 (normalgewichtig)	Mittelwert	0,41	0,63	1,85
	N	10	10	10
	Standardabweichung	0,17920	0,31640	1,26366
BMI 25-30 (übergewichtig)	Mittelwert	0,58	0,65	1,82
	N	4	4	4
	Standardabweichung	0,55603	0,28868	0,96449
BMI > 30 (stark übergewichtig)	Mittelwert	0,38	0,74	2,01
	N	5	5	5
	Standardabweichung	0,16432	0,16733	0,34664
Insgesamt	Mittelwert	0,46	0,74	1,92
	N	23	23	23
	Standardabweichung	0,26081	0,30710	0,91529

Tabelle 79: Vergleich der mittleren Sertralin- und D-Dertralin-Serumspiegel sowie der metabolischen Ratio bei Patienten mit unterschiedlichem BMI

Die Signifikanzwerte für die Unterschiede zwischen den Gruppen sind in Tabelle 79 aufgelistet.

	BMI < 20	BMI 20-25	BMI 25-30	BMI > 30
BMI < 20	-	0,106 **0,024** 0,188	0,343 0,057 1,000	0,111 0,032 0,905
BMI 20-25	0,106 **0,024** 0,188	-	0,945 0,635 0,733	0,768 0,310 0,165
BMI 25-30	0,343 0,057 1,000	0,945 0,635 0,733	-	0,905 0,730 0,905
BMI > 30	0,111 0,032 0,905	0,768 0,310 0,165	0,905 0,730 0,905	-

Tabelle 80: Kreuztabelle Signifikanzen der Unterschiede der Sertralin-, D-Sertralin-Serumspiegel und der D-Sertralin/ Sertralin Ratio in den unterschiedlichen BMI-Gruppen

3.3.5 Katalyse durch CYP 2B6, 2C19, 3A4, 2D6 und 2C9: Sertralin

Die dosiskorrigierten D-Sertralin-Serumspiegel waren bei Patienten, deren BMI unter 20 lag, im Mittel 57 % höher als bei Patienten mit höherem BMI ($p < 0,05$).

Die Angaben zu Körpergröße und –gewicht stammten von externen TDM-Anforderungsscheinen. Der Anteil an internen Patienten, bei denen Zugriff auf die Laborparameter bestand, war gering. Ein Vergleich der Serumspiegel bei Patienten mit Nieren- oder Leberfunktionsstörungen konnte daher nicht angestellt werden.

3.3.6 Metabolisierung durch CYP 1A2, CYP 2C19, CYP 3A4: Clozapin

Anhand der Clozapin-Serumspiegel wurde vorrangig die Aktivität von CYP 1A2 analysiert.

Demographische Angaben zu Patienten, die Clozapin einnahmen

	Alle Patienten	Patienten ohne Comedikation
n	77	17 (22,1 %)
weiblich	49	9
männlich	28	8
Alter	18- 83	22- 82

Tabelle 81: Deskriptive Statistik zu Patienten, die Clozapin einnahmen

Die Diagnose wurde für 38 Patienten angegeben, davon litten 76,3 % an Schizophrenie.

Altersverteilung

Alter	n	%	Anteil Patienten ohne Comedikation	Mittelwert Anzahl Comedikation	Standard-abweichung	Median	min	max
20-29	15	19,5	4 (26,7%)	1,67	1,633	1,00	0	5
30-39	13	16,9	2 (15,4%)	1,92	1,188	2,00	0	4
40-49	19	24,7	4 (21,1%)	2,21	1,873	2,00	0	7
50-59	8	10,4	1 (12,5%)	2,50	1,512	2,00	0	5
60-69	17	22,1	4 (23,5%)	2,65	2,120	2,00	0	6
70-79	3	3,9	1 (33,3%)	3,67	3,215	5,00	0	6
> 80	2	2,6	1 (50,0%)	2,00	2,828	2,00	0	4
gesamt	77	100,0	17 (22,1%)	2,23	1,813	2,00	0	7

Tabelle 82: durchschnittliche Anzahl an Comedikation in den einzelnen Altersgruppen

Es gab kaum Patienten über 70 Jahre, die Clozapin einnahmen.

Die größten Gruppen waren 40 bis 49 und 60 bis 69jährige Patienten. Insgesamt lag der Anteil an Patienten ohne Comedikation bei 22,1 %, besonders selten war Comedikation in den Altersgruppen 20 bis 29, 40 bis 49 und 60 bis 69 Jahre.
Es bestand keine signifikante Abhängigkeit des Anteils an Patienten ohne Comedikation von der Altersgruppe (Fisher Test 0,896).

Es wurden bis zu sieben Begleitmedikationen eingenommen, der Durchschnitt lag bei 2,23. Zwischen dem Alter und der Anzahl eingenommenen Medikamente bestand kein signifikanter Zusammenhang (Fisher Test: 0,636).

3.3.6 Katalyse durch CYP 1A2, 2C19, 2D6 und 3A4: Clozapin

Höhe der Tagesdosis

Der empfohlene Dosisbereich liegt bei 100- 400 mg/d, die maximale Dosis bei 900 mg/d.

(A)   (B)

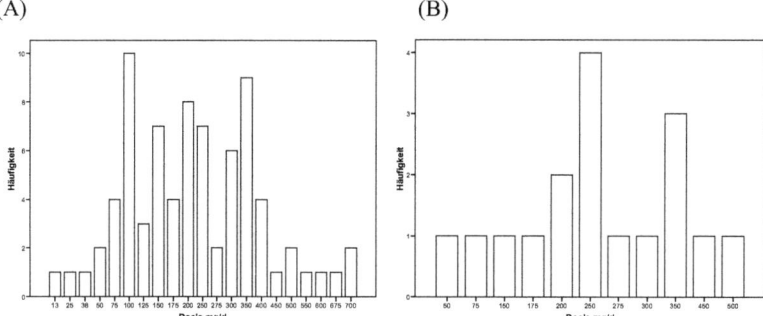

Abb. 66: Häufigkeitsverteilung der Tagesdosis bei (A) Clozapin-Patienten (n= 77) und bei (B) Clozapin-Patienten ohne Comedikation (n= 17)

Insgesamt wurden Dosierungen zwischen 13 mg/d und 700 mg/d angewendet, die häufigste Tagesdosis waren 100 mg und 350 mg, der Mittelwert betrug 243 mg/d.
Die Höhe der durchschnittlichen Tagesdosis nahm mit jeder Dekade ab. Tagesdosen höher als 500 mg kamen nur bei Patienten bis 39 Jahre vor.
Dem allgemeinen Trend stand die Altersgruppe 60 bis 69 Jahre entgegen, in der die mittlere Dosis wieder anstieg. Die Maximaldosis in dieser Altersgruppe betrug aber nur 300 mg/d (Tabelle im Anhang).
Der Zusammenhang zwischen Dosis und Altersgruppe war dennoch nicht signifikant. (Fisher-Test: 0,078).

Bei Patienten ohne Comedikation lag die mittlere Tagesdosis bei 260 mg (Spannweite 50 mg-500 mg), ohne dass sich ein Zusammenhang zwischen Alter und Tagesdosis beobachten ließ.
(Fisher-Test: 0,059). Aufgrund der geringen Fallzahlen war die statistische Aussagekraft allerdings sehr gering.

Die Tagesdosis unterschied sich bei Patienten mit Monotherapie nicht signifikant von der Tagesdosis bei Patienten mit Polytherapie (U-Test: 0,273).

3.3.6 Katalyse durch CYP 1A2, 2C19, 2D6 und 3A4: Clozapin

3.3.6.1 Schweregrad der Erkrankung, Therapieerfolg und Verträglichkeit in den unterschiedlichen Altersgruppen

Schweregrad der Erkrankung und Therapieerfolg

Die Angaben von Schweregrad und Therapieerfolg stammten von 49 Patienten (63,6 %).
Die Mittelwerte sind für alle Altersgruppen in Tabelle 82 aufgelistet.

Mittlere Schweregrad der Erkrankung und Therapieerfolg bei Clozapin-Patienten verschiedener Altersgruppen

Alter	20-29	30-39	40-49	50-59	60-69	70-79	> 80	gesamt
Mittelwert Schweregrad der Erkrankung	5,3	5,5	5,2	5,3	6,5	6,0	7,0	5,6
n	11	10	13	6	11	1	1	53
Mittelwert Therapierfolg	1,8	1,4	1,5	1,6	2,1		2,0	1,7
n	9	12	15	5	7		1	49

Tabelle 83: mittlere Schweregrad der Erkrankung und Therapieerfolg bei Clozapin-Patienten verschiedener Altersgruppen

In den Altersgruppen unter 20 Jahre, 30 bis 39, 40 bis 49 und 50 bis 59 Jahre war die häufigste Angabe „deutlich krank". Bei den 60 bis 69-Jährigen wurde jeweils die Hälfte als „deutlich krank" bzw. „schwer krank" beurteilt. Bei den 20 bis 29- und 70 bis 79-Jährigen war „schwer krank" die häufigste Angabe (Tabelle im Anhang).
Es gab keine signifikante Abhängigkeit der Schwere der Erkrankung vom Alter (Fisher-Test: 0,204).

In den jüngeren Altersgruppen konnte jeweils mindestens die Hälfte der Patienten einen „sehr guten" Therapieerfolg erreichen, bei Patienten über 40 Jahre war der Therapieerfolg überwiegend „mäßig". Der Zusammenhang zwischen Therapieerfolg und Alter war signifikant (Fisher-Test: 0,020).
Einen „sehr guten Therapieerfolg erreichten 46,9 % aller Patienten (Tabelle im Anhang).

3.3.6 Katalyse durch CYP 1A2, 2C19, 2D6 und 3A4: Clozapin

Verträglichkeit

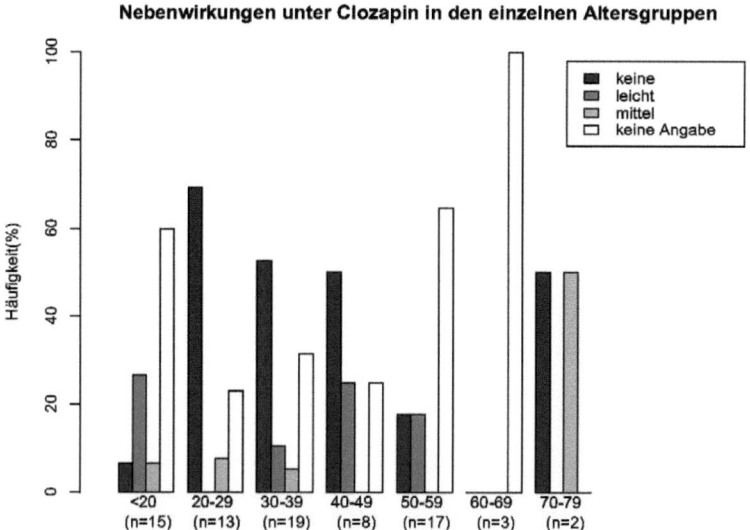

Abb. 20: Nebenwirkungen in den unterschiedlichen Altersgruppen (n= 77)

Angaben zu Nebenwirkungen wurden bei 43 Patienten gemacht (55,8 %).
Bei den unter 20-Jährigen traten hauptsächlich leichte Nebenwirkungen auf, in allen anderen Altersgruppen hatten die Mehrheit der Patienten keine Nebenwirkungen. In diesen Altersgruppen sank der Anteil der Patienten ohne Nebenwirkungen mit steigendem Alter (Fisher-Test: 0,000, Tabelle im Anhang).
Einzelne Nebenwirkungen wurden ebenfalls für 43 Patienten aufgelistet (Tabelle im Anhang), allerdings waren diese nicht übereinstimmend mit den Patienten, bei denen die Stärke der Nebenwirkungen beurteilt worden war. Ein Teil der Patienten klagte über mehrere Nebenwirkungen.
Die häufigsten Nebenwirkungen waren Speichelfluss (9,6 %) und Spannung/ innere Unruhe (9,1 %).

3.3.6 Katalyse durch CYP 1A2, 2C19, 2D6 und 3A4: Clozapin

Die unter 3.3.6.3 gebildeten Altersgruppen wurden ebenfalls bezüglich Häufigkeit und Stärke von Nebenwirkungen miteinander verglichen.

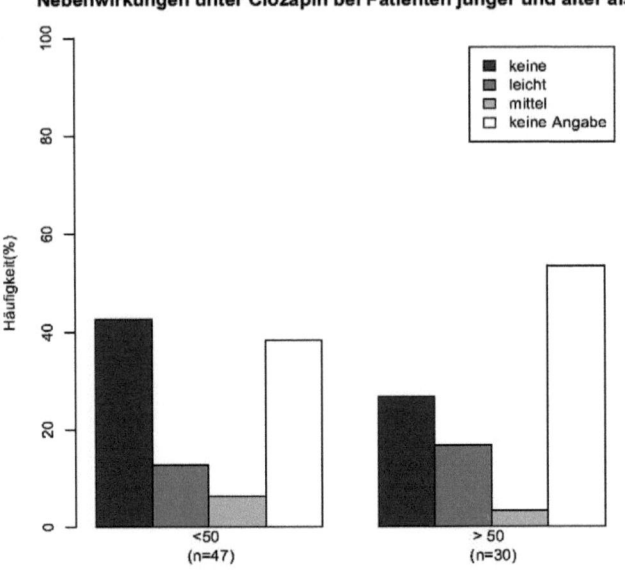

Abb. 67: Nebenwirkungen bei Patienten jünger und älter als 50 Jahre (n= 77)

Der Anteil der Patienten, bei denen keine Nebenwirkungen auftraten, war bei den älteren Patienten geringer als bei den jüngeren. Leichte Nebenwirkungen waren bei Patienten über 50 Jahre häufiger.

3.3.6.2 Abhängigkeit des Clozapin- Metabolismus vom Alter

Die Biotransformation von Clozapin zu D-Clozapin wird in vitro zu 30 % durch CYP 1A2, zu 24 % durch CYP 2C19, zu 22 % durch CYP 3A4, zu 12 % durch CYP 2C9 und zu 6 % durch CYP 2D6 gewährleistet (Linnet und Olesen, 2001). In vivo scheint die Beteiligung von CYP 2D6 und CYP 2C9 gering zu sein, während bei Personen mit eingeschränkter CYP 1A2-Aktivität oder unter hohen Clozapin-Dosen die Aktivität des CYP 3A4 zunimmt (Jaquenoud Sirot et al., 2009). Auch die Aktivität des P-gp kann zu veränderten Clozapin-Spiegel beitragen (Jaquenoud Sirot et al., 2009).

3.3.6 Katalyse durch CYP 1A2, 2C19, 2D6 und 3A4: Clozapin

Clozapin-Serumspiegel
(A) (B)

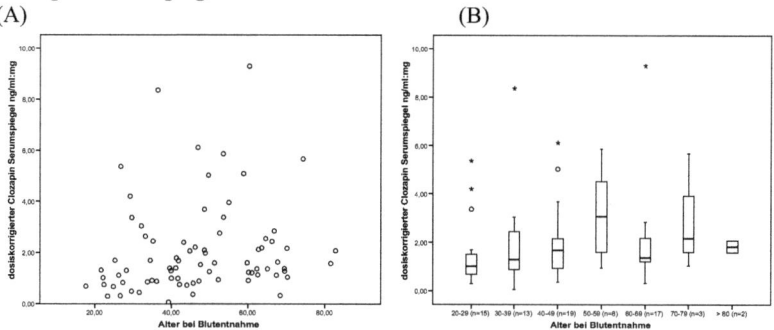

Abb. 68: Abhängigkeit des dosiskorrigierten Clozapin-Serumspiegels vom Alter (A) Streudiagramm (B) Boxplot (n= 77)

Die dosiskorrigierten Clozapin-Serumspiegel lagen zwischen 0,6 ng/ml/mg und 9,24 ng/ml/mg, nur zwei Fälle lagen über 8 ng/ml/mg. Diese Patienten (männlich, 60 Jahre; weiblich, 37 Jahre) erhielten eine Tagesdosis von 75 mg Clozapin und Fluvoxamin als Comedikation. Im Boxplot sind Patienten ohne Comedikation aufgrund ihrer geringen Fallzahl nicht eigens aufgeführt.

Die dosiskorrigierten Clozapin-Serumspiegel zeigten keine Altersabhängigkeit (Fisher-Test 1,000).

D-Clozapin-Serumspiegel

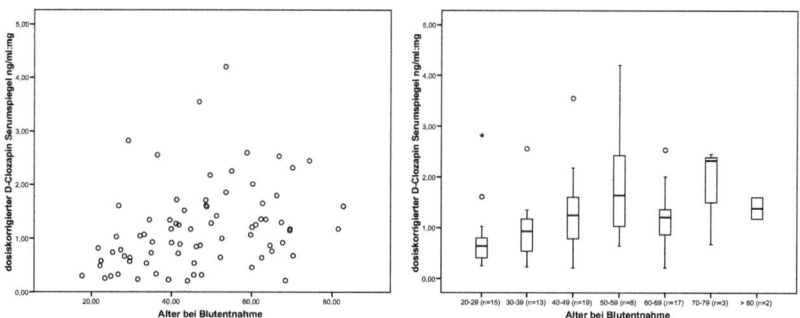

Abb. 69: Abhängigkeit des dosiskorrigierten D-Clozapin-Serumspiegels vom Alter (A) Streudiagramm (B) Boxplot (n= 77)

Die dosiskorrigierten D-Clozapin-Serumspiegel lagen im Bereich 0,21 ng/ml/mg bis 4,20 ng/ml/mg, nur zwei Werte lagen über 3 ng/ml/mg. Die betreffenden Patienten waren männlich, 54 Jahre und weiblich 47 Jahre, erhielten beide eine Tagesdosis von 100 mg/d und eine Comedikation mit Fluvoxamin.
Es bestand keine Altersabhängigkeit (Fisher-Test: 0,444).

3.3.6 Katalyse durch CYP 1A2, 2C19, 2D6 und 3A4: Clozapin

Ratio D-Clozapin/ Clozapin

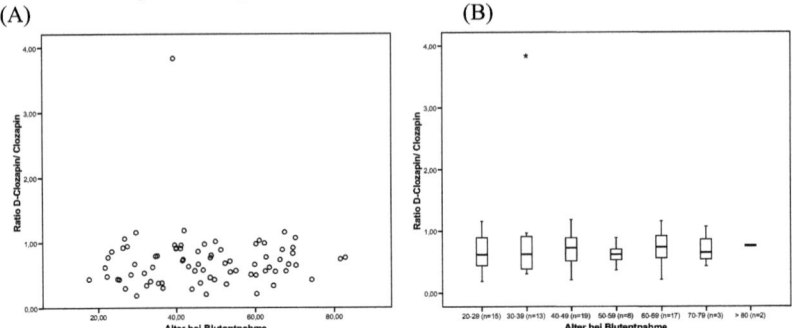

Abb. 70: Abhängigkeit der D-Clozapin/ Clozapin-Ratio vom Alter (A) Streudiagramm (B) Boxplot (n= 77)

Die Ratio D-Clozapin/ Clozapin zeigte Werte zwischen 0,19 ng/ml/mg und 1,5 ng/ml/mg , in einem Fall wurde ein abweichender Wert von 3,83 ng/ml/mg gemessen (Männlich, 39 200 mg/d, Quetiapin, Ranitidin)
Die Ratio zeigte ebenfalls keine Altersabhängigkeit (Fisher-Test 1,000).

3.3.6 Katalyse durch CYP 1A2, 2C19, 2D6 und 3A4: Clozapin

Bildung von Altersgruppen durch Clusterzentrenanalyse

Alter		dosiskorrigierter Clozapin-Serumspiegel ng/ml/mg	dosiskorrigierter D-Clozapin-Serumspiegel ng/ml/mg	Ratio D-Clozapin/ Clozapin	Alter bei Blutentnahme
< 50	Mittelwert	1,84	1,02	0,73	36,5
	N	47	47	47	47
	Standardabweichung	1,66891	0,71241	0,53186	9,09094
	Median	1,30	0,87	0,67	36,5
	Minimum	0,06	0,21	0,19	17,7
	Maximum	8,36	3,55	3,83	50,0
> 50	Mittelwert	2,41	1,47	0,70	63,8
	N	30	30	30	30
	Standardabweichung	1,90332	0,81724	0,22830	7,86123
	Median	1,62	1,278	0,67	63,1
	Minimum	0,33	0,22	0,22	51,4
	Maximum	9,29	4,20	1,16	82,8
gesamt	Mittelwert	2,06	1,19	0,72	47,1
	N	77	77	77	77
	Standardabweichung	1,77389	0,78086	0,43738	15,93448
	Median	1,40	1,07	0,67	46,17
	Minimum	0,06	0,21	0,19	17,7
	Maximum	9,29	4,20	3,83	82,8
Signifikanz		**0,036**	**0,006**	0,653	

Tabelle 84: Vergleich der mittleren Clozapin-Serumspiegel in den gebildeten Altersgruppen

Es wurden zwei Altersgruppen gebildet: bei Patienten über 50 Jahre waren die Clozapin-Serumspiegel um 31,1 % und die D-Clozapin Serumspiegel um 43,6 % höher als bei jüngeren Patienten.
Der Unterschied der Ratio zwischen den Altersgruppen war nicht signifikant.

3.3.6 Katalyse durch CYP 1A2, 2C19, 2D6 und 3A4: Clozapin

3.3.6.3 Auswirkungen von Comedikation auf den Metabolismus von Clozapin

Vergleich der Serumspiegel bei Patienten mit und ohne Begleitmedikation

		dosiskorrigierte Clozapin-Serumspiegel ng/ml/mg	dosiskorrigierte D-Clozapin-Serumspiegel ng/ml/mg	Ratio D-Clozapin/ Clozapin
keine Comedikation	Mittelwert	1,20	0,96	0,81
	N	17	17	17
	Standardabweichung	0,51358	0,44654	0,15130
	Median	1,22	0,92	0,78
Comedikation	Mittelwert	2,30	1,26	0,69
	N	60	60	60
	Standardabweichung	1,92672	0,84332	0,48697
	Median	1,66	1,11	0,60
Insgesamt	Mittelwert	2,06	1,19	0,72
	N	77	77	77
	Standardabweichung	1,77389	0,78086	0,43738
	Median	1,40	1,07	0,67
Signifikanz (U-Test)		**0,025**	0,285	**0,013**

Tabelle 85: Vergleich der mittleren Clozapin-Serumspiegel bei Patienten mit Mono- und Polytherapie

Patienten mit Polytherapie hatten im Mittel um 91,0 % erhöhte Clozapin-Serumspiegel (U-Test: 0,025) und eine um 85,5 % niedrigere Ratio (U-Test 0,013). Die D-Clozapin-Serumspiegel unterschieden sich in den beiden Gruppen im Mittel nicht.

Bildung von Altersgruppen durch Clusterzentrenanalyse bei Patienten ohne Comedikation

Bei Patienten ohne Comedikation fanden sich keine Altersunterschiede bezüglich der dosiskorrigierten Clozapin-, D-Clozapin-Serumspiegel oder der metabolischen Ratio.

3.3.6 Katalyse durch CYP 1A2, 2C19, 2D6 und 3A4: Clozapin

Auswirkungen einzelner Wirkstoffe auf den Metabolismus von Clozapin

Die häufigsten Comedikationen waren Fluvoxamin (26,0 %), Lorazepam (19,5 %), Amisulprid (13,0 %) und Valproat (13,0 %).

Mittlere Clozapin-Serumspiegel unter der Einnahme verschiedener Begleitmedikamente

		n	Dosiskorrigierte Clozapin-Serumspiegel ng/ml/mg	Dosiskorrigierte D-Clozapin-Serumspiegel ng/ml/mg	Ratio D-Clozapin/ Clozapin
	Keine Comedikation	17	1,20	0,96	0,81
Fluvoxamin	Comedikation Fluvoxamin	20	3,97	1,77	0,49
	Andre Comedikation als Fluvoxamin	40	1,46	1,01	0,80
	Signifikanz (U-Test)		**0,000**	**0,015**	**0,000**
Lorazepam	Comedikation Lorazepam	15	1,95	1,25	0,68
	Andre Comedikation als Lorazepam	45	2,42	1,27	0,69
	Signifikanz (U-Test)		0,165	0,313	0,064
Amisulprid	Comedikation Amisulprid	10	2,86	1,37	0,63
	Andre Comedikation als Amisulprid	50	2,19	1,24	0,70
	Signifikanz (U-Test)		0,059	0,141	0,059
Valproat	Comedikation Valproat	10	1,47	0,55	0,40
	Andre Comedikation als Valproat	50	2,47	1,40	0,75
	Signifikanz (U-Test)		0,786	**0,020**	**0,000**

Tabelle 86: mittlere Clozapin-Serumspiegel unter der Einnahme verschiedener Begleitmedikamente

Unter der Einnahme von Fluvoxamin wurden signifikant erhöhte Clozapin- (+230,8 %) und D-Clozapin-Serumspiegel (+84,4 %) und eine signifikant niedrigere metabolische Ratio (-39,5 %) gemessen als bei Patienten ohne Comedikation.

Patienten, die auch Valproat einnahmen, hatten signifikant niedrigere D-Clozapin-Serumspiegel (-42,7 %) und eine signifikant niedrigere Ratio (- 50,6 %).

3.3.7 Metabolisierung durch CYP 1A2, 2D6 und 3A4: Mirtazapin

Anhand des Metabolismus von Mirtazapin sollte die Abhängigkeit der Aktivität der CYP-Enzyme 1A2, 2D6 und 3A4 vom Alter untersucht werden. Dafür standen Datensätze von 81 Patienten zur Verfügung.

Demographische Angaben zu Patienten, die Mirtazapin einnahmen

	Alle Patienten	Patienten ohne Comedikation
n	81	14 (17,3 %)
weiblich	45	7
männlich	36	7
Alter	19- 89	31- 87

Tabelle 87: Deskriptive Statistik zu Patienten, die Mirtazapin einnahmen

Die Diagnose war bei 75 Patienten angegeben. 81 % dieser Patienten litten an einer Depression.

Altersverteilung

Alter	n	%	Anteil Patienten ohne Comedikation	mittlere Anzahl Comedikation	Median	Minimum	Maximum
< 29	1	1,2					
30-39	9	11,1	3 (33,3%)	2,0	1,0	0,0	5,0
40-49	18	22,2	2 (11,1%)	2,4	2,5	0,0	5,0
50-59	19	23,5	1 (5,3%)	2,4	2,0	0,0	8,0
60-69	18	22,2	3 (16,7%)	3,7	3,0	0,0	11,0
70-79	22	13,6	4 (36,4%)	2,4	3,0	0,0	11,0
>80	5	6,2	1 (20,0%)	3,0	4,0	0,0	5,0
Gesamt	81	100,0	14 (17,3%)	2,4	3,0	0,0	11,0

Tabelle 88: durchschnittliche Anzahl an Comedikationen in den einzelnen Altersgruppen

Mirtazapin wurde besonders häufig von Patienten zwischen 40 und 69 Jahre eingenommen. Auffallend klein war die Gruppe der unter 30-Jährigen.
In den Altersgruppen 30 bis 39 und 70 bis 79 Jahre war der Anteil der Patienten ohne Comedikation besonders hoch. Eine Altersabhängigkeit bestand nicht (Fisher-Test: 0,235).
Die durchschnittliche Anzahl der Comedikationen stieg mit dem Alter, allerdings bestand kein signifikanter Zusammenhang (Fisher 0,222).

3.3.7 Katalyse durch CYP 1A2, 2D6 und 3A4: Mirtazapin

Höhe der Tagesdosis

Als Tagesdosis werden 15-45 mg Mirtazapin empfohlen (Fachinformation Remergil 2008).

(A) (B)

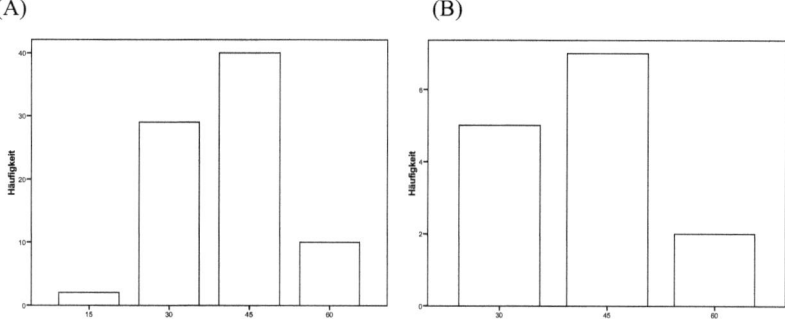

Abb. 71: Häufigkeitsverteilung der Tagesdosis bei (A) Mirtazapin-Patienten (n= 81) und bei (B) Mirtazapin-Patienten ohne Comedikation (n= 14)

Die Tagesdosen lagen zwischen 25 und 60 mg, bei Patienten ohne Comedikation zwischen 30 und 60 mg.
Es bestand kein Zusammenhang zwischen Tagesdosis und Alter (Fisher-Test: 0,185 und 0,357 bei Patienten ohne Comedikation)

Die mittlere Tagesdosis lag bei 40,52 mg bei Patienten mit und bei 41,79 mg bei Patienten ohne Comedikation. Damit gab es keinen signifikanten Unterschied (U-Test: 0,737).

3.3.7.1 Schweregrad der Erkrankung, Therapieeffekt und Verträglichkeit in den verschiedenen Altersgruppen

Schweregrad der Erkrankung und Therapieerfolg

Alter	< 20	20-29	30-39	40-49	50-59	60-69	70-79	> 80	gesamt
Mittelwert Schweregrad der Erkrankung	6,0		5,8	5,8	5,9	5,9	6,3	6,0	5,9
n	1		6	14	17	15	6	1	60
Mittelwert Therapieerfolg	2,0		2,4	2,0	2,7	2,4	2,2	2,0	2,4
n	1		7	14	17	14	6	1	60

Tabelle 89: Schweregrad der Erkrankung und Therapieerfolg bei Mirtazapin-Patienten in den einzelnen Altersgruppen

In allen Altersgruppen war der Schweregrad der Erkrankung bei den meisten Patienten mit „deutlich krank" beurteilt (Tabelle im Anhang). Eine Abhängigkeit vom Alter bestand nicht (Fisher-Test: 0,921).

3.3.7 Katalyse durch CYP 1A2, 2D6 und 3A4: Mirtazapin

Die meisten Patienten erreichten unabhängig vom Alter (Fisher-Test: 0,600) einen „mäßigen" Therapieerfolg. Bei 11,7 % der Patienten war der Therapieerfolg mit „sehr gut" angegeben (Tabelle im Anhang).

Es bestand keine signifikante Abhängigkeit vom Alter (Fisher-Test: 0,600)

Verträglichkeit

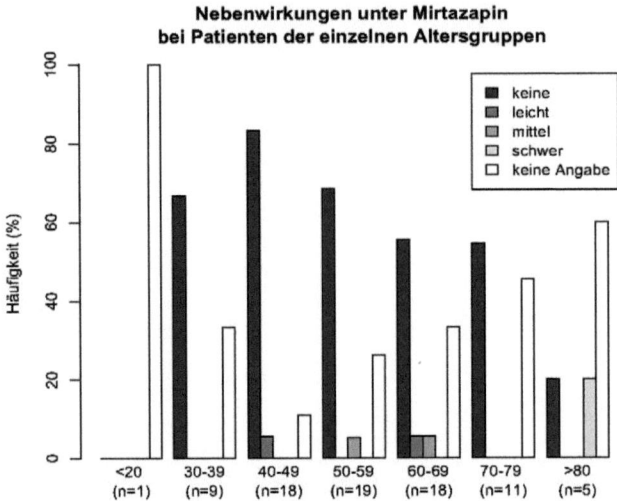

Abb. 72: Nebenwirkungen in den verschiedenen Altersgruppen (n= 56)

Diese Untersuchung bezog sich auf die Angaben von 56 Patienten (65,1 %).
91,9 % der Patienten hatten keine Nebenwirkungen. Bis zur Altersgruppe 60 bis 69 Jahre nahm die Häufigkeit und Schwere der Nebenwirkungen mit dem Alter zu (Fisher-Test: 0,006).
Die häufigsten benannten Nebenwirkungen waren Schläfrigkeit/ Sedierung (n= 11), Spannung/ innere Unruhe (n= 8).

3.3.7 Katalyse durch CYP 1A2, 2D6 und 3A4: Mirtazapin

Die in Kapitel 3.3.7.3 definierten Altersgruppen wurden bezüglich der Häufigkeit der berichteten Nebenwirkungen miteinander verglichen.

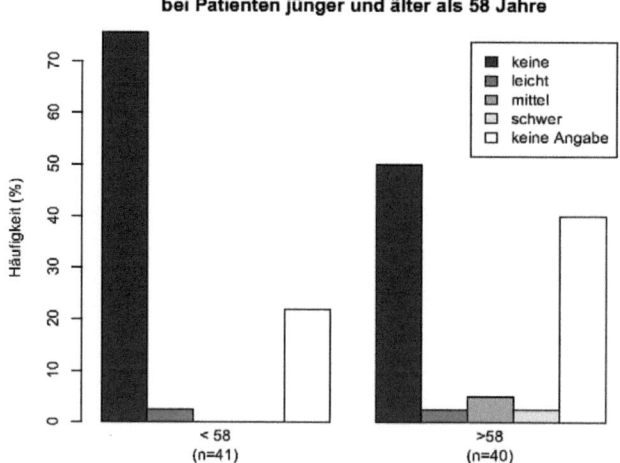

Abb. 73: Nebenwirkungen unter Mirtazapin bei Patienten jünger und älter als 58 Jahre (n= 81)

Bei den älteren Patienten waren Nebenwirkungen häufiger und im Mittel schwerer als bei jüngeren Patienten.

Nach Shams et al., 2004 wurde untersucht, ob Nebenwirkungen bei einer metabolischen Ratio im Bereich 0,4-1,2, respektive höher als 1,2 seltener waren als bei einer Ratio unter 0,4.

	Ratio D-Mir/ Mir < 0,4	Ratio D-Mir/ Mir 0,4- 1,2	Ratio D-Mir/ Mir > 1,2
n	8	61	12
Mittelwert Nebenwirkung CGI Punkte pro Patient	1,3	1,2	1,0
p		0,36	0,39

Tabelle 90: Vorkommen von Nebenwirkungen bei unterschiedlich hoher D-Mirtazapin/ Mirtazapin-Ratio nach Shams et al., 2004

In den eigenen Daten konnte kein Zusammenhang zwischen dem Auftreten von Nebenwirkungen und der Höhe der metabolischen Ratio gefunden werden.

3.3.7.2 Abhängigkeit des Mirtazapin-Metabolismus vom Alter

Mirtazapin wird unter Beteiligung von CYP 1A2 und CYP 2D6 zu 8-Hydroxy-Mirtazapin, und unter Beteiligung von CYP 3A4 zu Desmethyl-Mirtazapin und N-Oxid-Mirtazapin metabolisiert.
Die Ratio D-Mirtazapin/ Mirtazapin zeigt also direkt die CYP 3A4-Aktivität an.

Mirtazapin-Serumspiegel

Auf die Gegenüberstellung der Patienten mit und ohne Comedikation im Boxplot wurde verzichtet, da die Gruppenzahlen der Patienten ohne Comedikation sehr klein waren.
(A)   (B)

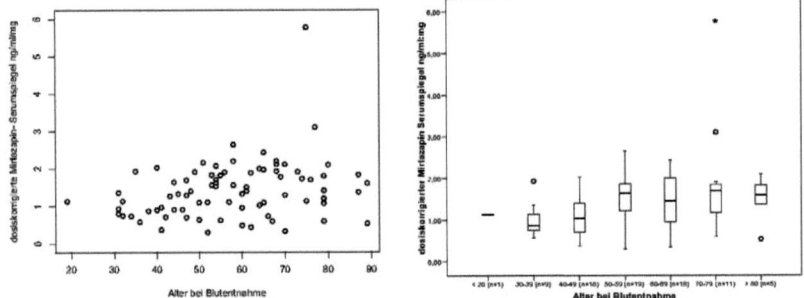

Abb. 74: Abhängigkeit der dosiskorrigierten Mirtazapin-Serumspiegel vom Alter (A) Streudiagramm und (B) Boxplot (n= 81)

Die Mirtazapin-Serumspiegel lag im Mittel bei 1,42 ng/ml/mg (Bereich: 0,30 ng/ml/mg bis 5,77 ng/ml/mg), zumeist unter 3,0 ng/ml/mg.
Unter den Werten waren zwei Ausreißer, beide stammten von Patientinnen, 75 und 77 Jahre alt, die beide 30 mg/d Mirtazapin erhielten. Eine der beiden Patientinnen nahm außer Mirtazapin Quetiapin, Zopiclon, L-Thyroxin, Metoprolol, Torasemid, Pantoprazol und Acetylsalicylsäure, die andere keine Comedikation.
Der Anstieg der mittleren Mirtazapin-Serumspiegel mit dem Alter war nicht signifikant (Fisher Test: 0,160).

3.3.7 Katalyse durch CYP 1A2, 2D6 und 3A4: Mirtazapin

D-Mirtazapin-Serumspiegel
(A)   (B)

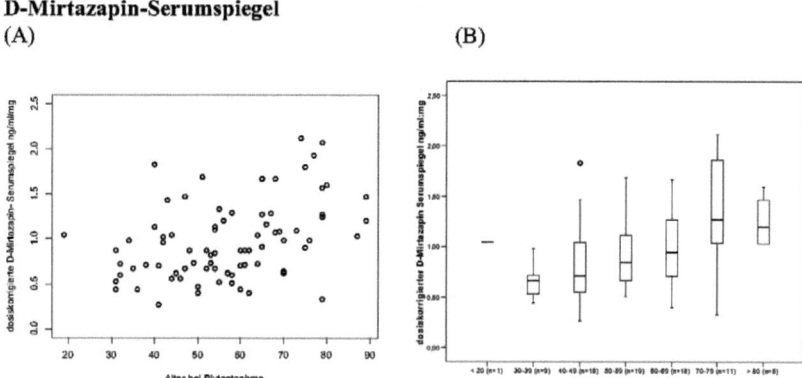

Abb. 75: Abhängigkeit der dosiskorrigierten D-Mirtazapin-Serumspiegel vom Alter (A) Streudiagramm und (B) Boxplot (n= 81)

Die D-Mirtazapin-Serumspiegel betrugen im Mittel 0,98 ng/ml/mg (zwischen 0,27 ng/ml/mg und 2,12 ng/ml/mg). Es gab keine Abhängigkeit vom Alter (Fisher Test: 0,444), allerdings stieg die Streuung in den oberen Altersgruppen.

Ratio D-Mirtazapin/ Mirtazapin
(A)   (B)

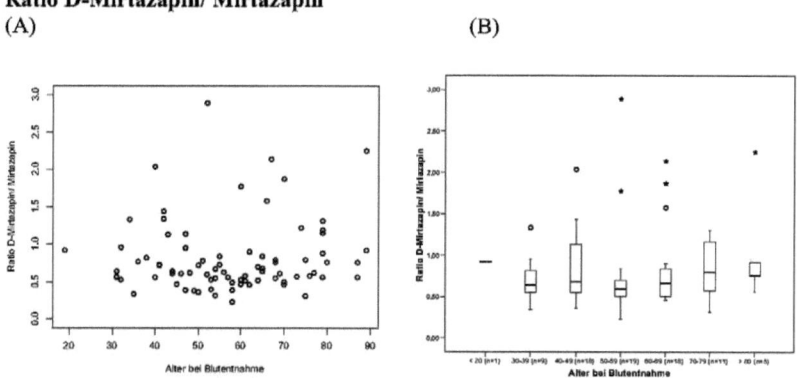

Abb. 76: Abhängigkeit der D-Mirtazapin/ Mirtazapin Ratio vom Alter (A) Streudiagramm und (B) Boxplot (n= 81)

Die metabolische Ratio lag im Mittel bei 0,81 (Bereich 0,23- 2,89), zumeist unter 2,5. Der abweichende Wert stammte von einem 52jährigen Patienten, der eine Tagesdosis von 30 mg sowie als Comedikation Carbamazepin erhielt.
Die Ratio war nicht vom Alter abhängig (Fisher-Test: 0,099).

3.3.7 Katalyse durch CYP 1A2, 2D6 und 3A4: Mirtazapin

Bildung von Altersgruppen durch Clusterzentrenanalyse

Alter		dosiskorrigierter Mirtazapin Serumspiegel ng/ml/mg	dosiskorrigierter D-Mirtazapin Serumspiegel ng/ml/mg	Ratio	Alter bei Blutentnahme
< 58	Mittelwert	1,22	0,84	0,79	44,54
	N	41	41	41	41
	Standardabweichung	0,50612	0,35099	0,47750	8,922
	Median	1,13	0,73	0,64	46,14
	Minimum	0,30	0,27	0,32	19
	Maximum	2,16	1,83	2,89	57
> 58	Mittelwert	1,62	1,12	0,83	70,41
	N	40	40	40	40
	Standardabweichung	0,92901	0,45700	0,48614	9,029
	Median	1,58	1,06	0,66	68,51
	Minimum	0,33	0,33	0,23	58
	Maximum	5,77	2,12	2,25	89
Gesamt	Mittelwert	1,42	0,98	0,81	57,32
	N	81	81	81	81
	Standardabweichung	0,76785	0,42692	0,47924	15,779
	Median	1,36	0,90	0,64	56,74
	Minimum	0,30	0,27	0,23	19
	Maximum	5,77	2,12	2,89	89
Signifikanz (U-Test)		0,023	0,005	0,0891	

Abb. 77: Vergleich der mittleren Mirtazapin- und D-Mirtazapin-Serumspiegel sowie der metabolischen Ratio in den gebildeten Altersgruppen

Bei Patienten über 58 Jahren waren die mittleren Mirtazapin-Serumspiegel um 32,9 % und die mittleren D-Mirtazapin-Serumspiegel um 32,3 % erhöht.

3.3.7 Katalyse durch CYP 1A2, 2D6 und 3A4: Mirtazapin

3.3.7.3 Auswirkung von Comedikation auf den Metabolismus von Mirtazapin

Vergleich der mittleren Serumspiegel bei Patienten mit und ohne Begleitmedikation

Comedikation		dosiskorrigierter Mirtazapin Serumspiegel ng/ml/mg	dosiskorrigierter D-Mirtazapin Serumspiegel ng/ml/mg	Ratio
keine Comedikation	Mittelwert	1,39	0,94	0,78
	N	14	14	14
	Standardabweichung	0,71891	0,39672	0,44437
	Median	1,21	0,93	0,62
	Minimum	0,58	0,44	0,39
	Maximum	3,10	1,93	2,14
Comedikation	Mittelwert	1,42	0,99	0,82
	N	67	67	67
	Standardabweichung	0,78271	0,43534	0,48912
	Median	1,37	0,87	0,67
	Minimum	0,30	0,27	0,23
	Maximum	5,77	2,12	2,89
Insgesamt	Mittelwert	1,42	0,98	0,81
	N	81	81	81
	Standardabweichung	0,76785	0,42692	0,47924
	Median	1,36	0,90	0,64
	Minimum	0,30	0,27	0,23
	Maximum	5,77	2,12	2,89
Signifikanz (U-Test)		0,769	0,793	0,866

Tabelle 91: Vergleich der mittleren Mirtazapin- und D-Mirtazapin-Serumspiegel sowie der metabolischen Ratio bei Patienten mit Mono- und Polytherapie

Patienten mit Comedikation zeigten im Mittel vergleichbare Werte für die dosiskorrigierten Mirtazapin und D-Mirtazapin-Serumspiegel, sowie für die D-Mirtazapin/ Mirtazapin-Ratio.

3.3.7 Katalyse durch CYP 1A2, 2D6 und 3A4: Mirtazapin

Bildung von Altersgruppen durch Clusterzentrenanalyse bei Patienten ohne Comedikation

Alter		mittlere dosiskorrigierte Mirtazapin Serumspiegel ng/ml/mg	mittlere dosiskorrigierte D-Mirtazapin Serumspiegel ng/ml/mg	mittlere Ratio D-Mirtazapin / Mirtazapin	Alter bei Blutentnahme
< 58	Mittelwert	0,93	0,59	0,70	39,9
	N	5	5	5	5
	Standardabweichung	0,43981	0,13109	0,22195	7,076
	Median	0,80	0,67	0,77	37,84
	Minimum	0,58	0,44	0,39	31
	Maximum	1,69	0,71	0,95	47
> 58	Mittelwert	1,65	1,13	0,83	74,1
	N	9	9	9	9
	Standardabweichung	0,73099	0,35574	0,53811	6,224
	Median	1,78	1,08	0,61	72,87
	Minimum	0,60	0,64	0,46	67
	Maximum	3,10	1,93	2,14	87
gesamt	Mittelwert	1,39	0,94	0,78	61,9
	N	14	14	14	14
	Standardabweichung	0,71891	0,39672	0,44437	18,123
	Median	1,21	0,94	0,61	69,41
	Minimum	0,58	0,44	0,39	31
	Maximum	3,10	1,93	2,14	87
Signifikanz (U-Test)		0,042	0,007	1,00	

Tabelle 92: Vergleich der mittleren Mirtazapin- und D-Mirtazapin-Serumspiegel sowie der metabolischen Ratio in den gebildeten Altersgruppen bei Patienten ohne Comedikation

Patienten über 58 Jahre hatten im Mittel um 77,8 % erhöhte Mirtazapin- und um 93,4 % erhöhte D-Mirtazapin-Serumspiegel.

3.3.7 Katalyse durch CYP 1A2, 2D6 und 3A4: Mirtazapin

Auswirkungen einzelner Wirkstoffe auf den Metabolismus von Mirtazapin

Häufigste Comedikationen waren Lorazepam (34,6 %), Venlafaxin (18,5 %), Olanzapin (17,3 %), Zopiclon (17,3 %), Pantoprazol (12,3 %), Quetiapin (12,3 %) und Risperidon (9,9 %)

	n	mittlere dosiskorrigierte Mirtazapin-Serumspiegel ng/ml/mg	mittlere dosiskorrigierte D-Mirtazapin-Serumspiegel ng/ml/mg	mittlere Ratio D-Mirtazapin/ Mirtazapin
Keine Comedikation	14	1,39	0,94	0,78
Comedikation mit Lorazepam	28	1,40	1,01	0,84
andere Comedikation als Lorazepam	39	1,44	0,97	0,80
Signifikanz (U-Test)		0,722	0,452	0,626
Comedikation mit Venlafaxin	15	1,30	0,94	0,82
andere Comedikation als Venlafaxin	52	1,46	1,00	0,82
Signifikanz (U-Test)		0,983	0,780	0,747
Comedikation mit Olanzapin	14	1,68	1,14	0,72
andere Comedikation als Olanzapin	53	1,36	0,95	0,85
Signifikanz (U-Test)		0,114	0,194	0,874
Comedikation mit Zopiclon	14	1,68	1,04	0,73
andere Comedikation als Zopiclon	53	1,36	0,97	0,84
Signifikanz (U-Test)		0,635	0,635	0,874
Comedikation mit Pantoprazol	10	1,81	1,34	1,13
andere Comedikation als Pantoprazol	57	1,36	0,92	0,77
Signifikanz (U-Test)		0,752	**0,048**	0,508
Comedikation mit Quetiapin	10	1,63	1,16	1,00
andere Comedikation als Quetiapin	57	1,39	0,96	0,79
Signifikanz (U-Test)		0,977	0,625	0,371
Comedikation mit Risperidon	8	1,23	1,00	0,82
andere Comedikation als Risperidon	59	1,45	0,98	0,82
Signifikanz (U-Test)		0,868	0,482	0,238

Tabelle 93: Vergleich der mittleren Mirtazapin- und D-Mirtazapin-Serumspiegel sowie der metabolischen Ratio unter der Einnahme verschiedener Begleitmedikamente

Unter Pantoprazol waren die mittleren D-Mirtazapin-Serumspiegel signifikant erhöht.

3.3.7.4 Auswirkungen des BMI sowie auffälliger Nieren- und Leberparameter auf den Metabolismus von Mirtazapin

Die Daten von sechs Patienten stammten aus Mainz, so dass auf die Angaben aus den Krankenakten zurückgegriffen werden konnte. Bezüglich der Körpermaße waren zwei Angaben unvollständig. Laborparameter wurden zu allen sechs Patienten aufgenommen. Die Anzahl der Daten war zu klein für eine Analyse.

3.3.8 Metabolisierung ohne Beteiligung von CYP-Enzymen: Amisulprid

Amisulprid ist ein atypisches Neuroleptikum. Es wird ohne relevante hepatische Biotransformation ausgeschieden. Anhand der Amisulprid-Daten sollten die altersbedingten Veränderungen der Kinetik unabhängig von der Aktivität der CYP-Enzyme untersucht werden.

Demographische Angaben zu den mit Amisulprid behandelten Patienten

	Alle Patienten	Patienten ohne Comedikation
n	953	375 (39,3%)
weiblich	339	127
männlich	600	247
nicht erkennbar	14	
Alter	15-89	21-45

Tabelle 94: Deskriptive Statistik der mit Amisulprid behandelten Patienten

Angaben zur Diagnose wurde bei 819 Datensätzen gemacht. 777 Patienten (94,9 %) litten an Schizophrenie, teilweise in Verbindung mit Depression.

Altersverteilung

Alter	n	%	Anteil Patienten ohne Comedikation	Mittelwert Comedikation	Standard- abweichung	Median	min	max
< 20	27	2,8	7 (25,9%)	1,5	1,15593	2,0	0,0	3,0
20-29	308	32,3	121 (39,3%)	1,0	1,07938	1,0	0,0	5,0
30-39	285	29,9	124 (43,5%)	1,1	1,18209	1,0	0,0	5,0
40-49	200	21,1	77 (38,3%)	1,3	1,29316	1,0	0,0	7,0
50-59	78	8,2	28 (35,9%)	1,5	1,35505	2,0	0,0	5,0
60-69	39	4,1	13 (33,3%)	1,9	1,60885	2,0	0,0	5,0
70-79	11	1,2	5 (45,5%)	1,6	2,01359	1,0	0,0	5,0
> 80	4	,4	0	4,3	0,50000	4,0	4,0	5,0
Gesamt	952	100,0	375 (39,3%)	1,2	1,24810	1,0	0,0	5,0

Tabelle 95: mittlere Anzahl an Comedikation in den verschiedenen Altersgruppen

Patienten, die mit Amisulprid behandelt wurden, waren zu je 30 % zwischen 20 und 29 und 30 und 39 Jahre alt. 20 % entfielen auf die Altersgruppe 40 bis 49 Jahre.
Der Anteil an allen anderen Altersgruppen war kleiner als 10 %.
In den größten Altersgruppen erhielten etwa 40 % der Patienten keine Comedikation.

Es bestand kein signifikanter Zusammenhang zwischen Lebensalter und der Einnahme von Comedikation (Fisher-Test: 0,360).

Die Anzahl der eingenommenen Comedikationen stieg mit dem Alter (Fisher- Test 0,000).

3.3.8 Ohne hepatische Metabolisierung: Amisulprid

Höhe der Tagesdosis

Die empfohlene Tagesdosis beträgt 400-800 mg, in Einzelfällen kann sie auf 1200 mg erhöht werden. Die Verträglichkeit von höheren Dosen ist nicht hinreichend belegt.

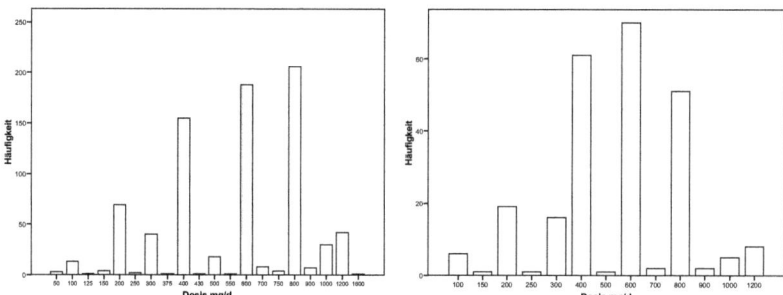

Abb. 78: Häufigkeitsverteilung der Tagesdosis bei (A) Amisulprid-Patienten (n= 953) und (B) Amisulprid-Patienten ohne Comedikation (n= 375)

Die häufigsten Dosierungen waren 800 mg, 600 mg, 400 mg und 200 mg. Nur in einem Fall wurde eine Dosierung oberhalb der empfohlenen Maximaldosis eingesetzt.

Die durchschnittliche Tagesdosis verlief im Bereich unter 50 Jahre konstant, fiel bei den 50 bis 59-Jährigen um etwa 100 mg/d, erreichte bei den 60 bis 69-Jährigen einen Peak und fiel danach wieder ab.
Der Zusammenhang zwischen Alter und Tagesdosis war signifikant (Fisher Test: 0,000).

Patienten ohne Comedikation nahmen am häufigsten 600 mg und 400 mg Amisulprid täglich ein, die Maximaldosis lag bei 1200 mg.

Bei Patienten ohne Comedikation lag die Dosierung im Mittel etwas niedriger, die Tagesdosis war ebenfalls bei den 50 bis 59-Jährigen niedriger als bei den jüngeren Patienten, allerdings fehlte der Peak bei den 60 bis 69-Jährigen. Bei Patienten über 70 Jahre fiel die mittlere Tagesdosis abrupt um zwei Drittel. Der Zusammenhang zwischen Alter und Dosis ist bei Patienten ohne Comedikation nicht signifikant (Fisher-Test 0,180).

Die mittlere Tagesdosis betrug 599 mg, bei Patienten mit Monotherapie 557 mg.
Der Unterschied der Tagesdosis bei Patienten mit und ohne Comedikation war signifikant (U-Test: 0,003).

3.3.8 Ohne hepatische Metabolisierung: Amisulprid

3.3.8.1 Schweregrad der Erkrankung, Therapieeffekt und Verträglichkeit in den verschiedenen Altersgruppen

Schweregrad der Erkrankung und Therapieerfolg

Alter	< 20	20-29	30-39	40-49	50-59	60-69	70-79	> 80	gesamt
Mittelwert Schweregrad der Erkrankung	5,3	5,5	5,5	5,7	5,7	6,2	5,0	4,0	5,6
n	25	257	250	179	63	36	10	4	824
Mittelwert Therapieerfolg	1,7	2,0	2,1	2,1	2,2	2,7	2,6	3,0	2,1
n	18	229	225	148	59	31	8	3	721

Tabelle 96: Schweregrad der Erkrankung und Therapieerfolg bei Amisulprid- Patienten in den einzelnen Altersgruppen

Bei den unter 20-, 20 bis 29-, 30 bis 39-, 40 bis 49-, 50 bis 59- und 60 bis 69-Jährigen war der Anteil der „deutlich" Kranken am höchsten, parallel dazu stieg der Anteil der „schwer" Kranken linear von 12,0 % auf 27,8 % und machte bei den 70 bis 79-Jährigen mit 40 % anteilig die größte Gruppe aus (Tabelle im Anhang).
Bei der Hälfte der Patienten über 80 Jahren war der Schwergrad mit „leicht krank" angegeben, allerdings war die Fallzahl in dieser Altersgruppe zu gering um aussagekräftig zu sein.
Die Zunahme der Schwere der Erkrankung bei steigendem Lebensalter war signifikant (Fisher Test 0,005).

Der Anteil der Patienten die einen „sehr guten" Therapieerfolg erreichten, sank linear mit dem Alter von 26,3 % bei den unter 20-Jährigen auf 15,9 % bei den 50 bis 59-Jährigen. Bei Patienten über 60 Jahre wurde gar kein „sehr guter" Therapieerfolg mehr erreicht.
In allen Altersgruppen wurde am häufigsten ein „mäßiger" Therapieerfolg erzielt.
Der Anteil der Patienten, deren Therapieerfolg als „gering" oder „unverändert oder verschlechtert" angegeben worden war, stieg linear mit dem Alter (Tabelle im Anhang).
Insgesamt konnten bei jüngeren Patienten signifikant bessere Therapieerfolge erzielt werden als bei älteren (Fisher Test 0,000).

3.3.8 Ohne hepatische Metabolisierung: Amisulprid

Verträglichkeit

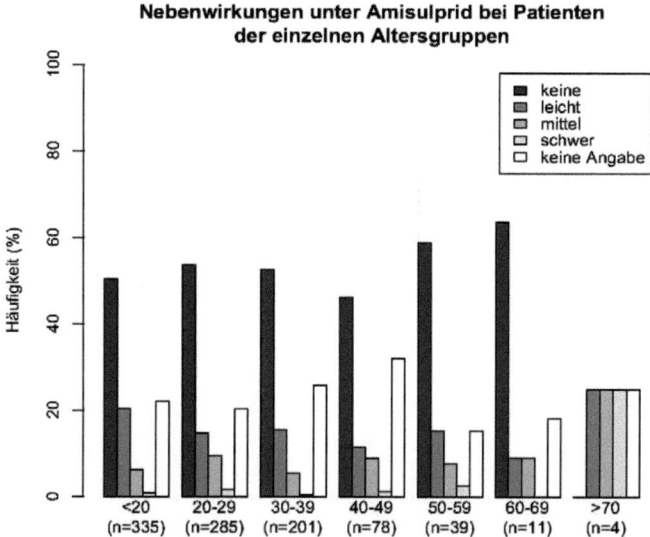

Abb. 79: Nebenwirkungen in den verschiedenen Altersgruppen (n= 734)

Bei 77 % der Patienten wurden Angaben zum Schweregrad der Nebenwirkungen gemacht. In allen Altersgruppen war die Mehrheit der Patienten ohne Nebenwirkungen, wobei der Anteil mit dem Alter anstieg. Gleichzeitig stieg auch der Anteil der Patienten mit „mittelstarken" Nebenwirkungen, während der Anteil der Patienten mit „leichten" Nebenwirkungen abnahm. Insgesamt wurde also kein signifikanter Zusammenhang zwischen dem Alter und dem Schweregrad der Nebenwirkungen nachgewiesen (Fisher Test: 0,577).

Angaben zur Art der Nebenwirkungen wurden in weniger als 10 % der Fälle gemacht, daher konnten dazu keine Beurteilungen angestellt werden.

3.3.8 Ohne hepatische Metabolisierung: Amisulprid

3.3.8.2 Abhängigkeit des Amisulprid-Metabolismus vom Alter

Amisulprid-Serumspiegel
(A)   (B)

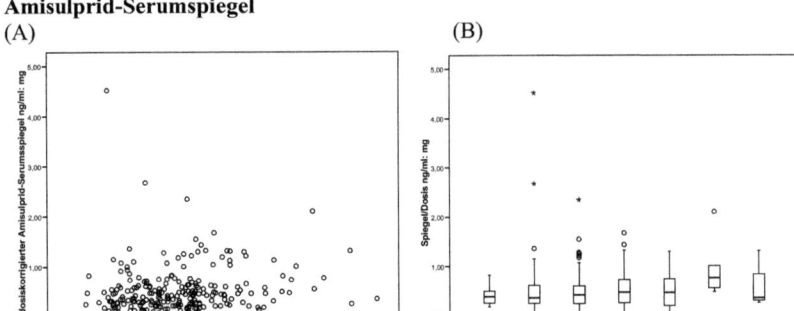

Abb. 80: Abhängigkeit der dosiskorrigierten Amisulprid-Serumspiegel in Abhängigkeit vom Alter (A) Streudiagramm (B) Boxplot (n= 771)

Die dosiskorrigierten Serumspiegel lagen im Mittel bei 0,56 ng/ml/mg, größtenteils unter 5 ng/ml/mg, mit einem Ausreißer bei den 40 bis 49-Jährigen. Der Patient erhielt eine Tagesdosis von 800 mg Amisulprid und eine Comedikation mit Oxazepam und Pipamperon.

Bei Amisulprid-Patienten allgemein stieg der mittlere Serumspiegel tendenziell in Abhängigkeit vom Alter. Die Verteilung des dosiskorrigierten Serumspiegel in keiner Altersgruppe normal, außer in der Altersgruppe 70 bis 79 Jahre ist sie für alle Altersgruppen rechtsschief. In den höheren Altersgruppen ist die Varianz größer.

Bildung von Altersgruppen durch Clusterzentrenanalyse

Alter		Dosiskorrigierte Amisulprid-Serumspiegel ng/ml/mg	Alter bei Blutentnahme
< 40	Mittelwert	0,50	29,5
	N	524	524
	Standardabweichung	0,43845	6,372
	Median	0,39	29,18
> 40	Mittelwert	0,68	50,6
	N	247	247
	Standardabweichung	0,77233	9,795
	Median	0,52	46,89
gesamt	Mittelwert	0,56	36,2
	N	771	771
	Standardabweichung	0,57285	12,473
	Median	0,44	34,72
Signifikanz (U-Test)		**0,000**	

Tabelle 97: Vergleich der mittleren Amisulprid-Serumspiegel in den gebildeten Altersgruppen

Patienten über 40 Jahre hatten im Mittel 35,6 % höhere Amisulprid-Serumspiegel als jüngere Patienten.

3.3.8 Ohne hepatische Metabolisierung: Amisulprid

3.3.8.3 Auswirkung von Comedikation auf den Metabolismus von Amisulprid

Vergleich der Serumspiegel bei Patienten mit und ohne Begleitmedikation

Comedikation	dosiskorrigierte Amisulprid-Serumspiegel ng/ml/mg	N	Standardabweichung	Median
keine Comedikation	0,53	233	0,47641	0,42
Comedikation	0,58	538	0,60973	0,44
Insgesamt	0,56	771	0,57285	0,44
Signifikanz (U-Test)	0,246			

Tabelle 98: Vergleich der mittleren Amisulprid-Serumspiegel bei Patienten mit Mono- und Polytherapie

Die Amisulprid-Serumspiegel unterschieden sich bei Patienten mit und ohne Comedikation nicht signifikant voneinander.

Bildung von Altersgruppen durch Clusterzentrenanalyse bei Patienten ohne Comedikation

Alter			dosiskorrigierte Amisulprid-Serumspiegel ng/ml/mg	Alter bei Blutentnahme
< 41	Mittelwert		0,49	30,44
	N		176	176
	Standardabweichung		0,47935	6,723
> 41	Mittelwert		0,64	50,60
	N		57	57
	Standardabweichung		0,45171	8,953
Insgesamt	Mittelwert		0,53	35,37
	N		233	233
	Standardabweichung		0,47641	11,352
Signifikanz (U-Test)			0,024	

Tabelle 99: Vergleich der mittleren Amisulprid-Serumspiegel in den gebildeten Altersgruppen bei Patienten ohne Comedikation

Bei Patienten mit Monotherapie wurde ebenfalls ein Alterseffekt beobachtet. Die Amisulprid-Serumspiegel waren bei Patienten über 41 Jahre im Mittel 31,4 % höher als bei jüngeren Patienten.

3.3.8 Ohne hepatische Metabolisierung: Amisulprid

Auswirkungen einzelner Wirkstoffe auf den Metabolismus von Amisulprid

Die häufigste Comedikationen waren Biperiden (n= 94) und Lorazepam (n= 108)

		n	Mittlerer Amisulprid-Serumspiegel ng/ml/mg
Keine Comedikation		233	0,53
Biperiden	Comedikation mit Biperiden	94	0,53
	Andere Comedikation als Biperiden	444	0,59
	Signifikanz		0,177
Lorazepam	Comedikation mit Lorazepam	108	0,61
	Andere Comedikation als Lorazepam	430	0,57
	Signifikanz		0,272

Tabelle 100: Vergleich der mittleren Amisulprid-Serumspiegel unter der Einnahme von Biperiden oder Lorazepam

Weder unter Comedikation mit Biperiden noch Lorazepam traten veränderte Serumspiegel auf.

3.4 Übersicht über den Alterseffekt bei den einzelnen Wirkstoffen

Wirkstoff	Messung	Beteiligte CYP	Patienten	Altersgrenze	n	Unterschied	p
Clozapin	Clz ng/ml/mg	CYP 1A2 CYP 2C19 CYP 3A4 CYP 2D6	gesamt	< 50	47		< 0,05
				> 50	30	+ 31,1 %	
	D-Clz ng/ml/mg		gesamt	< 50	47		< 0,01
				> 50	30	+ 43,6 %	
Risperidon	Ratio 9OH-Ris/ Ris	CYP 2D6	gesamt	< 41	347		< 0,05
				> 41	273	- 22,4 %	
Quetiapin	Que ng/ml/mg	CYP 3A4	gesamt	< 49	265		< 0,001
				> 49	79	+ 49 %	
			Patienten ohne Comedikation	< 49	59		< 0,01
				> 49	5	+ 62 %	
Donepezil	Don ng/ml/mg	CYP 2D6 CYP 3A4	gesamt	< 70	24		< 0,01
				> 70	71	+ 32,0 %	
			Patienten ohne Comedikation	< 70	9		< 0,05
				> 70	29	+ 36,6 %	
Sertralin	D-Ser ng/ml/mg	CYP 2B6 CYP 2C19 CYP 2D6 CYP 3A4 CYP 2C9	Patienten ohne Comedikation	< 55	15		< 0,05
				> 55	40	+ 81,2 %	
Venlafaxin	Ven ng/ml/mg	CYP 2D6 CYP 3A4	gesamt	< 55	48		< 0,001
				> 55	44	+ 36,4 %	
	OD-Ven ng/ml/mg			< 55	48		< 0,001
				> 55	44	+ 24,3 %	
	Ratio ND-Ven/Ven			< 54	203		< 0,05
				> 54	230	- 11,1 %	
	Ratio OD-Ven/ Ven			> 56	239		< 0,05
				> 56	213	+ 60,8 %	
Citalopram	Cit ng/ml/mg	CYP 2C19 CYP 2D6 CYP 3A4	gesamt	< 50	94		
				> 50	91	+ 27,4 %	< 0,05
	D-Cit ng/ml/ml			< 50	91		< 0,05
				> 50	88	+ 28,8 %	

3.4 Beobachtete Altersgruppen

Escitalopram	Escit ng/ml/mg	CYP 2C19 CYP 2D6 CYP 3A4	gesamt	< 52	205		< 0,001
				> 52	199	+ 34,5 %	
	D-Escit ng/ml/ml			< 52	205		< 0,05
				> 52	199	+ 11,4 %	
	DD-Escit ng/ml/mg			< 52	205		< 0,05
				> 52	26	- 51,6 %	
	Ratio D-Escit / Escit			> 52	199		= 0,001
				< 52	205	- 13,6 %	
	Ratio DD-Escit / D-Escit			> 52	199		< 0,05
				> 52	26	- 64,1 %	
Mirtazapin	Mir ng/ml/mg	CYP 1A2 CYP 2D6 CYP 3A4	gesamt	< 58	41		< 0,05
				> 58	40	+ 32,9 %	
	D-Mir ng/ml/mg			< 58	41		< 0,05
				> 58	40	+ 32,3 %	
	Mir ng/ml/mg		Patienten ohne Comedikation	< 58	5		< 0,05
				> 58	9	+ 32,9 %	
	D-Mir ng/ml/mg			< 58	5		< 0,05
				> 58	9	+ 93,4 %	
Amisulprid	Ami ng/ml/mg	Keine CYP-Enzyme	gesamt	< 40	524		< 0,001
				> 40	547	+ 35,6 %	
			Patienten ohne Comedikation	< 41	476		< 0,05
				> 41	57	+ 31,4 %	

Tabelle 101: Beobachtete Alterseffekte bei den untersuchten Wirkstoffen

4 Diskussion

4.1 Entwicklung einer Methode zum Nachweis von Donepezil in Plasma mittels HPLC

Die entwickelte HPLC-Methode war für den Einsatz im TDM geeignet, da sie die Anforderungen des NCCLS bezüglich Selektivität, Reproduzierbarkeit, Praktikabilität und Präzision erfüllte.

Interferenzen traten mit Citalopram und Escitalopram auf, was klinisch relevant sein kann, da die Comedikation mit Donepezil und Es/Citalopram vorkommt.

Im Vergleich mit einer anderen HPLC-Methode zur Donepezilbestimmung in Plasma, die eine aufwändige Extraktion erfordert (Yasui-Furukori et al., 2002), war die hier vorgestellte Methode dank der minimalen Probenvorbereitung in Bezug auf Zeit- und Kostenaufwand überlegen. Präzision und Wiederfindung waren bei beiden Methoden vergleichbar.

Der geringe Vorbereitungsaufwand bot auch Vorteile gegenüber anderen Methoden wie der Elektrospray-Ionisations-Massenspektrometrie (Lu et al., 2004) oder der Kapillarelektropherese (Gotti et al., 2000). Die eigene Methode war darüber hinaus über einen größeren therapeutischen Bereich (5- 90 ng/ml) validiert als die Chromatographie-Massenspektrometrie-Methode, die nur über einen Bereich von 0,1- 15 ng/ml validiert wurde.

Die eigene Methode war nicht enantiospezifisch wie die Kapillarelektropherese. Bisher fehlen
Daten, ob eine stereoselektive Analyse von Donepezil für die klinische Routine bedeutsam
wäre, da davon auszugehen ist, dass R- und S-Donepezil die Acetylcholinesterase zwar in unterschiedlich hohem Ausmaß hemmen (Radwan et al., 2005), aber ansonsten keine unterschiedlichen pharmakologischen Eigenschaften haben.

4.2 Allgemeine Unterschiede zwischen den Altersgruppen

In der Übersicht sollten wirkstoffübergreifend Unterschiede bezüglich Comedikation, Therapieerfolg, Nebenwirkungen zwischen den Altersgruppen aufgedeckt werden.

Der Anteil der Patienten ohne Comedikation sank mit dem Alter ($p < 0,001$) stetig bis zur Altersgruppe 70 bis 79 Jahre. Noch ältere Patienten wurden wieder häufiger mit einer Monotherapie behandelt.
Patienten über 50 Jahre erhielten in 80 % der Fälle und damit signifikant häufiger eine Polytherapie als jüngere Patienten ($p < 0,001$), Gleichzeitig wurde in dieser Altersgruppe im Schnitt mehr als zwei Begleitmedikamente eingenommen, bei den unter 50-Jährigen weniger als zwei ($p < 0,05$).
Dies entspricht Literaturangaben, nach denen Patienten über 65 Jahre im Durchschnitt zwei bis fünf Medikationen dauerhaft einnehmen. Der Anteil an Patienten mit Polytherapie in dieser Altersgruppe beträgt 20- 50 %. Die verwendete Altersgrenze von 65 Jahren ist soziologisch definiert (Klotz et al., 2009).

Bei den ältesten Patienten (70 Jahre und älter) zeigte sich wiederum ein verändertes Bild, diese Patienten nahmen im Mittel zwar genauso viele Begleitmedikamente ein wie Patienten der Altersgruppen 50 bis 59 und 60 bis 69 Jahre, der Median entsprach aber dem der jüngeren Patienten. Dies ließ auf eine höhere Diskrepanz schließen: hochbetagte Patienten erhielten entweder eine sehr geringe (0- 1) oder eine hohe Anzahl (6- 7) an Begleitmedikamenten.

Anzahl der Begleitmedikamente in unterschiedlichen Altersgruppen

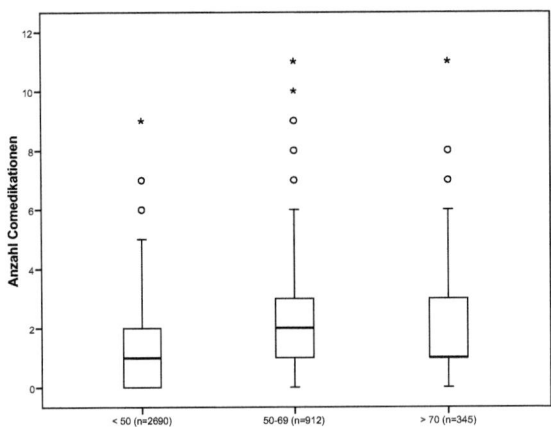

Abb. 81: Boxplot Anzahl der Comedikationen in verschiedenen Altersgruppen

4.2 Diskussion: Allgemeine Unterschiede zwischen den Altersgruppen

Der Schweregrad der Erkrankung stieg mit zunehmendem Lebensalter der Patienten an ($p < 0,05$). Darüber hinaus war der durchschnittliche Therapieerfolg mit zunehmendem Alter schlechter als bei jüngeren Patienten ($p < 0,01$). Schweregrad der Erkrankung und Therapieerfolg waren bei Patienten über 40 um jeweils 0,4 CGI-Punkte höher als bei jüngeren Patienten.

Die Angaben über den Schweregrad der Nebenwirkungen waren so unvollständig (bei Escitalopram-Patienten wurden z. B. nur bei 3 % der Patienten Angaben zu Nebenwirkungen gemacht), dass ihre Aussagekraft sehr kritisch zu beurteilen war.

Es konnte nachgewiesen werden, dass bei über 65-Jährigen Nebenwirkungen um das zwei bis dreifache häufiger auftreten als bei jüngeren Patienten (Turnheim, 2004).

4.3 Metabolisierung durch CYP-Enzyme

4.3.1 Metabolisierung durch CYP 2D6: Risperidon

4.3.1.1 Übersicht

Risperidon wurde hauptsächlich von Patienten jünger als 50 Jahre eingenommen. Grundsätzlich wird für Alterspatienten keine Dosisanpassung empfohlen. Allerdings ist die Mortalität bei älteren Patienten mit Demenz unter der Einnahme von atypischen Antipsychotika, einschließlich Risperidon, höher als unter Placebo (Fachinformation Risperdal, 2008 und Risperdal Consta, 2010).

44,5 % der Patienten nahmen keine weitere Comedikation ein, wobei der Anteil an Patienten ohne Comedikation mit steigendem Alter sank ($p < 0,001$).

Im Mittel wurden 1,4 Comedikationen eingenommen, die durchschnittliche Anzahl nahm mit steigendem Alter zu ($p < 0,001$).
Die Altersgrenze, ab der die Häufigkeit von Polytherapie und Anzahl der eingenommenen Medikamente signifikant anstieg, lag bei 41 Jahren.

Lediglich in der Altersgruppe der über 80-Jährigen setzten sich die genannten Altersveränderungen nicht fort, der Anteil der Patienten ohne Comedikation stieg. In dieser Altersgruppe standen allerdings nur sehr wenige Datensätze zur Verfügung.

Die empfohlene Tagesdosis liegt für Risperidon zwischen 4 und 10 mg, bei Alterspatienten zwischen 2 und 4 mg. Zur Verbesserung der Compliance kann Risperidon auch als Depot verwendet werden, die Dosierung beträgt dann 25 bis 50 mg, die in zwei- bis vier-wöchigen Intervallen intramuskulär injiziert werden.
Im eigenen Datensatz wurde Risperidon sowohl oral als auch in der Depotform angewendet, so dass die Vergleichbarkeit der Serumspiegel in Bezug auf die Dosis nicht gegeben war. Zudem fanden sich Angaben zur Dosierung nur bei einem kleinen Teil der Patienten. Ein Vergleich der Dosierungen und die Berechnung der dosiskorrigierten Serumspiegel konnten daher nicht erstellt werden.

Patienten über 60 Jahre hatten einen signifikant höheren Schweregrad der Erkrankung ($p < 0,05$). 13,3 % aller Patienten zeigten einen sehr guten Therapieerfolg, ohne dass eine Altersabhängigkeit bestand.
Bei 70,7 % der Patienten traten keine Nebenwirkungen auf.

4.3.1.2 Abhängigkeit des Risperidon-Metabolismus vom Alter

Die Risperidon-Serumspiegel lagen zwischen 2 ng/ml (Q_{25}) und 12 ng/ml (Q_{75}) und stiegen im Mittel mit dem Alter an ($p < 0,000$).

Die 9-OH-Risperidon-Serumspiegel lagen zwischen 10 ng/ml (Q_{25}) und 32 ng/ml (Q_{75}) und zeigten keine Altersabhängigkeit.

4.3.1 Diskussion: Katalyse durch CYP 2D6: Risperidon

Die 9 OH-Risperidon/ Risperidon Ratio lag zwischen 1,5 (Q_{25}) und 7,1 (Q_{75}).

Diese Werte sind vergleichbar mit publizierten Werten von Riedel et al., 2005 (unter Risperidon-Monotherapie lagen die mittleren Risperidon-Plasmaspiegel bei 13,1±18,6 ng/ml; die mittleren 9OH-Risperidon-Plasmaspiegel bei 32,8±7,6 ng/ml) und Aichhorn et al., 2005 (Summe der Risperidon- und 9-OH-Risperidon-Plasmaspiegel 37.5±24.8 ng/ml).

Anhand der Risperidon- und 9-OH-Risperidon-Serumspiegel ließen sich keine Altersgruppen bilden. Da die Serumspiegel nicht in Relation zur Dosis betrachtet wurden, war die Streuung so hoch, dass Altersschwankungen verdeckt werden konnten. Bei Aichhorn et al., 2005 zeigten die Serumspiegel erst nach der Dosiskorrektur eine Altersabhängigkeit.

Allerdings ließen sich anhand der Ratio Altersgruppen bilden, Patienten über 41 Jahre zeigten eine signifikant niedrigere Ratio als jüngere Patienten ($p < 0,05$)

In der Literatur wurde bereits ein Alterseffekt auf die Risperidon Plasmaspiegel beschrieben (Aichhorn et al., 2005).

Nach den Befunden von Aichhorn und Mitarbeitern steigt die Summe der dosiskorrigierten Risperidon und 9-OH-Risperidon-Plasmaspiegel bei Patienten ab 42 Jahren um 34,8 % pro Dekade.

Die Altersgrenze in den eigenen Daten stimmte mit den Literaturwerten überein, allerdings gab es Unterschiede im Aufbau der Untersuchungen.

Aichhorn beurteilt die Summe der dosiskorrigierten Risperidon- und 9-OH-Risperidon-Serumspiegel. Der Alterseffekt geht dabei nur auf ein Ansteigen der 9-OH-Fraktion zurück.

In den eigenen Daten konnte diese Beobachtung nicht reproduziert werden. Allerdings wurden keine dosiskorrigierten Daten verwendet.
In der eigenen Untersuchung zeigte sich der Altersunterschied im Verhältnis des umgesetzten Metaboliten zur Muttersubstanz. Dies resultiert direkt aus der CYP 2D6-Aktivität, während sich auf den Plasmaspiegel neben der Dosis andere Faktoren wie Verteilungsvolumen oder renale Clearance auswirken können.

Ein zweiter Unterschied zur Untersuchung von Aichhorn bestand darin, dass sich in den eigenen Daten nur zwei Altersgruppen bilden ließen. In der Gruppe der über 41-Jährigen stieg die Ratio nicht weiter an.

Ein Grund für die veränderte Ratio konnte in Wechselwirkungen liegen. Auch bezogen auf die Anzahl an Comedikationen stellte 42 Jahre den Grenzwert dar. Jüngere Patienten erhielten im Mittel 1,0 Comedikationen, ältere Patienten im Mittel 1,7. Der Unterschied war signifikant ($p < 0,001$). Bei Patienten ohne Comedikation zeigte sich keine Altersabhängigkeit, dies sprach ebenfalls dafür, dass die Unterschiede durch Wechselwirkungen ausgelöst wurden.

4.3.1 Diskussion: Katalyse durch CYP 2D6: Risperidon

Patienten der eigenen Untersuchung erhielten am häufigsten Lorazepam (15 %), Clozapin (4,0 %), Citalopram und Escitalopram (4,6 %), Olanzapin (3,0 %), Quetiapin (4,0 %) und Valproat (8,1 %).

Alle diese Wirkstoffe führten im Mittel zu einer niedrigeren Ratio (Tabelle 101), allerdings waren die Fallzahlen der Patientengruppen mit Ausnahme der Patienten, die Lorazepam einnahmen, zu gering um andere Einflüsse auszuschließen.

	Mittlere 9-OH-Risperidon/ Risperidon Ratio	Abnahme der Ratio im Vergleich mit Patienten ohne Comedikation
ohne Comedikation	6,7	
Clozapin	3,9	42,1 %
Citalopram und Escitalopram	3,2	52,5 %
Lorazepam	5,9	12,0 %
Olanzapin	3,3	50,7 %
Valproat	3,6	46,5 %

Tabelle 102: Abnahme der 9-OH-Risperidon/ Risperidon-Ratio unter der Einnahme verschiedener Begleitmedikamente

Ein Vergleich zu den Ergebnissen der Studie von Aichhorn et al., 2005 war nicht zu ziehen, da Veränderungen hinsichtlich der Einnahmepraxis von Comedikation bei Patienten unterschiedlichen Lebensalters bei Aichhorn nicht erläutert werden.
Bei Patienten dieser Studie waren die häufigsten Comedikationen Benzodiazepine (40 %), Antiparkinson Mittel (18 %), Antihypertensiva (12 %), Antiepileptika (8 %) und Antidepressiva (6 %).

In der Studie von Aichhorn et al., 2005 sind Patienten mit Leber/ Nierenfunktionsstörungen ausgeschlossen. Die Ergebnisse können mit auf 70 kg Körpergewicht normierten Serumspiegeln reproduziert werden.

In den eigenen Daten fehlten größtenteils Angaben zu Leber- und Nierenfunktion, so dass keine Unterscheidung möglich war. Bei beiden Patientengruppen können erhöhte Risperidon-Plasmakonzentrationen auftreten (Fachinformation Risperdal, 2008). Auch Angaben zum Körpergewicht fehlten bei den meisten Patienten.

4.3.1.3 Auswirkungen von Comedikation auf den Metabolismus von Risperidon

Patienten ohne Comedikation hatten signifikant niedrigere Risperidon-Serumspiegel ($p < 0,05$) und eine signifikant erhöhte metabolische Ratio ($p < 0,000$) als Patienten mit Risperidon-Monotherapie, was auf Arzneimittelwechselwirkungen über CYP 2D6 schließen lässt.

Bei Patienten ohne Comedikation ließ sich anhand der Serumspiegel oder der metabolischen Ratio keine Altersabhängigkeit feststellen.

Daher lag nahe, dass die Ursache für den Alterseffekt nicht in einer altersbedingten Änderung der CYP-Aktivität, sondern in der Einnahmepraxis von Comedikation zu suchen war.

4.3.1 Diskussion: Katalyse durch CYP 2D6: Risperidon

Der Anteil an Patienten mit Comedikation war bei den älteren Patienten höher (60,2 % bei den über 41-Jährigen, 44 % bei den unter 41-Jährigen), zudem wurden in dieser Altersgruppe auch eine signifikant höhere Anzahl an Begleitmedikamenten eingenommen.

Die häufigste Comedikation war Lorazepam.

Veränderungen des Risperidon-Metabolismus unter Comedikation Lorazepam

Patienten, die Lorazepam als Begleitmedikation einnahmen, zeigten im Mittel um 78,8 % erhöhte Risperidon-Serumspiegel ($p < 0,05$) und eine um 12,0 % niedrigere metabolische Ratio ($p < 0,05$) als Patienten, die keine Begleitmedikation erhielten. Bislang sind nur pharmakodynamische Wechselwirkungen zwischen Risperidon und Lorazepam beschrieben. Auswirkungen auf die Plasmakonzentrationen sind bei dieser Kombination nicht bekannt und auch nicht zu erwarten.
Lorazepam wird ohne Beteiligung von CYP-Enzymen durch Glucuronidierung metabolisiert (Olkkola et al., 2008). Überschneidungspunkte in den beiden Stoffwechselpfaden sind bislang nicht beschrieben.

Denkbar wäre eine bessere Compliance bei Patienten, die Lorazepam einnahmen. Da bei vielen Patienten die Angabe fehlte, ob Risperidon eigenständig oral eingenommen wurde oder in der Depot-Form verabreicht, konnte dieser Verdacht nicht weiter untersucht werden.

Lorazepam wurde in beiden Altersgruppen gleichermaßen eingenommen und trug daher nicht zum Alterseffekt bei.

4.3.2 Metabolisierung durch CYP 3A4: Quetiapin und Ziprasidon

4.3.2.1 Quetiapin

4.3.2.1.1 Übersicht

Quetiapin wurde hauptsächlich von Patienten unter 70 Jahren eingenommen.

20,8 % der Patienten nahmen keine weitere Comedikation ein, wobei mit steigendem Alter die Zahl der Patienten ohne Comedikation signifikant abnahm ($p < 0,001$).
Auch die Anzahl der eingenommen Begleitmedikationen stieg mit dem Alter ($p < 0,001$). Die meisten Comedikationen nahmen im Mittel die 50 bis 59-Jährigen, nämlich bis zu 8 Begleitmedikationen (Median: 2,0). Die über 80jährigen Patienten teilten sich auf in einerseits Patienten ohne Comedikation, andererseits in Patienten mit Multimedikation (Median= 3, maximal 4 Comedikationen).

Die eingesetzten Tagesdosen lagen zwischen 25 mg und 1400 mg und überstiegen somit die Empfehlungen des Herstellers.
Die mittlere Tagesdosis nahm mit steigendem Alter ab ($p < 0,001$).
Patienten mit Monotherapie und Polytherapie erhielten im Mittel vergleichbare Tagesdosen.

Der Schweregrad der Erkrankung stieg mit zunehmendem Alter ($p < 0,05$)

Der Therapieerfolg zeigte keine Altersabhängigkeit, trotz abnehmender Tagesdosis bei Alterspatienten. 25,8 % der Patienten zeigten einen „sehr guten" Therapieerfolg.

Nebenwirkungen traten mit steigendem Alter häufiger auf ($p < 0,001$), am häufigsten trat Spannung/ innere Unruhe auf. 63,9 % der Patienten waren ohne Nebenwirkungen.

Die dosiskorrigierten Quetiapin-Serumspiegel lagen zwischen 0,10 ng/ml/mg (Q_{25}) und 0,32 ng/ml/mg (Q_{75}).
Diese Werte deckten sich mit Literaturangaben von Castberg et al., 2007, wo die Quetiapin Plasmakonzentration (Q_{25} und Q_{75}) für Patienten unter 18 Jahren 0,08 ng/ml/mg- 0,17 ng/ml/mg, für Patienten zwischen 19 und 69 Jahren 0,17 ng/ml/mg bis 0,19 ng/ml/mg und für Patienten über 70 Jahre 0,22 ng/ml/mg bis 0,40 ng/ml/mg betrugen.

4.3.2.1.2 Abhängigkeit des Quetiapin-Metabolismus vom Alter

Die Clusterzentrenanalyse ergab zwei Altersgruppen: Patienten über 49 Jahre hatten um durchschnittlich 49,7 % höhere Plasmakonzentrationen als jüngere Patienten ($p = 0,001$), bei Patienten ohne Comedikation waren die Quetiapin-Serumspiegel bei Patienten über 49 Jahre sogar um 162 % höher als bei den jüngeren Patienten ($p < 0,01$)

Eine vergleichbare Altersgrenze findet sich in der Literatur nicht, Castberg et al., 2007 berichtet von erhöhten Quetiapin-Serumspiegeln bei Patienten über 70 Jahre.

4.3.2.1 Diskussion: Katalyse durch CYP 2D6 und 3A4: Quetiapin

Ob Veränderungen der Biotransformation zu den Altersveränderungen beitrugen, ließ sich nicht beurteilen, da der Metabolit Norquetiapin nicht analysiert wurde.
Bei Patienten über 65 Jahre findet sich eine Absenkung der Plasmaclearance von Quetiapin um 30-50 %, die sich in erhöhten Plasmaspiegeln zeigt (Fachinformation Seroquel 2010).
Da die glomuläre Filtrationsrate mit steigendem Alter annähernd abnimmt (Shi et al., 2008), sind Änderungen auch in jüngerem Lebensalter nicht auszuschließen.

4.3.2.1.3 Auswirkungen von Comedikation auf den Metabolismus von Quetiapin

Patienten mit Polytherapie hatten im Mittel 87,5 % höhere Quetiapin-Serumspiegel als Patienten ohne Begleitmedikation (p < 0,05).

Auch bei Patienten ohne Comedikation ließen sich analog zu Patienten mit Polytherapie Altersgruppen bilden, was gegen eine Beteiligung von Comedikation am Alterseffekt sprach. Allerdings war die Gruppe der über 49-Jährigen sehr klein.

Die häufigsten Comedikationen waren Lorazepam und Valproat.

Veränderung der Quetiapin-Serumspiegel unter der Einnahme von Lorazepam

Unter Lorazepam traten um im Mittel 68 % erhöhte Quetiapin Serumspiegel auf (p < 0,05).

Bekannte Wechselwirkungen sind additive zentralnervös dämpfende Effekte (Fachinformation Tavor, 2010).
Lorazepam beeinflusst nicht die Aktivität der CYP-Enzyme, die am Quetiapin-Metabolismus beteiligt sind (Härtter et al., 2004).

Bei Patienten, die außer Quetiapin Lorazepam erhielten, sind die Quetiapin-Serumspiegel zwar signifikant erhöht, jedoch nicht so hoch wie bei Patienten, die andere Comedikation als Lorazepam erhielten.
Möglicherweise waren die hohen Serumspiegel also der weiteren Comedikation geschuldet.

In dieser Patientengruppe kamen am häufigsten Sertralin, Propranolol, Haloperidol, Benperidol und Biperiden vor. Sertralin, Haloperidol und Biperiden beeinflussen den Quetiapin-Serumspiegel nicht (Fachinformation Seroquel, 2010).

Veränderung der Quetiapin- Serumspiegel unter der Einnahme von Valproat

Eine Comedikation mit Valproat beeinflusste die Quetiapin-Serumspiegel nicht.
Auch in der Literatur wird bei Kombination von Quetiapin und Valproat kein Hinweis auf eine Interaktion berichtet (Castberg et al., 2007)

4.3.3 Diskussion: Katalyse durch CYP 1A2, CYP 2C19 und CYP 3A4: Clozapin

4.3.2.2 Ziprasidon

4.3.2.2.1 Übersicht

Die Ziprasidon-Daten umfassten nur einzelne Patienten älter als 50 Jahre, die Analyse war daher auf die Altersspanne 20 bis 49 beschränkt.

36,8 % der Patienten erhielten eine Ziprasidon-Monotherapie, im Mittel wurden 1,5 Comedikationen eingenommen. Die Anzahl der Comedikationen war nicht vom Alter abhängig. Es wurden Tagesdosen bis 240 mg, also deutlich oberhalb der Empfehlungen des Herstellers eingesetzt. Die Tagesdosis war in den verschiedenen Altersgruppen im Mittel konstant und unterschied sich auch bei Patienten mit Mono- und Polytherapie nicht signifikant.

Schweregrad der Erkrankung, Therapieerfolg und das Auftreten von Nebenwirkungen waren nicht altersabhängig.

Die Ziprasidon-Serumspiegel lagen zwischen 0,37 ng/ml/mg (Q_{25}) und 0,94 ng/ml/mg (Q_{75}) und stimmten mit publizierten Werten überein. Berichtet werden Werte zwischen 0,31- 0,73 ng/ml/mg (Cherma et al., 2008).

4.3.2.2.2 Abhängigkeit des Ziprasidon-Metabolismus vom Alter

Die Clusterzentrenanalyse zeigte weder insgesamt, noch bei Patienten mit Monotherapie Altersgruppen auf, deren Ziprasidon-Serumkonzentrationen sich signifikant voneinander unterschieden.
In dieser Untersuchung wurde nur eine begrenzte Altersspanne betrachtet, der überwiegende Teil der Patienten war zwischen 20 und 49 Jahre alt, nur einzelne Patienten waren älter als 50 Jahre. Alterseffekte im höheren Lebensalter waren daher nicht auszuschließen.
In der Literatur sind keine klinisch relevanten altersbedingten Unterschiede in der Pharmakokinetik von Quetiapin bekannt (Fachinformation Zeldox, 2009). Cherma et al., 2008 berichtet zwar von einer leichter Abnahme der Ziprasidon-Serumspiegel und einem Anstieg der Ratio S-Desmethyl-Ziprasidon/ Ziprasidon mit dem Alter, der Alterseffekt blieb allerdings aus, nachdem Raucher aus der Untersuchung ausgeschlossen wurden. Der Metabolit S-Desmethyl-Ziprasidon ist darüber hinaus kein Indikator für die CYP-Aktivität, da er ohne CYP-Beteiligung gebildet wird.

4.3.2.2.3 Auswirkungen von Comedikation auf den Metabolismus von Ziprasidon

Auch bei Patienten mit Mono- und mit Polytherapie konnte kein Unterschied hinsichtlich der mittleren Ziprasidon-Serumspiegel gefunden werden. Interaktionen über das CYP 3A4 waren für Ziprasidon nicht zu erwarten, da es neben der CYP-katalysierten Biotransformation einen alternativen Stoffwechselweg über Reduktion durch eine Aldehyd-Oxidase gibt, an den sich eine Methylierung anschließt. Die häufigsten Comedikationen Lorazepam, Sertralin und Valproat führten ebenfalls zu keiner Beeinflussung der Ziprasidon-Serumspiegel.

4.3.3 Metabolisierung durch CYP 2D6 und CYP 3A4: Aripiprazol, Donepezil und Venlafaxin

4.3.3.1 Aripiprazol

4.3.3.1.1 Übersicht

Bei den Aripiprazol-Patienten gab es nur einzelne Datensätze von Patienten älter als 70 Jahre. Die Wirksamkeit von Aripiprazol bei Schizophrenie und Bipolar-I-Störungen wurde bei Patienten über 65 nicht belegt. Für diese Altersgruppe wird außerdem eine niedrigere Initialdosis empfohlen (Fachinformation Abilify, 2010).
Die meisten Patienten waren zwischen 20 und 29 Jahre alt.

Der Anteil der Patienten ohne Comedikation lag bei 53 %, wobei deren Anteil bei den 30 bis 39 und 40 bis 49-Jährigen besonders hoch war.
Die Anzahl der eingenommenen Comedikation stieg abhängig vom Alter ($p < 0,01$).

Bei sechs Patienten wurde eine Tagesdosis oberhalb der empfohlenen Maximalgrenze von 30 mg/d eingesetzt, die alle eine Monotherapie mit Aripiprazol erhielten.
Patienten über 50 Jahre bekamen durchschnittlich niedrigere Dosen als jüngere Patienten ($p < 0,01$). Die durchschnittliche Tagesdosis unterschied sich bei Patienten mit und ohne Comedikation nicht signifikant.

Der Schweregrad der Erkrankung veränderte sich mit dem Alter nicht. Der erzielte Therapieerfolg war ebenfalls unabhängig vom Alter der Patienten zumeist mäßig, 14,6 % der Patienten erreichten einen „sehr guten" Therapieerfolg, diese fanden sich hauptsächlich unter den 50 bis 59- und 60 bis 69-Jährigen, also in der Altersgruppe mit einer durchschnittlich niedrigeren Tagesdosis.
Patienten über 50 Jahre erzielten also mit niedrigeren Dosen vergleichbare Therapieerfolge wie jüngere Patienten.
Es bestand kein Zusammenhang zwischen dem Alter und dem Auftreten von Nebenwirkungen, insgesamt waren 74,5 % aller Patienten und 53,5 % der Patienten ohne Comedikation nebenwirkungsfrei.
Die häufigste angegebene Nebenwirkung war Schläfrigkeit/ Sedierung.

4.3.3.1.2 Abhängigkeit des Aripiprazol-Metabolismus vom Alter

Es bestand keine Abhängigkeit des Serumspiegels vom Alter. Die dosiskorrigierte Aripiprazol-Serumspiegel lagen zwischen 7,21 (Q_{25}) und 15,98 ng/ml/mg (Q_{75}).
Vergleichbare Werte von 12,4± 5,2 ng/ml/mg finden sich in der Literatur bei Nakamura et al., 2009.

Der D-Aripiprazol-Serumspiegel wurde nicht bestimmt, seine Konzentration macht etwa 40 % der Muttersubstanz aus (Kirschbaum et al., 2008).
Bei Patienten ohne Comedikation ließen sich Altersgruppen bilden, die sich bezüglich des Serumspiegels signifikant unterschieden. Die Altersgrenze lag bei 35 Jahren, bei älteren Patienten waren die dosiskorrigierten Serumspiegel vergleichbar mit dem Mittelwert, bei jüngeren Patienten lagen sie 14,5 % niedriger ($p = 0,01$).

4.3.3.1 Diskussion: Katalyse durch CYP 2D6 und CYP 3A4: Aripiprazol

Niedrigere Serumspiegel können auf eine schnellere Metabolisierungsrate zurückzuführen sein. Direkten Aufschluss über die Metabolisierungsgeschwindigkeit gibt eine Analyse der metabolischen Ratio. Da in den vorliegenden Daten der D-Aripiprazol-Serumspiegel nicht bestimmt wurde, war eine Untersuchung der Ratio nicht möglich.
Altersbedingte physiologische Veränderungen beispielsweise der Plasmaproteinbindung oder des Verteilungsvolumens (Kohen et al., 2010), die sich auf die Serumspiegel auswirken können, sind in diesem Alter nicht zu erwarten.

4.3.3.1.3 Auswirkungen von Comedikation auf den Metabolismus von Aripiprazol

Patienten ohne Comedikation hatten gegenüber Patienten mit Comedikation im Mittel keine veränderten Serumspiegel. Trotzdem gab es bei Patienten ohne Comedikation Altersgruppen, deren Aripiprazol-Serumspiegel sich signifikant voneinander unterschieden, bei Patienten mit Comedikation ließ sich diese Unterscheidung nicht treffen. Als Ursache dafür kamen Wechselwirkungen infrage. Der Einfluss von CYP 3A4-Induktoren und CYP 2D6-Inhibitoren führt bei der metabolischen Ratio von Aripiprazol zu Veränderungen von 40-60 %. (Waade et al., 2009).
Patienten über 35 Jahre erhielten im Mittel 2,0 Comedikationen, jüngere Patienten nur 1,3 ($p < 0,01$).

In den eigenen Daten konnte kein Einfluss von Comedikation allgemein gezeigt werden. Nichtsdestotrotz wurden unter der Einnahme von Clozapin, Fluvoxamin, L-Thyroxin, Metoprolol und Olanzapin signifikant veränderte Serumspiegel gefunden.

Veränerungen der Aripiprazol-Serumspiegel unter Clozapin- Einnahme

Die durchschnittlichen Serumspiegel bei Patienten, die Clozapin einnahmen, lag 97,4 % höher als bei Patienten mit Monotherapie ($p < 0,01$). Die Werte streuten stärker als in den Vergleichsgruppen, es gab einen Ausreißer.

Unter Clozapin sind keine Auswirkungen auf die Serumspiegel von Aripiprazol beschrieben (Waade et al., 2009). Clozapin und Aripiprazol werden hauptsächlich nicht durch die gleichen CYP Isoenzyme verstoffwechselt, obwohl beim Abbau von Clozapin auch CYP2C19, CYP 2D6, CYP 3A4 und CYP2C9 eine untergeordnete Rolle spielen (Spina et al., 2007).Von dieser Seite war kein Interaktionspotential zu erwarten. Berücksichtigt man die zu erwartende unvollständige Compliance bei Clozapin-Patienten (Wahlbeck et al., 2009), ist der deutliche Einfluss noch erstaunlicher.
Im Vergleich nahmen Patienten mit Clozapin als Comedikation im Schnitt 2,9 weitere Begleitmedikamente ein, während es bei Clozapin-freier Comedikation nur 2,3 Medikamente waren ($p = 0,001$).
So nahmen 48,8 % der Patienten, die Aripiprazol und Clozapin nahmen, auch Fluvoxamin oder Metoprolol, bekannte schwache CYP 2D6-Inhibitoren.

Clozapin wurde fast ausschließlich Patienten zwischen 20 und 49 Jahre verschrieben. 24 Patienten dieser Gruppe jünger, 29 Patienten älter als 35 Jahre. Die Einnahme von Clozapin trug also nicht zum Alterseffekt bei.

4.3.3.1 Diskussion: Katalyse durch CYP 2D6 und CYP 3A4: Aripiprazol

Veränderungen der Aripiprazol-Serumspiegel unter Fluvoxamin- Einnahme

Die Einnahme von Fluvoxamin führte zu einer Erhöhung der durchschnittlichen Aripiprazol-Serumspiegel von 134,4 %. ($p < 0,01$).

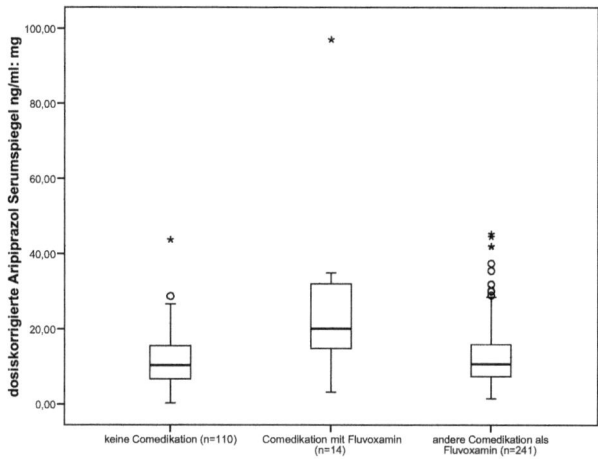

Abb. 82: Boxplot der Serumspiegel bei Patienten ohne Comedikation, mit Comedikation Fluvoxamin und mit anderer Comedikation

Der Boxplot macht sichtbar, dass die Varianz größer war als in den Vergleichsgruppen, der Median ist nicht mittig. Es gab einen Ausreißer nach oben, der den Mittelwert in der recht kleinen Datei beeinflusste.
Wechselwirkungen zwischen Aripiprazol und Fluvoxamin sind nicht beschrieben, jedoch inhibiert Fluvoxamin CYP 1A2 in starkem Ausmaß, schwächer auch CYP 2C9 und CYP 3A4 und in noch geringerem Ausmaß CYP 2D6 (Fachinformation Fluvoxamin Stada, 2008). Interaktionen schienen daher plausibel.
Patienten, die Fluvoxamin einnahmen, waren zwischen 20 und 49 Jahre alt. Altersabhängige Veränderungen der Serumspiegel konnten daher nicht mit der Fluvoxamineinnahme erklärt werden.

Veränderungen der Aripiprazol-Serumspiegel unter der Einnahme von L-Thyroxin

Unter der Einnahme von L–Thyroxin waren die mittleren Aripiprazol-Serumspiegel um 74 % erhöht ($p < 0,05$). Die Streuung war bei Patienten, die L-Thyroxin einnahmen, stärker.

Die Einnahme von L-Thyroxin wird zu einer Wirkverstärkung der antidepressiven Therapie genutzt. Am Metabolismus von L-Thyroxin sind keine CYP-Enzyme beteiligt, sondern es findet eine Glucuronidierung statt, die auch im Metabolismus von Aripiprazol eine Rolle spielt (Waade et al., 2009).

4.3.3.1 Diskussion: Katalyse durch CYP 2D6 und CYP 3A4: Aripiprazol

Außerdem war die durchschnittliche Anzahl von Comedikationen bei Patienten, die L-Thyroxin einnahmen, deutlich höher (5,3 Begleitmedikamente) als bei Patienten mit anderer Comedikation (2,2 Begleitmedikamente) ($p < 0{,}01$). 64,3% erhielten als weitere Comedikation Clozapin oder Metoprolol, durch die eine Beeinflussung der Aripiprazol-Serumspiegel denkbar war.

Die Einnahme von L-Thyroxin war in fast allen Altersgruppen verbreitet, den größten Anteil hatten die 30 bis 39-Jährigen. Auch die Einnahme von Clozapin und Metoprolol war bei Patienten über und unter 35 Jahre gleichmäßig verteilt.

Veränderungen der Aripiprazol-Serumspiegel unter Metoprolol-Einnahme

Mit Metoprolol behandelte Patienten hatten um 79,5 % höhere Serumspiegel als Patienten ohne Comedikation ($p < 0{,}01$). Die Verteilung der Daten war rechtsschief, die Streuung war stärker als in den Vergleichsgruppen. Es gab keine extremen Ausreißer. Metoprolol hemmt die Aktivität des CYP 2D6, so dass Wechselwirkungen möglich sind (Köhler et al., 2008). In der Literatur ist unter Comedikation mit Metoprolol ein Anstieg der dosiskorrigierten Aripiprazol-Serumspiegel um 40 % beschrieben (Kirschbaum et al., 2008).

Metoprolol wurde hauptsächlich von Patienten über 35 Jahre genommen und hatte daher keinen Anteil am beobachteten Alterseffekt.

Veränderungen der Aripiprazol-Serumspiegel unter Olanzapin-Einnahme

Bei Patienten, die Olanzapin erhielten, traten um 17,6 % niedrigere Aripiprazol-Serumspiegel auf als bei Patienten ohne Comedikation ($p < 0{,}05$). Die Daten lagen recht nah beieinander und waren rechtsschief verteilt.

Beschrieben ist eine Abnahme der metabolischen Ratio um 23 % ($p > 0{,}01$) unter Einnahme von Olanzapin, bei unveränderten dosiskorrigierten Aripiprazol- und D-Aripiprazol-Serumspiegeln (Waade et al., 2009). Olanzapin wird durch CYP 1A2 und 2D6 metabolisiert. Beim Abbau von sowohl Aripiprazol als auch Olanzapin ist die UDP-Glucuronosyltransferase beteiligt, worin möglicherweise ein bislang nicht näher bekanntes Interaktionspotential liegt (Waade et al., 2009).

Veränderungen der Aripiprazol-Serumspiegel unter Lithium-Einnahme

In den eigenen Ergebnissen waren die durchschnittlichen Aripiprazol-Serumspiegel bei Patienten, deren Comedikation Lithium enthielt, um 23% niedriger als unter Aripiprazol-Monotherapie. Der Unterschied war nicht signifikant.

In der Literatur ist eine Beeinflussung der Aripiprazol-Serumspiegel durch Lithium beschrieben. So sind die dosiskorrigierten Aripiprazol-Spiegel unter Lithium um 43 % (Waade et al., 2009) bzw. 34 % (Castberg et al., 2007) erhöht. Die dosiskorrigierten D-Aripiprazol-Serumspiegel werden durch Lithium-Einnahme nicht beeinflusst. Ein pharmakologisches Wechselwirkungspotential ist unklar, da Lithium nicht hepatisch metabolisiert wird.

4.3.3.1 Diskussion: Katalyse durch CYP 2D6 und CYP 3A4: Aripiprazol

Dass der Beobachtung eine verbesserte Compliance von Patienten, die Lithium als Stimmungsstabilisator einnahmen, zugrunde liegt, wie von Castberg et al., 2007 vorgeschlagen, erklärt nicht die fehlenden Auswirkungen auf D-Aripiprazol.

Lithium wird zur Phasenprophylaxe und Wirkverstärkung der antidepressiven Behandlung eingesetzt. Vorstellbar wäre, dass die Wechselwirkungen nicht auf Lithium selbst, sondern auf weitere Comedikation (Waade et al. 2009: die Patienten erhielten im Schnitt 1,7 Comedikationen) zurückzuführen ist. Niedrigere Serumspiegel treten beispielsweise unter dem Antidepressivum Fluoxetin durch Hemmung des CYP 2D6 auf.

In den eigenen Daten waren die häufigsten Comedikationen, die mit Lithium kombiniert wurden, Citalopram (12,5 %), Lorazepam (25 %), Reboxetin (25 %), Venlafaxin (37,5 %), Carbamazepin (12,5 %).

Carbamazepin induziert die Aktivität von CYP 3A4 und führt zu signifikant niedrigeren Aripiprazol und D-Aripiprazol-Serumspiegeln (Nakamura et al., 2009).

Die durchschnittliche Anzahl von Comedikationen war bei Patienten, die auch Lithium einnahmen, signifikant höher als bei Patienten mit Lithium-freier Begleitmedikation.

Obwohl einzelne Comedikationen die dosiskorrigierten Aripiprazol-Serumspiegel deutlich veränderten, konnte kein Anhaltspunkt für die beobachtete Diskrepanz bei Patienten über und unter 35 Jahren gefunden werden, besonders unter dem Gesichtspunkt, dass die Veränderungen nur einige Wirkstoffe betrafen, aber keine allgemeinen Unterschiede zwischen Patienten mit Monotherapie und Polytherapie auftraten.

Ferner konnten Veränderungen bei hochbetagten Patienten nicht abschließend beurteilt werden, da deren Anteil an den vorliegend Daten sehr gering war.

Weitere Untersuchungen zum Altereffekt sollten die dosiskorrigierten D-Aripiprazol-Serumspiegel und die metabolische Ratio einbeziehen.

4.3.3.2 Donepezil

4.3.3.2.1 Übersicht

Als Antidementivum fand Donepezil hauptsächlich bei Patienten über 60 Jahre Anwendung. 41 % aller Patienten erhielten keine weitere medikamentöse Therapie. Es wurde keine Altersabhängigkeit gefunden, wahrscheinlich deshalb, weil so gut wie keine Patienten unter 50 Jahre mit Donepezil behandelt wurden.

Die gemessenen Donepezil-Serumspiegel lagen zwischen 3,60 ng/ml/mg (Q_{25}) und 5,50 ng/ml/mg (Q_{75}).
Die Donepezil–Serumspiegel verhalten sich linear zur Dosis und liegen zwischen 26,4±3,9 ng/ml/ mg (bei einer Tagesdosis von 5 mg) und 4,7±0,82 ng/ml/mg (bei einer Dosis von 10 mg/d) (Seltzer, 2005).

4.3.3.2.2 Abhängigkeit des Donepezil-Metabolismus vom Alter

Es gab keine linearen Veränderungen der Serumspiegel mit dem Alter, allerdings ließen sich mittels Clusterzentrenanalyse bei Patienten mit und ohne Comedikation analog Altersgruppen bilden. Patienten über 70 Jahre hatten signifikant erhöhte Serumspiegel, was einen langsameren Abbau von Donepezil vermuten ließ. ($p < 0,01$, bzw. $p < 0,05$ bei Patienten ohne Comedikation). In der Literatur ist bislang kein Alterseffekt für Donepezil beschrieben (Seltzer, 2005).

4.3.3.2.3 Auswirkungen von Comedikation auf den Metabolismus von Donepezil

Keine relevanten Unterschiede ergaben sich beim Vergleich der Serumspiegel von Patienten mit und ohne Comedikation.

Unter Einnahme von Simvastatin und von Sertralin wurden jedoch signifikant niedrigere Serumspiegel gemessen als bei Patienten ohne Comedikation.

Veränderungen der Donepezil- Serumspiegel unter Einnahme von Sertralin

Bei Patienten, die Sertralin einnahmen, war der durchschnittliche Donepezil-Serumspiegel 34,3 % niedriger als bei Patienten ohne Comedikation.

Sertralin hat ein leichtes bis mäßiges Hemmpotential für CYP 2D6 (Fachinformation Zoloft, 2008). Bei einer Inhibition wäre allerdings einen Anstieg der Donepezil-Serumspiegel zu erwarten, der gering ausfallen sollte angesichts der Tatsache, dass CYP 2D6 bei der Metabolisierung von Donepezil nur eine geringere Rolle spielt als CYP 3A4.

Sowohl Donepezil als auch Sertralin weisen hohe Plasmaproteinbindungen (Donepezil: 95 % Sertralin 98 %) auf, über die Interaktionen denkbar wären (Fachinformationen Aricept, 2008 und Zoloft, 2009).

4.3.3.2 Diskussion: Katalyse durch CYP 2D6 und 3A4: Donepezil

Sertralin wurde hauptsächlich von Patienten über 70 Jahre eingenommen, entspricht also der Patientengruppe, bei der die veränderten Serumspiegel gemessen wurden. CYP vermittelte Interaktionen bei der Metabolisierung von Sertralin und Donepezil waren nicht auszuschließen.

In der kleinen Fallgruppe konnten außerdem ein Einfluss des CYP 2D6- Polymorphismus nicht ausgeschlossen werden.

Veränderungen der Donepezil- Serumspiegel unter Einnahme von Simvastatin

Bei Patienten, die mit Simvastatin behandelt wurden, wurden um 31,9 % niedrigere Donepezil-Serumspiegel gemessen als bei Patienten ohne Comedikation.

Simvastatin wird wie Donepezil unter Beteiligung von CYP 3A4 metabolisiert, es besitzt jedoch keinen inhibitorischen oder induzierenden Effekt. Es weist ebenfalls eine hohe Plasmaproteinbindung von 95 % auf.

Simvastatin wurde sowohl von Patienten unter als auch von Patienten über 70 Jahre eingenommen.

Bei Patienten mit Nieren- oder Leberfunktionsstörung waren die mittleren dosiskorrigierten Donepezil Serumspiegel nicht verändert.
Die Donepezil-Clearance ist bei Patienten mit Nierenfunktionsstörungen unverändert.
Bei Patienten mit leichter bis mittelschwerer Leberfunktionsstörung besteht die Möglichkeit erhöhter Donepezil-Serumspiegel. Zu Patienten mit schwerer Leberfunktionsstörung liegen keine Daten vor (Fachinformation Aricept, 2008).

4.3.3.3 Venlafaxin

4.3.3.3.1 Übersicht

Venlafaxin wurde bei Patienten aller Altersgruppen eingesetzt, am größten waren die Altersgruppen 60 bis 69 und 50 bis 59 Jahre.
13,6 % der Patienten erhielten keine Comedikation. ihr Anteil nahm in den Altersgruppen über 50 stetig ab ($p < 0,01$)
Venlafaxin wurde zusammen mit durchschnittlich 2,7 Comedikationen verordnet, wobei ältere Patienten im Mittel mehr Begleitmedikationen einnahmen als junge ($p < 0,01$).
Anhand der Einnahme von Comedikation ließen sich Altersgruppen bilden: Patienten über 56 Jahre nahmen häufiger und mehr Comedikation ein als jüngere Patienten.

Die mediane Tagesdosis lag für alle Altersgruppen zwischen 150 und 225 mg, ältere Patienten erhielten im Mittel niedrigere Dosen als jüngere ($p < 0,01$).

Die Tagesdosis unterschied sich bei Patienten mit und ohne Comedikation nicht signifikant.

Die gemessenen Venlafaxin, OD-Venlafaxin, ND-Venlafaxin-Serumspiegel und die Ratios OD-Venlafaxin/ Venlafaxin und ND-Venlafaxin/ Venlafaxin stimmten mit publizierten Werten (Shams et al., 2006) überein.

Die 25 %- und 75 %-Perzentilen von Venlafaxin und seinen Metaboliten sind in Tabelle 102 aufgeführt.

	Eigene Messung		Shams et al., 2006	
Venlafaxin	0,37 ng/ml/mg bis 0,87 ng/ml/mg	n= 434	0,32 ng/ml/mg bis 1,1 ng/ml/mg	n= 100
OD-Venlafaxin	0,86 ng/ml/mg bis 1,77 ng/ml/mg	n= 432	0,55 ng/ml/mg bis 1,3 ng/ml/mg	n= 100
ND-Venlafaxin	0,08 ng/ml/mg bis 0,53 ng/ml/mg	n= 92		
Ratio OD-Venlafaxin/ Venlafaxin	1,30 bis 4,03	n= 451	0,87- 3,6	n= 100
Ratio ND-Venlafaxin/ Venlafaxin	0,20 bis 0,67	n= 92		

Tabelle 103: Q_{25}- und Q_{75}-Werte der Serumspiegel von Venlafaxin, den Metaboliten und der metabolischen Ratio

4.3.3.3 Diskussion: Katalyse durch CYP 2D6 und 3A4: Venlafaxin

4.3.3.3.2 Abhängigkeit des Venlafaxin-Metabolismus vom Alter

Patienten der Altersgruppen 60 bis 69 und > 80 Jahre zeigten gegenüber jüngeren Patienten signifikant erhöhte Venlafaxin-Serumspiegel. Die Streuung nahm mit dem Alter zu.
Beide Beobachtungen trafen auf Patienten ohne Comedikation nicht zu.
Organische, altersbedingte Ursachen erschienen unwahrscheinlich vor dem Hintergrund, dass die 70 bis 79-Jährigen keine erhöhten Spiegel zeigten. Plausibler waren Wechselwirkungen.
Die mittlere Anzahl von Comedikation betrug im Mittel 2,7 und war nur bei Patienten zwischen 60 und 69 auf 3,1 ($p < 0,01$) und bei Patienten über 80 auf 4,7 ($p < 0,001$) erhöht.

Die dosiskorrigierten OD-Venlafaxin Serumspiegel stiegen bei Patienten mit Comedikation linear mit dem Alter, bei Patienten ohne Comedikation waren die Serumkonzentrationen bei Patienten über 70 signifikant erhöht ($p < 0,04$).

Bei einem Anstieg der Metabolitenspiegel infolge einer erhöhten CYP-Aktivität müsste die Ratio ebenfalls steigen, tatsächlich war bei Patienten mit Comedikation aber das Gegenteil der Fall: die OD-Venlafaxin/ Venlafaxin-Ratio nahm mit dem Alter signifikant ab ($p < 0,05$), was für eine leichte Abnahme der CYP 2D6-Aktivität sprach. Da bei Patienten ohne Comedikation keine altersabhängigen Veränderungen der OD-Venlafaxin/ Venlafaxin Ratio auftraten, schienen die beschriebenen Beobachtungen auf Wechselwirkungen zwischen verschiedenen Medikationen zurückzuführen.

Die dosiskorrigierten ND-Venlafaxin Serumspiegel waren in der Altersgruppe 30 bis 39 und > 80 Jahre signifikant erhöht.
Bei Patienten ohne Comedikation gab es keine Altersabhängigkeit, allerdings standen nur wenige Datensätze zur Verfügung, keiner davon von Patienten über 80 Jahre.

Bezüglich der ND-Venlafaxin/ Venlafaxin-Ratio bestand keine Altersabhängigkeit.

Es sind keine altersabhängigen Veränderungen der Pharmakokinetik bekannt (Fachinformation Trevilor, 2009), Reis et al., 2009 beschreibt allerdings eine Zunahme der dosiskorrigierten Venlafaxin-Serumspiegel um 38 % und keine Unterschiede der OD-Venlafaxin/ Venlafaxin-Ratio bei Patienten über 65.

Metabolische Ratio in Abhängigkeit von der Dosis

Die Ratios OD-Venlafaxin/ Venlafaxin und ND-Venlafaxin/ Venlafaxin zeigten keine Abhängigkeit von der Tagesdosis. Die Reaktionsgeschwindigkeit, mit der CYP 2D6 und 3A4 die Biotransformation von Venlafaxin katalysieren, war demnach über den Dosierbereich von 75 bis 375 mg/d konstant, eine Enzymsättigung wurde nicht erreicht. Die Biotransformation von Venlafaxin durch CYP 3A4 und 2D6 erfolgt der Michaelis-Menten-Kinetik entsprechend (Fogelmann et al., 1999).

4.3.3.3 Diskussion: Katalyse durch CYP 2D6 und 3A4: Venlafaxin

Clusterzentrenanalyse

Mittels Clusterzentrenanalyse konnten sowohl für die dosiskorrigierten Venlafaxin-, OD-Venlafaxin Serumspiegel als auch für die metabolische Ratio OD-Venlafaxin/ Venlafaxin und ND-Venlafaxin/ Venlafaxin signifikant unterschiedliche Altersgruppen gebildet werden. Bei Patienten über 55 Jahre waren sowohl die Venlafaxin- als auch OD-Venlafaxin Serumspiegel im Mittel erhöht ($p < 0,001$). Da Muttersubstanz und Metabolit stiegen, war zunächst keine Veränderung der CYP 2D6-Aktivität zu erwarten, vielmehr z.B. eine Veränderung der Clearance. Die veränderte Konzentration der Plasmaproteine war als Ursache für den Alterseffekt nicht anzunehmen, da Venlafaxin nur zu max. 30 % an Plasmaproteine gebunden wird.

Neben den Serumspiegeln zeigte aber auch die metabolische Ratio eine altersabhängige Veränderung, die direkte Rückschlüsse auf die CYP 2D6 und CYP 3A4 Aktivität erlaubt (Nichols et al., 2009). Die OD-Venlafaxin/ Venlafaxin-Ratio und damit die CYP 2D6- Aktivität war bei Patienten über 56 Jahre niedriger ($p < 0,01$), die ND-Venlafaxin/ Venlafaxin Ratio und damit die CYP 3A4-Aktivität sank bei Patienten über 54 Jahre ($p < 0,01$).

Das Absinken der Ratio OD-Venlafaxin/ Venlafaxin resultierte aus einem verhältnismäßig stärkeren Anstieg der Muttersubstanz gegenüber dem Metaboliten. Dies spricht dafür, dass eine schwächere Aktivität von CYP 2D6 an den altersabhängigen Veränderungen beteiligt war. Die niedrigere ND-Venlafaxin/ Venlafaxin-Ratio spiegelte die Tatsache wider, dass der Venlafaxin Serumspiegel bei den älteren Patienten steigt, während der ND-Venlafaxin Serumspiegel aufgrund einer verlangsamten CYP 3A4-Aktivität konstant bleibt.

4.3.3.3.3 Auswirkungen von Comedikation auf den Metabolismus von Venlafaxin

Patienten ohne Comedikation hatten gegenüber Patienten mit Polytherapie eine signifikant erhöhte OD-Venlafaxin/ Venlafaxin Ratio, die eine höhere Metabolisierungsrate durch CYP 2D6 anzeigte ($p < 0,05$).
Die Einnahme von Comedikation hatte keinen Einfluss auf die metabolische Ratio von ND- Venlafaxin/ Venlafaxin und damit auf die Aktivität von CYP 3A4.

Bei Patienten ohne Comedikation konnten keine Altersgruppen gebildet werden, deren Serumkonzentrationen von Venlafaxin und seiner Metabolite oder der metabolischen Ratio sich signifikant unterschieden.

Beide Punkte weisen darauf hin, dass Comedikation die Ursache für die Altersveränderungen darstellt. 55 Jahre war nicht nur die Grenze, ab der sich die Serumspiegel veränderten, sondern auch die Einnahmepraxis von Comedikation änderte sich bei Patienten älter als 56. So nahmen die älteren Patienten häufiger (90 % der über 56jährigen, 83 % der unter 56jährigen, $p < 0,001$) und eine höhere Anzahl (2,9 Comedikation bei über 56jährigen, 2,4 bei den unter 56jährigen, $p = 0,27$) an Begleitmedikation ein. Die Einnahme von Acetylsalicylsäure, Amisulprid, Clozapin, Lithium und Pipamperon führte zu Veränderungen der Serumspiegel oder Ratios.

4.3.3.3 Diskussion: Katalyse durch CYP 2D6 und 3A4: Venlafaxin

Veränderungen des Metabolismus von Venlafaxin unter der Einnahme von Amisulprid

Bei Patienten, die Amisulprid einnahmen, waren die mittleren OD-Venlafaxin-Serumspiegel um 30,1 % niedriger, die ND-Venlafaxin-Spiegel um 330,8 % höher und die OD-Venlafaxin/ Venlafaxin Ratio um 65,7 % niedriger als bei Patienten ohne Comedikation.

Es sind keine Wechselwirkungen zwischen Venlafaxin und Amisulprid bekannt. Amisulprid wird hauptsächlich unverändert über die Nieren ausgeschieden, nur 4 % werden hepatisch metabolisiert. Die Plasmaproteinbindung beträgt nur 16 %. Hinsichtlich dieser beiden Punkte sind Interaktionen nicht zu erwarten (Fachinformation Solian, 2009).P-gp-Effekte sind eine mögliche Ursache für Wechselwirkungen zwischen Venlafaxin und Amisulprid.

Amisulprid wurde von Patienten aller Altersgruppen eingenommen.

Veränderungen des Metabolismus von Venlafaxin unter der Einnahme von ASS

Patienten, die Acetylsalicylsäure einnahmen, hatten im Mittel um 310,5 % erhörte Werte für die ND-Venlafaxin/ Venlafaxin Ratio.

Das Wechselwirkungspotential zwischen Venlafaxin und Acetylsalicylsäure blieb unklar. Die Fallzahl war allerdings sehr gering und wurde von einem Ausreißer dominiert, der gegenüber den anderen Werten etwa fünffach erhöht war.

Acetylsalicylsäure wurde ausschließlich Patienten über 50 Jahren verordnet.

Veränderungen des Metabolismus von Venlafaxin unter der Einnahme von Clozapin

Bei Patienten, die Clozapin einnahmen, waren die mittleren OD-Venlafaxin Serumspiegel um 26,8 % und die OD-Venlafaxin/ Venlafaxin Ratio um 42,9 % niedriger als bei Patienten ohne Comedikation.

Beschriebene Wechselwirkungen zwischen Venlafaxin und Clozapin sind Erhöhungen der Clozapin-Serumspiegel, die wahrscheinlich über das Cytochrom P450 System vermittelt werden (Fachinformation Leponex, 2002). Auswirkungen, speziell inhibitorische Effekte, auf den Metabolismus von Venlafaxin sind nicht bekannt.

Unter den 30 bis 39jährigen Patienten war Clozapin besonders häufig. In dieser Altersgruppe lag im Mittel jedoch keine niedrigere OD-Venlafaxin/ Venlafaxin-Ratio vor. Der beobachtete Alterseffekt konnte daher nicht mit der Einnahme von Clozapin erklärt werden.

4.3.3.3 Diskussion: Katalyse durch CYP 2D6 und 3A4: Venlafaxin

Veränderungen des Metabolismus von Venlafaxin unter der Einnahme von Lithiumsalzen

Patienten, die Lithium einnahmen, wiesen im Mittel um 37,8 % erhöhte Venlafaxin und 22,8 % erhöhte OD-Venlafaxin Serumspiegel auf.

In der Literatur sind unter gleichzeitiger Einnahme von Venlafaxin und Lithiumsalzen um bis zu 50 % erhöhte Venlafaxin- und 15 % erhöhte OD-Venlafaxin- Serumspiegel beschrieben (Troy et al., 1996, Adan-Manes et al., 2006) die auf eine verlangsamte renale Clearance zurückzuführen sind.

Veränderungen des Metabolismus von Venlafaxin unter der Einnahme von Pipamperon

Unter Einnahme von Pipamperon traten 38,0 % niedrigere OD-Venlafaxin/ Venlafaxin Ratio auf als bei Patienten ohne Comedikation.

Es sind keine Wechselwirkungen zwischen Pipamperon und Venlafaxin beschrieben. Die Plasmaproteinbindung von Pipamperon beträgt 36 %, es wird überwiegend renal eliminiert, die Plasma Halbwertzeit liegt bei 17-22 h. Die Metabolisierung von Pipamperon erfolgt über oxidative N-Dealkylierung, Piperidin-Oxidation und Keton-Reduktion, eine Beteiligung von CYP-Enzymen ist nicht bekannt. Im Plasma können keine Metaboliten von Pipamperon nachgewiesen werden (Fachinformation Pipamperon, 2009). Es ergaben sich keine Anhaltspunkte für Wechselwirkungen.

Pipamperon ist ein niederpotentes Neuroleptikum, das in der Behandlung älterer Menschen verbreitet ist. Eine Beteiligung von Pipamperon am Alterseffekt war daher möglich.

Weder in den unterschiedlichen BMI-Gruppen noch bei Patienten mit Nieren- oder Leberfunktionsstörungen traten signifikante Veränderungen des Metabolismus von Venlafaxin auf.

4.3.4 Metabolisierung durch CYP 2C19, CYP 2D6 und CYP 3A4: Citalopram und Escitalopram

4.3.4.1 Citalopram

4.3.4.1.1 Übersicht

Bei Patienten, die mit Citalopram behandelt wurde, lag der Anteil der Patienten ohne Comedikation insgesamt bei 21,2 %, am niedrigsten war er in der Altersgruppe 70 bis 79. Es bestand kein Zusammenhang zwischen Einnahme von Begleitmedikation und Alter.

Die durchschnittliche Anzahl an Comedikationen betrug 2,2. Es bestand eine lineare Abhängigkeit zwischen Alter und Anzahl der Begleitmedikamente ($p < 0,05$).

Altersunabhängig wurden am häufigsten Tagesdosen von 40 mg und 20 mg eingenommen, es gab keinen Unterschied zwischen Patienten mit und ohne Begleitmedikation.

Keine Altersabhängigkeit zeigte sich bezüglich des Schweregrades der Erkrankung, des Therapieerfolges und des Auftretens von Nebenwirkungen.
14,2 % der Patienten zeigten einen „sehr guten" Therapieerfolg.
In 74,1 % der Fälle traten keine Nebenwirkungen auf.
Alterspatienten zeigten unter gleichen mittleren Dosen gleiche Therapieerfolge wie jüngere Patienten.

Die dosiskorrigierten Citalopram und D-Citalopram Serumspiegel lagen zwischen 1,65 ng/ml/mg und 3,40 ng/ml/mg, bzw. 0,45 ng/ml/mg und 1,30 ng/ml/mg (25 % und 75 % Perzentile).
Die Ratio D-Citalopram/ Citalopram lag zwischen 0,20 und 0,54 (25 % und 75 % Perzentile).

Die Werte stimmten mit Literaturangaben überein: so berichtet de Mendonça Lima et al., 2005 von auf eine Tagesdosis von 20mg normierten Citalopram-Serumspiegeln von 51±26 ng/ml und D-Citalopram- Serumspiegeln von 17±9 ng/ml. Dies entspricht dosiskorrigierten Citalopram Serumspiegeln von 1,7 ng/ml/mg- 3,4 ng/ml/mg und D-Citalopram Serumspiegeln von 0,4 ng/ml/mg-1,3 ng/ml/mg.

4.3.4.1 Diskussion: Katalyse durch CYP 2C19, CYP 2D6 und CYP 3A4: Citalopram

4.3.4.1.2 Abhängigkeit des Citalopram-Metabolismus vom Alter

Die Plasmakonzentrationen von Citalopram, D-Citalopram sowie der Ratio D-Citalopram/ Citalopram zeigten keine Altersabhängigkeit.

Im Gegensatz zu den eigenen Ergebnissen beschreibt de Mendonça Lima, 2005 eine altersabhängige Zunahme der dosisnormierten Citalopram- und D- Citalopram Serumspiegel.

Dazu wurden drei Altersgruppen gebildet, jünger als 65 Jahre, 65 bis 79Jahre und über 80, und die auf eine Tagesdosis von 20 mg normierten Serumspiegel miteinander verglichen. Es zeigten sich signifikante Zunahmen.

Alter	Citalopram				D-Citalopram			
	n	mittlerer Serumspiegel ng/ml/ 20mg	Zunahme %	p	mittlerer Serumspiegel ng/ml/ 20mg	Zunahme %	p
< 65	48	42(±17)			16 (±9)		
65-79	57	58 (±24)	+ 33%	<0,001	19 (±8)		
> 80	23	65 (±30)	+ 55%	< 0,001	22(±10)	+ 38%	< 0,005

Tabelle 104: mittlere Citalopram und D-Citalopram-Serumspiegel in unterschiedlichen Altersgruppen (de Mendonça Lima et al., 2005)

Zum besseren Vergleich wurden die eigenen Daten mit auf 20 mg/d normierten Serumspiegel nachgerechnet.

Alters	Citalopram				D-Citalopram			
	n	mittlerer Serumspiegel ng/ml/ 20mg	Zunahme %	p	mittlerer Serumspiegel ng/ml/ 20mg	Zunahme %	p
< 65	134	51 (±28)			21 (±27)		
65-79	39	62 2 (±44)	+ 20%	<0,396	29 (±26)	+ 41%	0,012
> 80	7	66 (±22)	+ 29%	< 0,076	34 (±37)	+ 90%	0.023

Altersgruppe	Ratio D-Citalopram/ Citalopram			
	n	Ratio	Zunahme %	p
< 65	134	0,45 (±0,6)		
65-79	39	0,71 (±1,0)	+ 56%	<0,084
> 80	7	0,81 (±1,0)	+ 78%	< 0,253

Tabelle 105: eigene Untersuchung der mittleren Citalopram und D-Citalopram-Serumspiegel in unterschiedlichen Altersgruppen nach de Mendonça Lima et al., 2009

Die Ergebnisse von de Mendonça Lima, 2005 waren mit den eigenen Daten nicht rekonstruierbar, nur die D-Citalopram-Serumspiegel stiegen mit dem Alter signifikant an.
Mögliche Unterschiede konnten die Comedikationen betreffen; allerdings wirkte sich in den eigenen Daten weder Comedikation noch das Vorliegen einer eingeschränkten Nieren-/ Leberfunktion auf den Metabolismus von Citalopram aus.

4.3.4.1 Diskussion: Katalyse durch CYP 2C19, CYP 2D6 und CYP 3A4: Citalopram

In den eigenen Daten war die Patientengruppe der über 80-Jährigen mit sieben Datensätzen recht klein, so dass individuell stark abweichende Werte nicht auszuschließen waren.
In den eigenen Ergebnissen ließen sich mittels Clusterzentrenanalyse zwei Gruppen bilden:
Die mittleren dosiskorrigierten Citalopram und D-Citalopram Serumspiegel waren bei Patienten über 50 Jahre signifikant erhöht ($p < 0,01$ (Citalopram) und $p < 0,05$ (D-Citalopram). Bezüglich der Ratio ließen sich mittels Clusterzentrenanalyse keine Altersgruppen bilden.
Die gemessenen Unterschiede der Serumspiegel waren daher nicht einer veränderten Enzymaktivität geschuldet, vielmehr kommen Veränderungen z.B. der Clearance infrage.

4.3.4.1.3   Auswirkungen von Comedikation auf den Metabolismus von Citalopram

Die Einnahme von Begleitmedikation wirkte sich weder auf die Citalopram und D-Citalopram Serumspiegeln, noch auf die metabolische Ratio aus.

Bei Patienten ohne Comedikation konnten keine Altersgruppen gebildet werden, die sich hinsichtlich Serumspiegel oder Ratio unterschieden.

Die häufigsten Comedikationen waren Mirtazapin, Lorazepam, Lithium, Olanzapin, L-Thyroxin, Risperidon, Zolpidem, Reboxetin, Clozapin, Quetiapin, Pantoprazol, Metoprolol und Valproat.

Veränderungen der Serumspiegel unter Comedikation Quetiapin

Unter der Einnahme von Quetiapin waren die mittleren D-Citalopram Serumspiegel um 20 % ($p < 0,05$) erhöht.

Bislang sind keine Interaktionen zwischen Citalopram und Quetiapin bekannt. Quetiapin wird hauptsächlich durch CYP 3A4 metabolisiert, das auch am Metabolismus von Citalopram beteiligt ist.

Quetiapin war am häufigsten in den Altersgruppen 30 bis 39 und 50 bis 59 Jahre.

Weder Unterschiede im BMI noch auffällige Leber- und Nierenparameter waren mit eine signifikanten Veränderung der Citalopram, D-Citalopram-Serumspiegel oder der metabolischen Ratio verbunden.

4.3.4.2 Escitalopram

4.3.4.2.1 Übersicht

Escitalopram wurde von Patienten aller Altersgruppen eingenommen.
12,5 % der Patienten nahmen außer Escitalopram keine weitere Medikation ein. In der Altersgruppe 60 bis 69 Jahre war der Anteil der Patienten mit Monotherapie am höchsten (24,0 %). Die Anzahl der Begleitmedikamente lag im Durchschnitt bei 3,0 und stieg mit dem Alter signifikant an ($p < 0,001$).

Die Tagesdosis lag mit zwischen 5 und 60 mg innerhalb der Hersteller Empfehlungen. Am häufigsten waren die Tagesdosen 10 mg und 20 mg.
Im Durchschnitt hatten die Altersgruppen unter 20 und 30 bis 39 Jahre besonders hohe Tagesdosen, davon abgesehen stieg die mittlere Tagesdosis im Alter signifikant. Bei Patienten ohne Comedikation war der Anstieg noch ausgeprägter ($p < 0,05$).

Bei Reis et al., 2007 zeigt sich auf den ersten Blick ein umgekehrtes Bild: Patienten über 65 Jahre erhalten signifikant niedrigere Tagesdosen(< 65 Jahre 5-40 mg/d Median 20mg/d, > 65 Jahre: 5-40 mg/d Median 10 mg/d).
In den eigenen Daten brachte die Betrachtung von Median und Spannweite folgendes Bild:
< 65 (n = 454) Median 15 mg/d Spanne 5-60 mg/d, Mittelwert 16,9 mg
> 65 (n = 115) Median 15 mg/d, Spanne 5-45 mg/d, Mittelwert 17,52 mg

In der älteren Patientengruppe gab es also häufiger mittlere Tagesdosen, so dass der Mittelwert insgesamt höher ausfiel als bei den jüngeren Patienten.

Die Tagesdosen bei Patienten mit und ohne Comedikation unterschieden sich nicht voneinander.

Die Plasmaspiegel von Escitalopram und seinen Metaboliten erreichten folgende Werte, die sich mit zuvor publizierten Werten deckten (Reis et al., 2007):

	Eigene Daten		n	Reis et al., 2007		n
	Q_{25}	Q_{75}		Q_{25}	Q_{75}	
Serumspiegel Escitalopram ng/ml/mg	0,80	2,25	569	0,85	2,12	155
Serumspiegel D-Escitalopram ng/ml/mg	0,66	1,00	421	0,58	3,35	154
Serumspiegel DD-Escitalopram ng/ml/mg	0,10	0,36	49	0,07	0,86	126
Ratio D-Escitalopram/ Escitalopram	0,46	1,08	421	0,12	1,19	
Ratio DD-Escitalopram/ D-Escitalopram	0,10	0,43	49	0,03	0,55	

Tabelle 106: mittlere Escitalopram, D-Escitalopram, DD-Escitalopram-Serumspiegel sowie metabolische Ratios in den eigenen und in publizierten Untersuchungen.

4.3.4.2 Diskussion: Katalyse durch CYP 2C19, CYP 2D6 und CYP 3A4: Escitalopram

4.3.4.2.2 Abhängigkeit des Escitalopram- Metabolismus vom Alter

Die mittleren Escitalopram und D-Escitalopram Serumspiegel stiegen mit dem Alter an ($p < 0{,}001$ und $p < 0{,}05$), während für die DD- Escitalopram Serumspiegel sowie für die metabolische Ratio D-Escitalopram/ Escitalopram und DD-Escitalopram/D-Escitalopram keine Altersabhängigkeit bestand.

Es wird von einer langsameren Eliminierung von Escitalopram bei älteren Patienten ausgegangen (Fachinformation Cipralex, 2009).

Clusterzentrenanalyse

Bei Patienten unter 52 Jahren waren die mittleren dosiskorrigierten Escitalopram und D-Escitalopram-Serumspiegel signifikant erhöht ($p < 0{,}05$ und $p < 0{,}05$).
Die mittleren DD-Escitalopram-Serumspiegel waren bereits ab einem Lebensalter von 50 Jahren signifikant höher als bei jüngeren Patienten ($p < 0{,}05$).

Auch die metabolische Ratio war ab einer bestimmten Altersgrenze signifikant erhöht. Für D-Escitalopram/ Escitalopram lag diese Grenze bei 52 Jahren ($p < 0{,}01$), für die Ratio DD-Escitalopram/D-Escitalopram bei 50 Jahren ($p < 0{,}05$).

Da die Veränderungen auch beide Ratios betrafen, resultierte die Altersabhängigkeit nicht nur aus einer veränderten Elimination (durch z. B. eine längere Halbwertszeit, langsamere Clearance oder Zunahme der AUC), sondern betraf auch die Aktivität der entsprechenden CYP-Enzyme.

Die Analyse der Serumspiegel von Reis et al., 2007 deckt sich mit den eigenen Beobachtungen: die dosiskorrigierte Serumspiegel von Escitalopram und D-Escitalopram steigen linear mit dem Alter. Die Altersgruppen ± 65 Jahre unterschieden sich hinsichtlich ihrer Escitalopram-, D-Escitalopram- und DD-Escitalopram-Serumspiegel signifikant voneinander. Allerdings war die Altersgrenze von 65 Jahren nicht durch die Veränderungen der Serumspiegel bestimmt, sondern nach der gebräuchlichen Definition von „Alterspatienten" gewählt.

In den eigenen Daten waren die Unterschiede zwischen den Altersgruppen ± 65 Jahre nicht so ausgeprägt wie in den Altersgruppen ±52 Jahre .

In der Untersuchung von Reis et al., 2007 wurde nicht zwischen Patienten mit und ohne Comedikation unterschieden.

4.3.4.2.3 Auswirkungen von Comedikation auf den Metabolismus von Escitalopram

Die mittleren Escitalopram-, D-Escitalopram- und DD-Escitalopram-Serumspiegel sowie deren Ratio unterschieden sich bei Patienten mit und ohne Comedikation nicht signifikant voneinander.

4.3.4.2 Diskussion: Katalyse durch CYP 2C19, CYP 2D6 und CYP 3A4: Escitalopram

Clusterzentrenanalyse bei Patienten ohne Comedikation

Bei Patienten ohne Comedikation ließen sich keine Altersgruppen bilden, deren Escitalopram, D-Escitalopram, DD-Escitalopram-Serumspiegel oder deren metabolische Ratios sich unterschieden.

Veränderung der Escitalopram- Serumspiegel unter Comedikation Pantoprazol

Unter der Einnahme von Pantoprazol waren die D-Escitalopram um 12,8 % niedriger als bei Patienten ohne Comedikation ($p < 0,05$).

Pantoprazol wird über das Cytochrom-P450-System verstoffwechselt. Obwohl zur Kombination mit Escitalopram keine Daten vorliegen, sind Wechselwirkungen nicht auszuschließen. Darüber hinaus kann Pantoprazol die pH-abhängige Resorption von Arzneimitteln verändern.
Da weder die metabolische Ratio noch die Escitalopram-Serumspiegel bei Pantoprazol-Patienten verändert war, war weder in einer veränderten Leberenzymaktivität noch eine veränderte Bioverfügbarkeit wahrscheinlich. Eine Interaktion zwischen Escitalopram und Pantoprazol ist in der Literatur bislang nicht beschrieben.

Veränderung der Escitalopram- Serumspiegel unter Comedikation Quetiapin

Patienten, die auch Quetiapin einnahmen, zeigten um 5,2 % niedrigere Escitalopram-Plasmakonzentrationen als Patienten ohne Comedikation ($p < 0,05$). Dagegen zeigten die D-Citalopram-Serumspiegel bei Patienten, die auch Quetiapin eingenommen hatten, eine Zunahme um 20 %, die metabolische Ratio um 96 %.

Quetiapin wird überwiegend durch CYP 3A4 metabolisiert, das beim Metabolismus von Escitalopram ebenfalls eine untergeordnete Rolle spielt. Da die Ratio nicht betroffen war, schien die Metabolisierung über das gleiche CYP-Enzym nicht die Ursache für die Interaktion zu sein. Interaktionen zwischen Quetiapin und Escitalopram sind bislang nicht beschrieben. Weder der unter Pantoprazol noch der unter Quetiapin beobachtete Effekt erreichte klinische Relevanz.

Obwohl weder Comedikation allgemein noch einer der beiden einzeln untersuchten Wirkstoffe generell zu Veränderungen des Escitalopram-Metabolismus führten, bestand in der fehlenden Altersabhängigkeit bei Patienten mit Monotherapie doch ein Hinweis darauf, dass die Veränderungen auf die Einnahme von Comedikation zurückzuführen waren.

Zudem stieg analog der Altersgrenze für den veränderten Metabolismus auch die Anzahl der eingenommenen Begleitmedikamente bei Patienten über 52 Jahren signifikant ($p < 0,05$).

Leber- und Nierenfunktionsstörungen führten nicht zu signifikanten Veränderungen der Escitalopram oder D-Escitalopram-Serumspiegel oder der Ratio D-Escitalopram/ Escitalopram. Escitalopram wird von Patienten mit Leberfunktionsstörungen gut vertragen (Areberg, 2007).

4.3.4.2 Diskussion: Katalyse durch CYP 2C19, CYP 2D6 und CYP 3A4: Escitalopram

Die Anzahl der Patienten, deren Leber und Nierenlaborparameter angegeben waren, war allerdings gering.

Vergleich der Ergebnisse von Citalopram und Escitalopram

Escitalopram ist das pharmakologisch aktive Enantiomer von Citalopram. Erwartungsgemäß deckten sich die pharmakodynamischen und pharmakokinetischen Eigenschaften von Citalopram und Escitalopram.

4.3.5 Metabolisierung durch CYP 2B6, 2C19, 3A4, 2D6 und 2C19: Sertralin

4.3.5.1.1 Übersicht

Sertralin wurde von Patienten aller Altersgruppen eingenommen, die beiden größten Gruppen bildeten die 40 bis 49 und die 70 bis 79-Jährigen. Der Anteil der Patienten ohne Comedikation betrug im Mittel 21,4 %, was verglichen mit anderen Psychopharmaka eher niedrig erschien.

Keine Altersabhängigkeit konnte bezüglich des Schweregrads der Erkrankung, des Therapieerfolgs und dem Auftreten von Nebenwirkungen nachgewiesen werden. 35,2 % der Patienten erreichten einen „sehr guten" Therapieerfolg und 81,0 % blieben ohne Nebenwirkungen. Alterspatienten erreichten also mit niedrigeren Tagesdosen vergleichbare Therapieerfolge.

Die dosiskorrigierten Sertralin-Serumspiegel lagen zwischen 0,20 und 0,50 ng/ml/mg, die D-Sertralin-Serumspiegel zwischen 0,50 und 1,00 ng/ml/mg, und die metabolische Ratio zwischen 1,69 und 2,70 (25 % und 75 % Perzentile) und entsprachen somit Literaturangaben (Sertralin: 0,6-1,2 ng/ml/mg, D-Sertralin: 0,50 ng/ml/mg bis 1,0 ng/ml/mg, Ratio: 1,70 bis 2,70, Reis et al., 2009).

4.3.5.1.2 Abhängigkeit des Sertralin-Metabolismus vom Alter

Entgegen Literaturvorgaben, in der eine signifikant niedrigere D-Sertralin/ Sertralin-Ratio bei Patienten unter 65 Jahre beschrieben ist (Reis et al., 2009) unterschieden sich weder die dosiskorrigierten Sertralin, D-Sertralin Serumspiegel noch die metabolische Ratio bei Patienten über und unter 65 Jahre.

Bei Patienten ohne Comedikation gab es keine Altersabhängigkeit der Sertralin-Serumspiegel und der D-Sertralin/ Sertralin Ratio. Die dosiskorrigierten D-Sertralin-Serumspiegel waren dagegen bei Patienten über 55 Jahre signifikant erhöht ($p < 0,05$). Die Tatsache, dass die metabolische Ratio konstant blieb, sprach gegen eine Beteiligung der Aktivität der CYP-Enzyme am beobachteten Alterseffekt.

In der Literatur wird ein Absinken der Sertralin-Halbwertszeit in Plasma beschrieben. Sie beträgt bei Patienten über 85 Jahre 36,3 h (Frauen) bzw. 36,6 h (Männer) gegenüber 32,1 h und 22,4 h bei jüngeren Patienten (Baumann, 1998). Die Halbwertszeit für D-Sertralin beträgt 62 h bis 104 h, wobei kein Alterseffekt beschrieben ist.

4.3.5.1.3 Auswirkungen von Comedikation auf den Metabolismus von Sertralin

Es gab keine Unterschiede der mittleren Sertralin-, D-Sertralin-Serumspiegel oder der metabolischen Ratio zwischen Patienten mit Mono- und Polytherapie. Keiner der einzeln untersuchten Wirkstoffe bewirkte Veränderungen in der D-Sertralin/ Sertralin-Ratio. Auch in Interaktionsstudien konnten keine Wechselwirkungen zwischen Sertralin

4.3.5 Diskussion: Katalyse durch CYP 2B6, 2C19, 3A4, 2D6 und 2C9: Sertralin

und einem anderen Wirkstoff gefunden werden. Dies erklärt sich dadurch, dass Sertralin durch eine Reihe von verschiedenen CYP-Enzymen metabolisiert wird (Obach et al., 2005).

4.3.5.1.4 Auswirkungen von BMI und auffälligen Laborparametern auf die Metabolisierung von Sertralin

Die dosiskorrigierten D-Sertralin Serumspiegel waren bei Patienten, deren BMI unter 20 lag, signifikant höher als bei Patienten mit höherem BMI ($p < 0,05$)

Als mögliche Ursache für den Anstieg der D-Sertralin-Serumspiegel konnte ein verändertes Verteilungsvolumen angenommen werden, wodurch allerdings die Frage aufgeworfen wird, warum nur der Metabolit und nicht die Muttersubstanz anstieg.
Da für die niedrigste BMI-Gruppe nur vier Datensätze von drei Patienten ausgewertet wurden, und die gemessenen D-Sertralin-Serumspiegel in allen BMI-Gruppen innerhalb des Normbereichs lagen, scheint die statistische Aussagekraft der Analyse zweifelhaft und sollte mit größeren Fallgruppen wiederholt werden.

4.3.6 Metabolisierung durch CYP 1A2, CYP 2C19 und CYP 3A4: Clozapin

4.3.6.1.1 Übersicht

Clozapin wurde hauptsächlich von Patienten unter 70 Jahren eingenommen.

Unabhängig vom Alter nahmen 22,1 % der Patienten keine weitere Begleitmedikation ein. Die mittlere Anzahl an Comedikation betrug 2,2 ohne dass eine Altersabhängigkeit bestand.

Die Höhe der Tagesdosis war nicht altersabhängig und unterschied sich bei Patienten mit Mono- und Polytherapie im Mittel nicht.

Der Schweregrad der Erkrankung war nicht vom Alter der Patienten abhängig. Allerdings erreichten ältere Patienten bei gleicher Tagesdosis im Durchschnitt einen schlechteren Therapieerfolg als jüngere Patienten ($p < 0,05$).
Unter Clozapin zeigten 49,6 % aller Patienten einen sehr guten Therapieerfolg. 65,1 % aller Patienten hatten keine Nebenwirkungen, wobei mit steigendem Alter signifikant häufiger Nebenwirkungen auftraten ($p < 0,001$).

Die gemessenen Serumspiegel zeigten folgende Werte:

Clozapin- und D-Clozapin Serumspiegel in der eigenen Untersuchung im Vergleich mit publizierten Werten

	Clozapin		D-Clozapin		Ratio D-Clozapin/ Clozapin	
	Q_{25}	Q_{75}	Q_{25}	Q_{75}	Q_{25}	Q_{75}
Volpicelli et al., 1993 n= 25	0,49 ng/ml/ mg	1,21 ng/ml /mg	0,44 ng/ml/mg	1,01 ng/ml/mg	0,71	1,05
Lovdahl et al., 1991 n= 29	0,98±0,61ng/ml/mg		0,30±0,17ng/ml/mg			
Tang et al., 2007 n= 193					0,49±0,22	
Eigene n= 77	0,93ng/ml/ mg	2,4 ng/ml/mg	0,64ng/ml/mg	1,6 ng/ml/mg	0,5	0,9

Tabelle 107: Die Quartilen Q_{25} und Q_{75} geben die Werte an, unterhalb deren 25 % respektive 75 % aller gemessener Serumspiegel lagen.

Damit lagen die eigenen Ergebnisse für die Clozapin- und D-Clozapin-Plasmakonzentrationen höher als von Volpicelli et al., 1993 und Lovdahl et al., 1991 publiziert, die Ratio war vergleichbar mit von Volpicelli et al., 1993 und Tang et al., 2007 publizierten Werten.

Die abweichenden Werte konnten mit auf die unterschiedlich großen Datenbanken oder auf Wechselwirkungen zurückzuführen sein.
Die eigene Untersuchung umfasste einen größere Patientenumfang als Volpicelli, 1993 (n= 25), und Lovdahl, 1991(n= 29). Bei Volpicelli, 1993 sind die Comedikationen

4.3.6 Katalyse durch CYP 1A2, CYP 2C19 und CYP 3A4: Clozapin

Cimetidin, Fluoxetin, Phenytoin und Valproat ausgeschlossen, die in der eigenen Untersuchung vorkommen. Lovdahl, 1991 macht keine Angaben zu Comedikation.

4.3.6.2 Abhängigkeit des Clozapin-Metabolismus vom Alter

Bei Patienten über 50 Jahre, die Clozapin einnahmen, wurden im Mittel erhöhte Clozapin- ($p < 0,05$) und D-Clozapin-($p < 0,01$) Serumspiegel gemessen.

Da die metabolische Ratio keine altersabhängige Veränderung zeigte, waren die Unterschiede der Serumspiegel nicht auf eine veränderte Enzymaktivität zurückzuführen. Bei Patienten ohne Comedikation konnten mittels Clusterzentrenanalyse keine Altersgruppen gebildet werden, was dafür sprach, dass die Altersabhängigkeit durch Wechselwirkungen hervorgerufen wurde. Hier kamen Veränderungen der Clearance, der Elimination, oder der Plasmaproteinbindung infrage.

Über die Altersabhängigkeit des Clozapinmetabolismus findet sich in der Literatur kein einheitliches Bild. Lane et al., 1999 und Haring et al., 1989 berichten von höheren Plasmaspiegeln in höherem Lebensalter. In beiden Studien sind Wechselwirkungen, die den Clozapin-Metabolismus beeinflussen, nicht auszuschließen, da bei Haring Comedikation erlaubt war und Lane nur Antidepressiva, Antipsychotika, Carbamazepin (Enzym-induzierend) und Fluvoxamin (Enzym-inhibierend) ausschloss.

Andere Studien konnten keinen Alterseffekt finden. Tang et al., 2007 weist keine Unterschiede in den Clozapin- und D-Clozapin Serumspiegeln bei Patienten über und unter 40 Jahre nach. Patienten dieser Studie erhielten alle eine Clozapin-Monotherapie.

4.3.6.3 Auswirkungen von Comedikation auf den Metabolismus von Clozapin

Bei Patienten ohne Comedikation ließen sich weder anhand der Clozapin, D-Clozapin Serumspiegel noch anhand der metabolischen Ratio Altersgruppen bilden.
Patienten mit Clozapin-Monotherapie hatten signifikant höhere Clozapin-Serumspiegel ($p < 0,05$), unveränderte D-Clozapin-Serumspiegel und eine signifikant niedrigere Ratio ($p < 0,01$) als Patienten mit Polytherapie. Dies deckt sich insofern mit Literaturangaben, als dass Patienten ohne Comedikation analog zu den Ergebnissen von Tang et al., 2007 keine Altersunterschiede zeigten, bei Patienten mit Comedikation entsprechend den Arbeiten von Lane et al., 1999 und Haring et al., 1989 in den höheren Altersgruppen höhere Clozapin- und D-Clozapin-Serumspiegel zeigten.

Um mögliche Wechselwirkungen bei Patienten über 50 Jahre näher zu betrachten, wurden die Unterschiede in der Comedikation bei jüngeren und älteren Patienten ermittelt. In allen Altersgruppen verbreitet waren Amisulprid, Fluvoxamin, Lorazepam und Valproat. Patienten über 50 Jahre nahmen am häufigsten Fluvoxamin (26,7 %), Lorazepam (26,7 %), Amisulprid (16,7 %) L-Thyroxin (16,7 %), Etilefrin (13,3 %), Pipamperon (13,3 %) und Venlafaxin (13,3 %).

Fluvoxamin und Valproat führten zu signifikanten Veränderungen im Clozapin-Metabolismus.

4.3.6 Katalyse durch CYP 1A2, CYP 2C19 und CYP 3A4: Clozapin

Veränderung des Metabolismus unter Fluvoxamin

Unter der Einnahme von Fluvoxamin wurden signifikant erhöhte Clozapin- (+230,8 %) und D-Clozapin Serumspiegel (+84,4 %) sowie eine signifikant niedrigere metabolische Ratio (-39,5 %) gemessen als bei Patienten ohne Comedikation.

Fluvoxamin als Begleitmedikation zu Clozapin kann die negative Symptomatik schizophrener Patienten verbessern, allerdings ist Fluvoxamin ist ein starker CYP 1A2-Inhibitor (Szegedi et al., 1999). Unter der Einnahme von Fluvoxamin nach Clozapin-Monotherapie stiegen die Serumspiegel von Clozapin und seines Metaboliten bis auf das fünffache (Szegedi et al., 1999).

Fluvoxamin war in allen Altersklassen verbreitet (26,7 % bei > 50- und 25,5 % bei über 50-Jährigen) und konnte zu den Unterschieden des Metabolismus bei Patienten mit Polytherapie gegenüber Monotherapie beitragen.

Veränderung der Serumspiegel unter Valproat

Valproat kann mit hochdosiertem Clozapin kombiniert werden, um Krampfanfällen vorzubeugen (Longo et al., 1995).

Patienten, die auch Valproat einnahmen, hatten signifikant niedrigere D-Clozapin-Serumspiegel (-42,7 %) und eine signifikant niedrigere Ratio (-50,6 %).

Beeinflussungen der Serumspiegel von Clozapin und seiner Metabolite durch Valproat sind in mehreren Studien beschrieben.
Centorrino et al., 1994 berichtet von erhöhten (+39 %) Clozapin-Serumspiegeln bei gleichzeitig niedrigeren (-23 %) D-Clozapin-Serumspiegeln und einer signifikant niedrigeren (- 46 %) D-Clozapin/ Clozapin Ratio. Verglichen werden dosiskorrigierte und auf das Körpergewicht bezogene Serumkonzentrationen. Im Gegensatz dazu gleichen sich die zunächst vergleichbaren Unterschiede in einer anderen Studie aus, wenn sie auf Tagesdosis und Körpergewicht bezogen werden (Faciolla et al., 1999). Die pharmakologischen Grundlagen dieser Wechselwirkungen sind bislang unklar. In den eigenen Daten konnte das Körpergewicht nicht in die Analyse mit einbezogen werden, da die Angaben dazu fehlten.

Valproat war bei Patienten unter 50 Jahre verbreitet (bei den unter 50-Jährigen nahmen 19 %, bei den über 50-jährigen 3 % der Patienten Valproat ein), die signifikant niedrigere D-Clozapin-Serumspiegel als ältere Patienten aufwiesen.
Medikamente, die hauptsächlich von über 50jährigen Patienten eingenommen wurden, waren Etilefrin, Pipamperon und Venlafaxin. Zwischen Etilefrin und Clozapin sowie zwischen Pipamperon und Clozapin ist kein Wechselwirkungspotential bekannt.

Unter Venlafaxin wurden erhöhte Clozapin- Serumspiegel beobachtete, eventuell liegt eine Hemmung des Abbaus von Clozapin vor (Repo-Tiihonen, 2005).

Die Veränderungen des Clozapin-Metabolismus bei Patienten über 50 Jahre konnte daher auf die Einnahme von Venlafaxin, Pipamperon und Valproat zurückzuführen sein.

4.3.7 Metabolisierung durch CYP 1A2, 2D6 und 3A4: Mirtazapin

4.3.7.1 Übersicht

Mirtazapin wurde von Patienten aller Altersgruppen eingenommen.

17,3 % aller Patienten nahmen keine Begleitmedikation ein. Die Häufigkeit von Monotherapie in den Altersgruppen war nicht altersabhängig.

Die durchschnittliche Anzahl von Comedikation betrug 2,4 und war nicht vom Alter abhängig. Am meisten Begleitmedikationen wurden im Mittel in der Gruppe der 60 bis 69-Jährigen eingesetzt, hier war auch der Maximalwert besonders hoch.

Die eingesetzten Tagesdosen lagen mit 15 mg bis 60 mg zum Teil oberhalb der empfohlenen Maximaldosis. Es bestand weder eine Abhängigkeit der Tagesdosis vom Alter, noch von der Einnahme von Comedikation.

Der Schweregrad der Erkrankung und der Therapieerfolg unterschieden sich in den einzelnen Altersgruppen im Mittel nicht. Einen sehr guten Therapieerfolg zeigten 11,7 % der Patienten.

Nebenwirkungen traten bei Patienten zwischen 30 und 69 Jahren mit steigendem Alter häufiger auf, bei Patienten zwischen 70 und 79 Jahren waren sie wieder seltener. Der Zusammenhang war signifikant ($p<0,01$).
Angaben über die Art der Nebenwirkungen wurde nur bei einem Viertel der Patienten gemacht. Die häufigsten Nebenwirkungen waren Schläfrigkeit/ Sedierung und Spannung/ innere Unruhe.

Das erste und dritte Quartil der gemessenen Serumspiegel in den eigenen Messungen sind mit Referenzwerten in Tabelle 107 aufgeführt.

	eigene		Shams et al., 2004		Reis et al., 2005	
Mirtazapin	Q_{25} 0,91 ng/ml/mg	n= 81	0,4 ng/ml/mg	n= 100	0,39 ng/ml/mg	n= 170
	Q_{75} 1,86 ng/ml/mg		0,9 ng/ml/mg		1,16 ng/ml/mg	
D-Mirtazapin	Q_{25} 0,67 ng/ml/mg	n= 81	0,2 ng/ml/mg	n= 100	0,37 ng/ml/mg	n= 170
	Q_{75} 1,22 ng/ml/mg		0,5 ng/ml/mg		0,60 ng/ml/mg	
Metabolische Ratio	Q_{25} 0,54 ng/ml/mg	n= 81	0,8 ng/ml/mg	n= 100		
	Q_{75} 0,91 ng/ml/mg		1,0 ng/ml/mg			

Tabelle 108: Mirtazapin- und D-Mirtazapin-Serumspiegel sowie die metabolische Ratio: eigene Messung und Literaturangaben

Die eigenen Werte waren höher als publizierte Referenzwerte (Shams et al., 2004, Reis et al., 2005)
Die Mirtazapin-Serumspiegel können sowohl vom Alter als auch vom Geschlecht beeinflusst werden. Unterschiedliche Gruppenzusammensetzungen könnten daher zu Abweichungen

4.3.7 Diskussion: Katalyse durch CYP 1A2, 2D6 und 3A4: Mirtazapin

führen. In den eigenen Ergebnissen waren 56 % der Patienten Frauen, bei Shams, 2004 52 % und bei Reis, 2005 fast 70 %. Patienten über 60 Jahre machten in der eigenen Untersuchung 42 %, in der Studie von Shams, 2004 33 % und bei Reis, 2005 22 % aus.

4.3.7.2 Abhängigkeit des Mirtazapin-Serumspiegels vom Alter

Patienten über 58 Jahre hatten im Mittel um 32,9 % erhöhte Mirtazapin-Serumspiegel ($p < 0,05$) und um 32,3 % erhöhte D-Mirtazapin-Serumspiegel ($p < 0,01$).

Bei Patienten ohne Comedikation fiel der Unterschied zwischen den Altersgruppen noch deutlicher aus (die Mirtazapin-Serumspiegel stiegen um 77,8 %, die D-Mirtazapin-Serumspiegel um 93,4 %). Allerdings waren die Fallzahlen sehr klein.

Der Einfluss vom Lebensalter auf den Mirtazapin- Serumspiegel wurde bereits früher publiziert. So finden Shams et al., 2004 eine Zunahme um 40 % (Mirtazapin), 67 % (D-Mirtazapin), und 20 % (metabolische Ratio), Reis et al., 2005 beschreibt eine Zunahme der Mirtazapin- bzw. D-Mirtazapin-Serumspiegel bei Patienten über 65 Jahre um 44 % bzw. 56 %.

In beiden Studien wurde auch der Unterschied des Mirtazapin-Metabolismus zwischen den beiden Geschlechtern beschrieben.
Frauen hatten höhere Serumspiegel, diese Veränderungen sind wahrscheinlich auf niedrigeres Körpergewicht und verändertes Verteilungsvolumen zurückzuführen, Daneben wurde bei Patientinnen aber auch erhöhte Ratio gemessen, die auf eine erhöhte CYP 3A4 Aktivität bei Frauen zurückzuführen ist.

In den eigenen Ergebnissen hatten Frauen signifikant niedrigere Mirtazapin-Serumspiegel ($p = 0,006$), und signifikant erhöhte D- Mirtazapin Serumspiegel ($p = 0,000$), während die Ratio sich bei den beiden Geschlechtern nicht signifikant voneinander unterschied.

Shams et al., 2004 berichtet von einem besseren Therapieerfolg bei niedriger D-Mirtazapin/ Mirtazapin Ratio sowie weniger Nebenwirkungen bei einer Ratio von 0,4 und höher.

In den eigenen Ergebnissen waren Therapieerfolg und das Auftreten von Nebenwirkungen nicht mit der Höhe der metabolischen Ratio assoziiert.

4.3.7.3 Auswirkungen von Comedikation auf den Mirtazapin-Serumspiegel

Die Einnahme von Comedikation führte nicht zu veränderten Mirtazapin- und D-Mirtazapin-Serumspiegeln und auch nicht zu einer veränderten Ratio.

4.3.7 Diskussion: Katalyse durch CYP 1A2, 2D6 und 3A4: Mirtazapin

Veränderung der Mirtazapin-Serumspiegel unter Comedikation Pantoprazol

Von den einzeln untersuchten Wirkstoffen trat nur unter Pantoprazol ein um 43 % erhöhter mittlerer D-Mirtazapin-Serumspiegel auf. Es sind keine Interaktionen zwischen Mirtazapin und Pantoprazol bekannt (Fachinformation Remergil, 2008).
Pantoprazol wird wie Mirtazapin über das Cytochrom-P450 System verstoffwechselt. Wechselwirkungen waren daher denkbar. Darüber hinaus kann Pantoprazol die pH-abhängige Resorption von Arzneimitteln verändern.
Da die metabolische Ratio bei Patienten mit Pantoprazol nicht erhöht war, konnten die Unterschiede nicht aus einer veränderten Leberenzym-Aktivität resultieren.
Denkbar wäre außerdem eine Interaktion über das P-gp, das in der Elimination von Mirtazapin und Pantoprazol eine Rolle spielt.

In der Studie von Shams et al., 2004 trat unter Comedikation mit Amisulprid und Sertralin eine niedrigere D-Mirtazapin/ Mirtazapin-Ratio auf.
Der Einfluss von Amisulprid und Sertralin auf den Mirtazapin-Metabolismus konnte in den eigenen Daten nicht analysiert werden, da beide Wirkstoffe nur vereinzelt eingenommen wurden.

4.3.8 Metabolisierung ohne Beteiligung von CYP-Enzymen: Amisulprid

4.3.8.1 Übersicht

80 % der Patienten, die Amisulprid einnahmen, waren jünger als 40 Jahre.

Die Behandlung von Patienten über 65 Jahre wird aufgrund mangelnder klinischer Erfahrungen nicht empfohlen. In dieser Altersgruppe kann die Einnahme von Amisulprid und anderen Neuroleptika zu Sedierung und Hypertension führen (Fachinformation Solian, 2009).

Der Anteil der Patienten, die keine weitere Begleitmedikation erhielten, betrug in allen Altersgruppen etwa 40 %. Dagegen stieg in den höheren Altersgruppen die Anzahl der eingenommenen Comedikationen signifikant (p < 0,001).

Die durchschnittliche Tagesdosis war bei den unter 50jährigen Patienten konstant, lag bei den 50 bis 59-Jährigen niedriger und erreichte einen Peak bei den 60 bis 69-Jährigen. Bei den noch älteren Patienten lag die Tagesdosis deutlich unter dem Durchschnitt. Patienten ohne Comedikation erhielten im Mittel signifikant niedrigere Tagesdosen (p < 0,01), die Verteilung in den Altersgruppen war ähnlich wie der beschriebene Verlauf, allerdings fehlte der Peak bei den 60 bis 69-Jährigen. Der Zusammenhang war für die Gesamtheit der Amisulprid Patienten signifikant, nicht aber für Amisulprid Patienten ohne Comedikation.

Der mittlere Schweregrad der Erkrankung stieg mit dem Alter signifikant an (p < 0,01), daneben erzielten ältere Patienten signifikant schlechtere Therapieerfolge (p < 0,001), besonders in den Altersgruppen 70 bis 79 und über 80 Jahre. In dieser Altersgruppe lagen die Tagesdosen unter dem Durchschnitt. 21,5 % aller Patienten erreichten einen „sehr guten" Therapieerfolg. Keine altersabhängigen signifikanten Veränderungen zeigten sich im Auftreten von Nebenwirkungen, obgleich der Anteil der Patienten ohne Nebenwirkungen proportional mit dem Alter stieg.

Die mittleren Amisulprid Serumspiegel lagen zwischen 0,25 ng/ml/mg (Q_{25}) und 0,68 ng/ml/mg (Q_{75}). Die entsprach Literaturangaben von 0,53±0,41 ng/ml/mg (Müller et al., 2009)

4.3.8.2 Abhängigkeit der Amisulprid- Serumspiegel vom Alter

Der mittlere Amisulprid-Serumspiegel stieg altersabhängig signifikant an (p < 0,001).

Mittels Clusterzentrenanalyse ließen sich zwei Altersgruppen berechnen, die sich bezüglich des Serumspiegels signifikant voneinander unterschieden. Dabei hatten Patienten über 41 Jahre signifikant höhere Serumspiegel (p < 0,001).
Auch bei Patienten ohne Comedikation stieg der mittlere Serumspiegel im Alter, es ließen sich zwei Altersgruppen bilden, die Altersgrenze lag analog zu der Gesamtheit der Patienten bei 40 Jahren.

4.3.8 Diskussion: Metabolismus ohne Beteiligung von Leberenzymen: Amisulprid

Der Anstieg der Amisulprid-Serumspiegel mit dem Alter wurde bereits publiziert (Müller et al., 2009) und lässt sich auf die Abnahme der glomulären Filtration mit steigendem Alter (Kampmann et al., 1974) zurückführen

4.3.8.3 Auswirkungen von Comedikation auf den Metabolismus von Amisulprid

Keinen Einfluss auf den Serumspiegel hatte Comedikation, die mittleren dosiskorrigierten Serumspiegel unterscheiden sich nicht signifikant bei Patienten mit und ohne Comedikation.

Die häufigsten Comedikationen waren Lorazepam und Biperiden, deren Einnahme sich ebenfalls nicht auf den Amisulprid- Serumspiegel auswirkte.

Die fehlenden pharmakokinetischen Wechselwirkungen über das Cytochrom P450-System lassen sich durch die fehlende hepatische Metabolisierung von Amisulprid erklären.
Daneben sind aber pharmakodynamische Wechselwirkungen wie antiarrhythmogene Wirkverstärkungen bekannt (Fachinformation Solian, 2009).

4.4 Übersicht über den Alterseffekt bei den einzelnen Wirkstoffen

CYP 1A2

Für Clozapin fand sich bei Patienten mit Monotherapie kein Hinweis für eine Altersabhängigkeit des Metabolismus, aber Comedikation beeinflusste prinzipiell Serumspiegel und die metabolische Ratio. Die gemessene Altersgrenze von 50 Jahren könnte auf die Einnahme von Comedikation zurückzuführen sein, wo besonders Pipamperon, Venlafaxin und Valproat aufgrund ihres häufigen Einsatzes in der Altersgruppe über 50 Jahre eine Rolle zu spielen schienen.

CYP 2D6

Die Biotransformationen von Risperidon zu 9-OH-Risperidon, D-Escitalopram zu DD-Escitalopram und Venlafaxin zu OD-Venlafaxin zeigten allesamt Altersveränderungen, die bei Patienten ohne Comedikation nicht beobachtet werden konnten.

Die Altersabhängigkeit aller über CYP 2D6 metabolisierten Wirkstoffe war daher nicht auf wirklich altersbedingte Veränderungen, sondern auf die die Einnahme von Comedikation zurückzuführen. Für Risperidon und Venlafaxin entsprach die Altersgrenze für die Veränderungen des Metabolismus jeweils der Altersgrenze für die Zunahme der Verwendung von Comedikation.

CYP 3A4

Die Aktivität von CYP 3A4 wurde anhand der Umsetzung von Venlafaxin zu ND-Venlafaxin und Mirtazapin zu D-Mirtazapin gemessen. Auch Ziprasidon und Quetiapin werden mithilfe von CYP 3A4 metabolisiert.

Der Metabolismus von Ziprasidon zeigte weder eine Altersabhängigkeit noch eine Beeinflussung durch Comedikation. Die Stabilität der Ziprasidon-Umsetzung gegenüber Beeinflussung der CYP 3A4-Aktivität lässt sich auf einen alternativen Stoffwechselweg über eine Aldehyd-Oxidase zurückführen.

Quetiapin zeigte eine Altersabhängigkeit, die Patienten mit und ohne Comedikation gleichermaßen betraf: Ab einem Alter von 49 Jahren waren die Quetiapin-Serumspiegel signifikant erhöht. Der Unterschied fiel bei Patienten ohne Comedikation sogar noch deutlicher aus, was damit zu erklären war, dass Comedikation die mittleren Quetiapin-Serumspiegel erhöht.
Der beobachtete Alterseffekt ließ keine Aussage über eine Änderung der CYP 3A4-Aktivität zu, da aufgrund fehlender Metaboliten-Spiegel die metabolische Ratio nicht gemessen werden konnte. Die altersabhängig steigenden Plasmaspiegel resultierten aus der mit steigendem Alter um 30-50 % abnehmenden Plasmaclearance von Quetiapin (Fachinformation Seroquel, 2010).

Patienten, die Venlafaxin einnahmen, zeigten ab einem Alter von 55 Jahren signifikant höhere Venlafaxin-Serumspiegel und eine signifikant niedrigere ND-Venlafaxin/ Venlafaxin Ratio, die CYP 3A4-Aktivität war also reduziert.
Da sich bei Patienten ohne Comedikation keine Altersgruppen bilden ließen, lag die Vermutung nahe, dass der Alterseffekt durch Arzneimittelinteraktionen verursacht wurde.

4.4 Diskussion: Übersicht über den Alterseffekt bei den einzelnen Wirkstoffen

Diese Annahme konnte nicht eindeutig bestätigt werden, da sich die Venlafaxin-Serumspiegel und die ND-Venlafaxin/ Venlafaxin-Ratio bei Patienten mit Mono- und Polytherapie nicht voneinander unterschieden. Die Altersgrenze von 54 bzw. 55 Jahren spricht allerdings für Wechselwirkungen als Ursache für Veränderungen bei den älteren Patienten, da sie der Altersgrenze von 56 Jahren entsprach, ab der signifikant häufiger und mehr Comedikation eingenommen wurde.

Anhand des Metabolismus von Mirtazapin konnte kein Anhaltspunkt für eine altersabhängig veränderte CYP 3A4-Aktivität gefunden werden. Zwar waren die Mirtazapin- und D-Mirtazapin-Serumspiegel bei Patienten ab 58 Jahren unabhängig von der Einnahme von Comedikation signifikant erhöht, diese Veränderungen betrafen aber nicht die metabolische Ratio.
Erhöhungen der Serumspiegel treten bei verlangsamter renaler Clearance auf, die für Mirtazapin zwar nicht für Alterspatienten allgemein beschrieben wurde, aber für Patienten mit leichter bis mittelschwerer Nierenfunktionsstörung.

Bei keinem der untersuchten Wirkstoffe ergab sich ein Hinweis auf eine altersabhängige Veränderung der CYP 3A4-Aktivität.
Altersveränderungen ließen sich entweder auf Comedikation zurückführen oder betrafen nur die Serumspiegel, nicht aber die Ratio.

CYP 2D6 und 3A4

Für Wirkstoffe, die über CYP 2D6 und 3A4 metabolisiert werden, zeigte sich insgesamt kein einheitliches Bild. Die Analyse der Aripiprazol- und Donepezil-Serumspiegel bei Patienten ohne Comedikation zeigte stark voneinander abweichende Altersgrenzen. Ihre Aussagekraft war jedoch begrenzt, da zum Einen die Analyse der Metabolite und der metabolischen Ratio fehlte, zum Anderen jeweils nur Daten von Patienten einer geringen Altersspanne zur Verfügung standen.
Bei beiden Wirkstoffen unterschieden sich die Serumspiegel von Patienten mit Mono- und Polytherapie im Mittel nicht.
Weder CYP 2D6 noch 3A4 zeigten einzeln eine Altersabhängigkeit.

CYP 2B6, 2C10, 3A4, 2D6 und 2C9

Patienten mit einer Sertralin- Monotherapie zeigten ab einem Alter von 58 Jahren signifikant erhöhte mittlere D-Sertralin-Serumspiegel, die metabolische Ratio war nicht betroffen.
Polytherapie führte nicht zu veränderten Serumspiegeln, was sich mit der Vielzahl von CYP-Enzymen, die am Metabolismus von Sertralin beteiligt sind, erklärt.

CYP 2C19, 3A4 und 2D6

Für Citalopram wurden ab einem Alter von 50 Jahren signifikant erhöhte Citalopram- und D-Citalopram-Serumspiegel gemessen, für Escitalopram ab 52 Jahren. Die mittlere D-Escitalopram/ Escitalopram-Ratio war bei Patienten ab 52 Jahren signifikant niedriger als bei jüngeren Patienten; bei der analogen Citalopram-Ratio gab es keine Altersgruppen.

4.4 Diskussion: Übersicht über den Alterseffekt bei den einzelnen Wirkstoffen

Bei beiden Wirkstoffen gab es keine Altersunterschiede bei Patienten mit Monotherapie. Obwohl sich bei Patienten mit Mono- und Polytherapie Serumspiegel und metabolische Ratio nicht voneinander unterschieden, konnten die Altersunterschiede mit der Einnahme von Comedikation erklärt werden.

Die einen Alterseffekt aufweisenden Wirkstoffe sind mit den wichtigsten pharmakokinetischen Parametern in Tabelle 108 aufgeführt.

Wirkstoff	Altersgrenze	Veränderung	Verteilungsvolumen V_D	Plasmaprotein - bindung	Eliminationshalbwertszeit $t_{1/2}$	AUC
Amisulprid	41	Anstieg der Amisulprid-Serumspiegel	5,8 l/kg	16%	12h	Zunahme 10 % bei Patienten > 65
Aripiprazol	35	Anstieg der Aripiprazol-Serumspiegel	4,9 l/kg	99%	75-146h	
Donepezil	70	Abnahme der Donepezil-Serumspiegel	12 l/kg	96%	70h	
Mirtazapin	58	Anstieg der Mirtazapin und D-Mirtazapin-Serumspiegel	„hoch"	85%	20-40h, gelegentlich < 65h	
Quetiapin	49	Anstieg der Quetiapin-Serumspiegel	10±4 l/kg	83%	67h	
Venlafaxin	55	Anstieg der Venlafaxin-Serumspiegel	4,4± 1,6 l/kg	27%	15h	

Tabelle 109: beobachtete altersabhängige Veränderungen der einzelnen Wirkstoffe und ihre pharmakokinetischen Kenngrößen

Die Wirkstoffe unterschieden sich bezüglich ihres Verteilungsvolumens, der Plasmaproteinbindung und der Eliminationshalbwertszeit zum Teil erheblich, so dass nicht auf einen zwingenden Alterseinfluss geschlossen werden konnte. Auch kann von unterschiedlich hohen Bindungsaffinitäten der einzelnen Wirkstoffe zu den die jeweiligen CYP-Enzymen ausgegangen werden, die zu unterschiedlichen Wechselwirkungspotential führen.

Patienten ab 40 Jahre (ohne Comedikation ab 41 Jahre) hatten signifikant erhöhte Amisulprid-Serumspiegel. Die Einnahme von Comedikation wirkte sich nicht auf die Serumspiegel aus, was bei der fehlenden hepatischen Biotransformation auch nicht zu erwarten war. Die Altersunterschiede werden auf eine veränderte Kinetik durch die verminderte renale Clearance zurückgeführt.

Comedikation hatte insgesamt einen großen Einfluss auf die Kinetik
Im Mittel sank der Anteil der Patienten, die keine Begleitmedikamente erhielten mit steigendem Alter stetig ab. Lediglich in der Altersgruppe der über 80-Jährigen war

4.4 Diskussion: Übersicht über den Alterseffekt bei den einzelnen Wirkstoffen

Monotherapie wieder häufiger. Für diese Entwicklung ließ sich eine Altersgrenze definieren, Patienten über 49 Jahre erhielten signifikant häufiger eine Multimedikation und nahmen im Mittel eine höhere Anzahl an Begleitmedikation.

5 Zusammenfassung

Altern geht mit einer Reihe physiologischer Veränderungen einher, von denen unklar ist, ob und in welchem Ausmaß sie sich auf die Metabolisierung von Arzneistoffen auswirken. Da in höherem Lebensalter überdurchschnittlich viele Arzneistoffe eingenommen werden und häufig mehrere Erkrankungen gleichzeitig vorliegen, können Auffälligkeiten in den Arzneimittelkonzentrationen im Blut nicht nur altersbedingt, sondern auch krankheitsbedingt oder durch Arzneimittelwechselwirkungen verursacht sein.

Die vorliegende Arbeit untersucht die Fragestellung, ob der Arzneimittelmetabolismus bei Alterspatenten generell, oder nur bei Patienten mit Multimorbidität und –medikation verändert ist, und in welchem Lebensalter diese Veränderungen einsetzen. Im Mittelpunkt stand dabei die Frage, ob die Aktivitäten distinkter Arzneimittel-abbauender Enzyme der Cytochrom P450-Enzym-Familie (CYP) verändert sind. Da viele Psychopharmaka nur bei Patienten im Alter zwischen 18 und 65 Jahren zugelassen sind, wurde die Hypothese geprüft, dass sich Patienten im Alter über und unter 65 Jahren in ihren Medikamentenspiegeln unterscheiden.

Für die Untersuchungen wurde eine Datenbank aus mittels Hochdruckflüssigchromatographie (HPLC) erhobenen Blutspiegelmessungen erstellt, die im Rahmen des pharmakotherapiebegleitenden TDM erhoben worden waren. Die Blutspiegel stammten von insgesamt 4197 Patienten, die mit Amisulprid, Aripiprazol, Citalopram, Clozapin, Donepezil, Escitalopram, Mirtazapin, Quetiapin, Risperidon, Sertralin, Venlafaxin oder Ziprasidon behandelt wurden. Die Messungen wurden ergänzt mit Angaben aus den TDM-Anforderungsscheinen bezüglich Tagesdosis, Begleitmedikamenten, Schweregrad der Erkrankung, Therapieerfolg und Verträglichkeit der Medikation. Zusätzlich wurden Daten der klinischen Chemie bezüglich der Befunde der Leber- und Nierenfunktion einbezogen, sowie Angaben zur Berechnung des BMI aufgezeichnet. Die in vivo-CYP-Enzymaktivitäten wurden anhand von metabolischen Ratios (Serumkonzentrationen Metabolit/ Serumkonzentration Muttersubstanz) beurteilt.

Im Mittel stieg der Schweregrad der Erkrankung mit dem Alter und der Therapieerfolg verschlechterte sich. Dies betraf im Einzelnen allerdings nur Patienten, die mit Amisulprid oder Clozapin behandelt worden waren.
Ältere Patienten litten häufiger an Nebenwirkungen als jüngere.

Unter Aripiprazol, Quetiapin, Sertralin und Venlafaxin erreichten Alterspatienten mit niedrigeren Tagesdosen gleiche Therapieerfolge wie jüngere Patienten.
Patienten, die mit Clozapin oder Amisulprid behandelt wurden, zeigten im Alter schlechtere Behandlungserfolge bei gleicher (Clozapin) bzw. niedrigerer (Amisulprid) Tagesdosen.
Therapieerfolg und mittlere Tagesdosis änderten sich bei Patienten, die Ziprasidon, Donepezil, Citalopram, Escitalopram und Mirtazapin einnahmen, nicht altersabhängig.

5. Zusammenfassung

Altersabhängige Unterschiede der Serumspiegel zeigten sich für Amisulprid, Aripiprazol, Donepezil, Mirtazapin, Desmethylmirtazapin, Quetiapin und Desmethylsertralin.

Allerdings lagen die Altersgrenzen außer bei Donepezil deutlich niedriger als die gängig angenommene von 65 Jahren, nämlich bei 35 Jahren (Aripiprazol), 70 Jahren (Donepezil), 55 Jahren (D-Sertralin), 41 Jahren (Amisulprid), 49 Jahren (Quetiapin) und 58 Jahren (Mirtazapin).
Es bestand kein Zusammenhang zwischen dem Auftreten veränderter Serumspiegel im Alter und dem Verteilungsvolumen, der Plasmaproteinbindung oder der Eliminationshalbwertszeit der untersuchten Wirkstoffe.

Für die untersuchten Wirkstoffe fand sich bei Patienten ohne Comedikation in keinem Fall eine altersabhängige Veränderung der Ratio. Es ergab sich daher kein Hinweis auf eine Veränderung der CYP-Aktivität im Alter.

Die Einnahme von Comedikation nahm mit dem Alter zu, hierfür ließ sich mit Hilfe der Clusterzentrenanalyse eine Altersgrenze von 49 Jahren definieren. Unter Polytherapie wurden Veränderungen der CYP-Aktivität beobachtet.

Bei Patienten mit labordiagnostisch festgestellter Leber- oder Niereninsuffizienz wurde der Einfluss veränderter Leber- oder Nierenfunktion auf die Biotransformation von Pharmaka untersucht. Diese Daten stammten von Patienten, die mit Donepezil, Venlafaxin, Citalopram oder Escitalopram behandelt wurden.
Bei keinem Wirkstoff wurden unter auffälligen Leber- oder Nierenparametern signifikant veränderte Serumspiegel gemessen.

Eine Abhängigkeit der Serumspiegel vom Körpergewicht wurde nur für Desmethylsertralin gefunden. Die Spiegel waren bei Patienten mit einem Body Mass Index unter 20 signifikant höher als bei Patienten mit einem Index über 20. Aufgrund der kleinen Fallgruppe und der Tatsache, dass der Serumspiegel der Muttersubstanz nicht stieg, konnte nicht zwingend von einem Alterseinfluss aufgrund der veränderten Körperzusammensetzung ausgegangen werden.
Insgesamt ergaben sich aus den Untersuchungen Hinweise auf moderate altersabhängige Veränderungen der Pharmakokinetik. Es ließen sich allerdings keine Empfehlungen ableiten, dass Alterspatienten andere Dosen erhalten sollten als jüngere Patienten. Es zeigte sich jedoch, dass mit altersabhängigen Veränderungen der Pharmakokinetik bereits nach dem 50. Lebensjahr zu rechnen ist. Weitere Untersuchungen sollten auch den Alterseffekt auf gastrointestinale Transporter einbeziehen, die die aktive Aufnahme von Arzneistoffen ins Blut bewerkstelligen. Unklar ist auch die Rolle des Alterns auf die Aktivität des P-Glykoproteins.

5. Zusammenfassung

5.1 Summary

Aging is associated by a number of physiologic alterations. Moreover, comorbid diseases increase with age. Therefore, elderly patients take more medications than younger patients. Reported alterations of drug concentrations in blood of elderly patients may thus be a consequence of age, morbity and/or polypharmacy.

The aim of this study was to specify pharmacodynamic and pharmacokinetic differences in geriatric patients. It was analysed if changes in drug metabolism occur generally in advanced age, or only in patients with polypharmacy or multimorbidity, aiming to define age thresholds for these changes. The main focus was to identify age-related alterations in cytochrome P450 enzyme (CYP) activities. Since many psychotropic drugs are licensed for patients aged 18 to 65 years, it was hypothesized that drug concentrations are different in patients above 65 years of age.
Data were collected and analysed retrospectively from a therapeutic drug monitoring (TDM) survey for psychiatric patients. Data were raised from 4197 patients receiving amisulpride, aripirazole, citalopram, clozapine, donepezil, escitalopram, mirtazapine, quetiapine, risperidone, sertraline, venlafaxine or ziprasidone. Data collection included information on age, serum concentrations, gender, indication for pharmacologic treatment, reason for TDM, severity of illness, therapeutic effect, side effects and concomitant medication. These data were recorded from the TDM request forms and completed by information from patients' records. Moreover, body weight and clinical chemistry data on liver- and kidney- parameters were recorded. Metabolic ratios calculated from concentrations of metabolite related to concentrations of parent compound were applied as measures for in vivo CYP–isoenzyme activities.
Global analysis revealed that the severity of illness and therapeutic effects declined with age. In detail, this decline occurred in patients treated with amisulpride or clozapine, but not in patients taking any of the other drugs. Side effects were more common in elderly patients.

Under aripiprazole-, quetiapine-, sertraline- or venlafaxine- treatment elderly and younger patients showed comparable therapeutic effects related to daily dose. Therapeutic effects of clozapine or amisulpride decreased in patients of advanced age, while the mean daily dose was not different for clozapine and lower for amisulpride as in younger patients.

Daily doses and therapeutic effects of citalopram, donepezil, escitalopram, mirtazapine and ziprasidone were comparable in all age groups.

Cluster analyses revealed that the age dependent threshold limits were lower than the commonly suggested of 65 years. They were at 35 years (for aripiprazole), 70 years (for donepezil), 55 years (for desmethylsertraline), 41 years (for amisulpride), 49 years (for quetiapine) and 58 years (for mirtazapine)
Age-related differences in serum concentration were detected for amisulpride, aripiprazole, donepezil, mirtazapine and D-mirtazapine, quetiapine and desmethylsertraline.

Age-dependent alterations in serum concentrations did not correlate with the drugs´ volumes of distribution, plasmaproteinbinding-properties, or elimination half-lives.

In patients under monotherapy, none of the analysed drugs showed an age-related alteration of metabolic ratios. This indicated that there was no age-related decline in CYP-activity.

Polytherapy was more common in patients of 49 years or older.
Influence of liver- or kidney malfunction, indicated by laboratory parameters, on drug metabolism was analysed by samples of patients receiving citalopram, donepezil, escitalopram and venlafaxine. None of these serum concentrations were significantly different from these in patients with normal liver- or kidney function.

With one exception, body weight did not affect serum concentrations of citalopram, sertraline or venlafaxine. In patients with a body mass index below 20, desmethylsertraline serum concentrations were significantly higher than in patients with higher body mass indices. Whether this resulted from pharmacokinetic properties of sertraline interacting with the low percentage of body fat remained unclear.

The data taken together indicated that age has an effect on the pharmacokinetics of psychoactive drugs. Alterations, however, were moderate and could not be attributed to distinct CYP isoenzymes. Age-dependent alterations in plasma concentrations of psychoacitve drugs must already be considered in patients who are older than 50 years. Further investigations are necessary that examine the effect of age on transporters like P-glycoprotein that are involved in the absorption and distribution kinetics of psychoactive drugs.

6 Anhang

6.1 Tabellen

6.1.1 Übersicht über die Altersgruppen

Schweregrad der Erkrankung (CGI) pro Altersgruppe

Schweregrad (CGI)		Altersgruppe								Gesamt
		< 20	20-29	30-39	40-49	50-59	60-69	70-79	> 80	
nicht beurteilbar	Anzahl	1	4	5	0	2	3	1	0	16
	Erwartete Anzahl	0,3	3,5	3,6	3,4	1,9	1,8	1,2	0,4	16,0
	% von Altersgruppe	1,6%	0,6%	0,7%	0,0%	0,6%	0,9%	0,5%	0,0%	0,5%
nicht krank	Anzahl	4	16	12	3	7	2	4	1	49
	Erwartete Anzahl	1,0	10,6	11,1	10,3	5,8	5,4	3,6	1,2	49,0
	% von Altersgruppe	6,6%	2,5%	1,8%	0,5%	2,0%	0,6%	1,8%	1,3%	1,6%
Grenzfall	Anzahl	3	12	19	18	11	10	6	3	82
	Erwartete Anzahl	1,7	17,8	18,6	17,2	9,7	9,0	6,0	2,0	82,0
	% von Altersgruppe	4,9%	1,8%	2,8%	2,9%	3,1%	3,0%	2,8%	4,0%	2,7%
leicht krank	Anzahl	3	41	63	41	31	28	18	5	230
	Erwartete Anzahl	4,7	50,0	52,1	48,3	27,1	25,4	16,7	5,7	230,0
	% von Altersgruppe	4,9%	6,3%	9,3%	6,5%	8,8%	8,5%	8,3%	6,7%	7,7%
mäßig krank	Anzahl	15	175	149	191	89	75	51	17	762
	Erwartete Anzahl	15,5	165,6	172,7	160,0	89,9	84,0	55,4	19,0	762,0
	% von Altersgruppe	24,6%	26,8%	21,9%	30,3%	25,1%	22,7%	23,4%	22,7%	25,4%
deutlich krank	Anzahl	25	301	272	253	142	137	97	32	1259
	Erwartete Anzahl	25,6	273,5	285,3	264,3	148,5	138,9	91,5	31,5	1259,0
	% von Altersgruppe	41,0%	46,2%	40,0%	40,2%	40,1%	41,4%	44,5%	42,7%	42,0%
schwer krank	Anzahl	10	97	146	112	65	69	37	13	549
	Erwartete Anzahl	11,2	119,3	124,4	115,3	64,8	60,6	39,9	13,7	549,0
	% von Altersgruppe	16,4%	14,9%	21,5%	17,8%	18,4%	20,8%	17,0%	17,3%	18,3%
extrem schwer krank	Anzahl	0	6	14	12	7	7	4	4	54
	Erwartete Anzahl	1,1	11,7	12,2	11,3	6,4	6,0	3,9	1,3	54,0
	% von Altersgruppe	0,0%	0,9%	2,1%	1,9%	2,0%	2,1%	1,8%	5,3%	1,8%
Gesamt	Anzahl	61	652	680	630	354	331	218	75	3001
	Erwartete Anzahl	61,0	652,0	680,0	630,0	354,0	331,0	218,0	75,0	3001,0
	% von Altersgruppe	100,0%	100,0%	100,0%	100,0%	100,0%	100,0%	100,0%	100,0%	100,0%

Tabelle 110: Abstufungen des Schweregrads der Erkrankung bei Patienten verschiedener Altersgruppen

6. Anhang

Therapieerfolg (CGI) pro Altersgruppe

Therapieerfolg (CGI)		Altersgruppe							Gesamt
		< 20	20-29	30-39	40-49	50-59	60-69	70-79	> 80	
sehr gut	Anzahl	10	161	161	110	75	51	42	11	621
	Erwartete Anzahl	11,8	134,0	145,1	130,3	73,8	67,0	44,7	14,3	621,0
	% von Altersgruppe	19,2 %	27,3 %	25,2 %	19,2 %	23,1 %	17,3 %	21,3 %	17,5 %	22,7%
mäßig	Anzahl	31	278	290	299	139	127	91	26	1281
	Erwartete Anzahl	24,4	276,3	299,3	268,8	152,2	138,2	92,3	29,5	1281,0
	% von Altersgruppe	59,6 %	47,1 %	45,4 %	52,1 %	42,8 %	43,1 %	46,2 %	41,3 %	46,8%
gering	Anzahl	8	97	111	98	58	75	39	20	506
	Erwartete Anzahl	9,6	109,2	118,2	106,2	60,1	54,6	36,4	11,7	506,0
	% von Altersgruppe	15,4 %	16,4 %	17,4 %	17,1 %	17,8 %	25,4 %	19,8 %	31,7 %	18,5%
unverändert/ verschlechtert	Anzahl	1	33	52	42	41	32	17	6	224
	Erwartete Anzahl	4,3	48,3	52,3	47,0	26,6	24,2	16,1	5,2	224,0
	% von Altersgruppe	1,9%	5,6%	8,1%	7,3%	12,6 %	10,8 %	8,6%	9,5%	8,2%
nicht beurteilbar	Anzahl	2	21	25	25	12	10	8	0	103
	Erwartete Anzahl	2,0	22,2	24,1	21,6	12,2	11,1	7,4	2,4	103,0
	% von Altersgruppe	3,8%	3,6%	3,9%	4,4%	3,7%	3,4%	4,1%	0,0%	3,8%
Gesamt	Anzahl	52	590	639	574	325	295	197	63	2735
	Erwartete Anzahl	52,0	590,0	639,0	574,0	325,0	295,0	197,0	63,0	2735,0
	% von Altersgruppe	100,0 %	100,0 %	100,0 %	100,0 %	100,0 %	100,0 %	100,0 %	100,0 %	100,0%

Tabelle 111: Abstufungen des Therapieerfolgs bei Patienten unterschiedlicher Altersgruppe

6. Anhang

Verträglichkeit (UKU) pro Altersgruppe

Nebenwirkung (UKU)		Alter								Gesamt
		< 20	20-29	30-39	40-49	50-59	60-69	70-79	> 80	
keine	Anzahl	20	302	318	288	161	118	75	34	1316
	Erwartete Anzahl	22,4	275,6	296,3	282,7	168,4	143,8	94,6	32,3	1316,0
	% von Altersgruppe	48,8%	59,9%	58,7%	55,7%	52,3%	44,9%	43,4%	57,6%	54,7%
leicht	Anzahl	18	141	128	138	74	57	47	15	618
	Erwartete Anzahl	10,5	129,4	139,2	132,7	79,1	67,5	44,4	15,1	618,0
	% von Altersgruppe	43,9%	28,0%	23,6%	26,7%	24,0%	21,7%	27,2%	25,4%	25,7%
mittel	Anzahl	2	39	62	60	41	50	28	3	285
	Erwartete Anzahl	4,9	59,7	64,2	61,2	36,5	31,1	20,5	7,0	285,0
	% von Altersgruppe	4,9%	7,7%	11,4%	11,6%	13,3%	19,0%	16,2%	5,1%	11,8%
schwer	Anzahl	1	22	34	31	32	38	23	7	188
	Erwartete Anzahl	3,2	39,4	42,3	40,4	24,1	20,5	13,5	4,6	188,0
	% von Altersgruppe	2,4%	4,4%	6,3%	6,0%	10,4%	14,4%	13,3%	11,9%	7,8%
Gesamt	Anzahl	41	504	542	517	308	263	173	59	2407
	Erwartete Anzahl	41,0	504,0	542,0	517,0	308,0	263,0	173,0	59,0	2407,0
	% von Altersgruppe	100,0%	100,0%	100,0%	100,0%	100,0%	100,0%	100,0%	100,0%	100,0%

Tabelle 112: Abstufungen der Nebenwirkungen bei Patienten verschiedener Altersgruppen

6. Anhang

6.1.2 Risperidon

Schweregrad der Erkrankung (CGI) pro Altersgruppe

Schweregrad der Erkrankung (CGI)		< 20	20-29	30-39	40-49	50-59	60-69	70-79	>80	Gesamt
nicht beurteilbar	Anzahl	1	0	0	0	0	0	0	0	1
	Erwartete Anzahl	0,0	0,2	0,2	0,3	0,1	0,1	0,0	0,0	1,0
	% von Altersgruppe	12,5%	0,0%	0,0%	0,0%	0,0%	0,0%	0,0%	0,0%	0,2%
nicht krank	Anzahl	0	0	0	0	0	1	0	0	1
	Erwartete Anzahl	0,0	0,2	0,2	0,3	0,1	0,1	0,0	0,0	1,0
	% von Altersgruppe	0,0%	0,0%	0,0%	0,0%	0,0%	2,7%	0,0%	0,0%	0,2%
Grenzfall	Anzahl	0	1	0	1	0	0	0	0	2
	Erwartete Anzahl	0,0	0,5	0,5	0,5	0,2	0,2	0,1	0,0	2,0
	% von Altersgruppe	0,0%	1,0%	0,0%	1,0%	0,0%	0,0%	0,0%	0,0%	0,5%
leicht krank	Anzahl	0	4	4	1	2	1	0	1	13
	Erwartete Anzahl	0,3	3,2	3,1	3,3	1,3	1,2	0,5	0,2	13,0
	% von Altersgruppe	0,0%	4,0%	4,1%	1,0%	4,8%	2,7%	0,0%	14,3%	3,1%
mäßig krank	Anzahl	2	42	19	33	8	5	6	0	115
	Erwartete Anzahl	2,2	28,1	27,3	29,2	11,7	10,3	4,2	1,9	115,0
	% von Altersgruppe	25,0%	41,6%	19,4%	31,4%	19,0%	13,5%	40,0%	0,0%	27,8%
deutlich krank	Anzahl	3	40	44	48	22	15	6	6	184
	Erwartete Anzahl	3,6	45,0	43,7	46,8	18,7	16,5	6,7	3,1	184,0
	% von Altersgruppe	37,5%	39,6%	44,9%	45,7%	52,4%	40,5%	40,0%	85,7%	44,6%
schwer krank	Anzahl	2	13	27	20	10	14	3	0	89
	Erwartete Anzahl	1,7	21,8	21,1	22,6	9,1	8,0	3,2	1,5	89,0
	% von Altersgruppe	25,0%	12,9%	27,6%	19,0%	23,8%	37,8%	20,0%	0,0%	21,5%
extrem schwer krank	Anzahl	0	1	4	2	0	1	0	0	8
	Erwartete Anzahl	0,2	2,0	1,9	2,0	0,8	0,7	0,3	0,1	8,0
	% von Altersgruppe	0,0%	1,0%	4,1%	1,9%	0,0%	2,7%	0,0%	0,0%	1,9%
Gesamt	Anzahl	8	101	98	105	42	37	15	7	413
	Erwartete Anzahl	8,0	101,0	98,0	105,0	42,0	37,0	15,0	7,0	413,0
	% von Altersgruppe	100,0%	100,0%	100,0%	100,0%	100,0%	100,0%	100,0%	100,0%	100,0%

Tabelle 113 Schweregrad der Erkrankung bei Risperidon-Patienten unterschiedlicher Altersgruppen

6. Anhang

Therapieerfolg (CGI) pro Altersgruppe

Therapieerfolg (CGI)		Altersgruppe								Gesamt
		< 20	20-29	30-39	40-49	50-59	60-69	70-79	>80	
sehr gut	Anzahl	1	13	14	9	4	3	6	2	52
	Erwartete Anzahl	1,1	12,2	12,9	13,8	4,7	4,4	2,0	,9	52,0
	% von Altersgruppe	12,5%	14,1%	14,4%	8,7%	11,4%	9,1%	40,0%	28,6%	13,3%
mäßig	Anzahl	4	55	54	74	19	20	6	3	235
	Erwartete Anzahl	4,8	55,3	58,3	62,5	21,0	19,8	9,0	4,2	235,0
	% von Altersgruppe	50,0%	59,8%	55,7%	71,2%	54,3%	60,6%	40,0%	42,9%	60,1%
gering	Anzahl	2	19	14	12	6	7	1	1	62
	Erwartete Anzahl	1,3	14,6	15,4	16,5	5,5	5,2	2,4	1,1	62,0
	% von Altersgruppe	25,0%	20,7%	14,4%	11,5%	17,1%	21,2%	6,7%	14,3%	15,9%
unverändert/ verschlechtert	Anzahl	1	2	9	6	5	3	1	1	28
	Erwartete Anzahl	,6	6,6	6,9	7,4	2,5	2,4	1,1	,5	28,0
	% von Altersgruppe	12,5%	2,2%	9,3%	5,8%	14,3%	9,1%	6,7%	14,3%	7,2%
nicht beurteilbar	Anzahl	0	3	6	3	1	0	1	0	14
	Erwartete Anzahl	,3	3,3	3,5	3,7	1,3	1,2	,5	,3	14,0
	% von Altersgruppe	,0%	3,3%	6,2%	2,9%	2,9%	,0%	6,7%	,0%	3,6%
Gesamt	Anzahl	8	92	97	104	35	33	15	7	391
	Erwartete Anzahl	8,0	92,0	97,0	104,0	35,0	33,0	15,0	7,0	391,0
	% von Altersgruppe	100,0%	100,0%	100,0%	100,0%	100,0%	100,0%	100,0%	100,0%	100,0%

Tabelle 114: Therapieerfolg bei Risperidon-Patienten unterschiedlicher Altersgruppen

6. Anhang

Verträglichkeit (UKU) pro Altersgruppe

Nebenwirkungen (UKU)		Altersgruppe								Gesamt
		< 20	20-29	30-39	40-49	50-59	60-69	70-79	>80	< 20
keine	Anzahl	2	66	63	83	38	30	11	6	299
	Erwartete Anzahl	5,7	71,4	67,9	78,5	34,6	26,9	9,2	4,9	299,0
	% von Altersgruppe	25,0%	65,3%	65,6%	74,8%	77,6%	78,9%	84,6%	85,7%	70,7%
leicht	Anzahl	6	25	21	20	9	3	1	1	86
	Erwartete Anzahl	1,6	20,5	19,5	22,6	10,0	7,7	2,6	1,4	86,0
	% von Altersgruppe	75,0%	24,8%	21,9%	18,0%	18,4%	7,9%	7,7%	14,3%	20,3%
mittel	Anzahl	0	2	4	2	1	4	1	0	14
	Erwartete Anzahl	0,3	3,3	3,2	3,7	1,6	1,3	0,4	0,2	14,0
	% von Altersgruppe	0,0%	2,0%	4,2%	1,8%	2,0%	10,5%	7,7%	0,0%	3,3%
schwer	Anzahl	0	8	8	6	1	1	0	0	24
	Erwartete Anzahl	0,5	5,7	5,4	6,3	2,8	2,2	0,7	0,4	24,0
	% von Altersgruppe	0,0%	7,9%	8,3%	5,4%	2,0%	2,6%	0,0%	0,0%	5,7%
Gesamt	Anzahl	8	101	96	111	49	38	13	7	423
	Erwartete Anzahl	8,0	101,0	96,0	111,0	49,0	38,0	13,0	7,0	423,0
	% von Altersgruppe	100,0%	100,0%	100,0%	100,0%	100,0%	100,0%	100,0%	100,0%	100,0%

Tabelle 115: Schwere der Nebenwirkungen bei Risperidon-Patienten verschiedener Altersgruppen

6. Anhang

6.1.3 Quetiapin

Höhe der Tagesdosis in den untersuchten Altersgruppen

		Altersgruppe								Gesamt
		< 20	20-29	30-39	40-49	50-59	60-69	70-79	> 80	
Dosis mg/d	25	0	0	0	0	0	0	1	0	1
	50	0	2	0	0	1	0	5	1	9
	63	0	0	0	0	0	1	0	0	1
	75	0	0	0	1	0	0	0	0	1
	100	0	5	1	0	3	2	0	1	12
	125	0	0	0	0	0	0	1	0	1
	150	0	1	1	0	1	4	0	1	8
	175	0	1	0	0	0	1	0	0	2
	200	1	6	0	3	2	1	1	0	14
	250	0	0	1	0	1	0	0	0	2
	300	3	5	9	9	2	1	2	0	31
	350	0	1	0	0	6	0	0	0	7
	400	2	13	9	10	5	2	1	0	42
	450	0	0	3	0	2	2	0	0	7
	500	0	8	5	2	3	0	0	0	18
	550	0	1	0	1	0	0	0	0	2
	600	2	19	12	18	2	12	0	2	67
	700	0	8	2	2	0	0	0	0	12
	750	0	4	0	0	0	0	0	0	4
	800	0	9	31	9	1	3	0	0	53
	900	0	4	4	3	0	0	0	0	11
	1000	0	2	6	1	0	3	0	0	12
	1200	1	3	23	0	0	1	0	0	28
	1400	0	0	1	0	0	0	0	0	1
Mittelwert		478,0	546,0	765,0	547,0	353,0	516,0	200,0	300,0	578,0
Median		400,0	600,0	800,0	600,0	350,0	600,0	87,5	225,0	600,0
Gesamt		9	92	108	59	29	33	11	5	346

Tabelle 116: Kreuztabelle Dosis Quetiapin (mg/d) in den verschiedenen Altersgruppen (n= 346)

6. Anhang

		Altersgruppe						Gesamt
		<20	20-29	30-39	40-49	60-69	70-79	
Dosis mg/d	50	0	1	0	0	0	0	1
	175	0	1	0	0	0	0	1
	200	0	2	0	0	0	0	2
	300	2	1	2	2	0	2	9
	400	1	9	1	0	1	0	12
	450	0	0	0	1	0	0	1
	500	0	3	4	0	0	0	7
	600	1	9	4	0	0	0	14
	700	0	1	0	1	0	0	2
	800	0	4	3	0	0	0	7
	900	0	1	1	0	0	0	2
	1000	0	1	1	0	1	0	3
	1200	1	0	3	0	0	0	4
Mittelwert		560,0	522,0	694,0	525,0	700,0	300,0	579,0
Median		400,0	500,0	600,0	500,0	700,0	300,0	500,0
Gesamt		5	33	19	4	2	2	65

Tabelle 117: Kreuztabelle Dosis Quetiapin (mg/d) in den verschiedenen Altersgruppen bei Patienten ohne Comedikation (n= 65)

6. Anhang

Schweregrad der Erkrankung (CGI) pro Altersgruppe

Schweregrad der Erkrankung (CGI)		Alter							Gesamt
		< 20	20-29	30-39	40-49	50-59	60-69	70-79	> 80	
nicht krank	Anzahl	0	2	2	0	1	0	0	0	5
	Erwartete Anzahl	0,1	1,3	1,6	0,9	0,4	0,4	0,2	0,1	5,0
	% von Altersgruppe	0,0%	2,4%	1,9%	0,0%	3,8%	0,0%	0,0%	0,0%	1,5%
Grenzfall	Anzahl	2	1	1	0	0	0	0	0	4
	Erwartete Anzahl	0,1	1,0	1,3	0,7	0,3	0,3	0,1	0,1	4,0
	% von Altersgruppe	22,2%	1,2%	1,0%	0,0%	0,0%	0,0%	0,0%	0,0%	1,2%
leicht krank	Anzahl	1	4	9	9	5	1	1	0	30
	Erwartete Anzahl	0,8	7,6	9,7	5,3	2,4	2,4	1,1	0,6	30,0
	% von Altersgruppe	11,1%	4,9%	8,6%	15,8%	19,2%	3,8%	8,3%	0,0%	9,3%
mäßig krank	Anzahl	0	21	26	25	6	10	2	0	90
	Erwartete Anzahl	2,5	22,8	29,2	15,8	7,2	7,2	3,3	1,9	90,0
	% von Altersgruppe	0,0%	25,6%	24,8%	43,9%	23,1%	38,5%	16,7%	0,0%	27,8%
deutlich krank	Anzahl	2	41	44	15	9	10	6	3	130
	Erwartete Anzahl	3,6	32,9	42,1	22,9	10,4	10,4	4,8	2,8	130,0
	% von Altersgruppe	22,2%	50,0%	41,9%	26,3%	34,6%	38,5%	50,0%	42,9%	40,1%
schwer krank	Anzahl	4	12	21	7	5	5	3	4	61
	Erwartete Anzahl	1,7	15,4	19,8	10,7	4,9	4,9	2,3	1,3	61,0
	% von Altersgruppe	44,4%	14,6%	20,0%	12,3%	19,2%	19,2%	25,0%	57,1%	18,8%
extrem schwer krank	Anzahl	0	1	2	1	0	0	0	0	4
	Erwartete Anzahl	,1	1,0	1,3	0,7	0,3	0,3	0,1	0,1	4,0
	% von Altersgruppe	0,0%	1,2%	1,9%	1,8%	0,0%	0,0%	0,0%	0,0%	1,2%
Gesamt	Anzahl	9	82	105	57	26	26	12	7	324
	Erwartete Anzahl	9,0	82,0	105,0	57,0	26,0	26,0	12,0	7,0	324,0
	% von Altersgruppe	100,0%	100,0%	100,0%	100,0%	100,0%	100,0%	100,0%	100,0%	100,0%

Tabelle 118: Schweregrad der Erkrankung bei Quetiapin-Patienten unterschiedlicher Altersgruppen

6. Anhang

Therapieerfolg (CGI) pro Altersgruppe

Therapieerfolg (CGI)		Altersgruppe								Gesamt
		< 20	20-29	30-39	40-49	50-59	60-69	70-79	> 80	
sehr gut	Anzahl	0	19	21	16	11	8	2	2	79
	Erwartete Anzahl	1,8	19,1	25,0	13,7	8,0	6,7	3,4	1,3	79,0
	% von Altersgruppe	0,0%	25,7%	21,6%	30,2%	35,5%	30,8%	15,4%	40,0%	25,8%
mäßig	Anzahl	4	42	54	23	16	12	4	0	155
	Erwartete Anzahl	3,5	37,5	49,1	26,8	15,7	13,2	6,6	2,5	155,0
	% von Altersgruppe	57,1%	56,8%	55,7%	43,4%	51,6%	46,2%	30,8%	0,0%	50,7%
gering	Anzahl	1	9	15	8	3	3	6	1	46
	Erwartete Anzahl	1,1	11,1	14,6	8,0	4,7	3,9	2,0	0,8	46,0
	% von Altersgruppe	14,3%	12,2%	15,5%	15,1%	9,7%	11,5%	46,2%	20,0%	15,0%
unverändert/ verschlechtert	Anzahl	1	3	5	6	1	2	1	2	21
	Erwartete Anzahl	0,5	5,1	6,7	3,6	2,1	1,8	0,9	0,3	21,0
	% von Altersgruppe	14,3%	4,1%	5,2%	11,3%	3,2%	7,7%	7,7%	40,0%	6,9%
nicht beurteilbar	Anzahl	1	1	2	0	0	1	0	0	5
	Erwartete Anzahl	0,1	1,2	1,6	0,9	0,5	0,4	0,2	0,1	5,0
	% von Altersgruppe	14,3%	1,4%	2,1%	,0%	,0%	3,8%	0,0%	0,0%	1,6%
Gesamt	Anzahl	7	74	97	53	31	26	13	5	306
	Erwartete Anzahl	7,0	74,0	97,0	53,0	31,0	26,0	13,0	5,0	306,0
	% von Altersgruppe	100,0%	100,0%	100,0%	100,0%	100,0%	100,0%	100,0%	100,0%	100,0%

Tabelle 119: Therapieerfolg von Quetiapin bei Patienten unterschiedlicher Altersgruppen

6. Anhang

Verträglichkeit (UKU) pro Altersgruppe

Nebenwirkung (UKU)		Alter								Gesamt
		< 20	20-29	30-39	40-49	50-59	60-69	70-79	> 80	
keine	Anzahl	4	57	48	19	17	18	3	2	168
	Erwartete Anzahl	3,8	45,4	51,7	27,5	17,2	15,3	3,2	3,8	168,0
	% von Altersgruppe	66,7%	80,3%	59,3%	44,2%	63,0%	75,0%	60,0%	33,3%	63,9%
leicht	Anzahl	1	12	29	17	4	3	2	3	71
	Erwartete Anzahl	1,6	19,2	21,9	11,6	7,3	6,5	1,3	1,6	71,0
	% von Altersgruppe	16,7%	16,9%	35,8%	39,5%	14,8%	12,5%	40,0%	50,0%	27,0%
mittel	Anzahl	1	2	4	6	3	1	0	1	18
	Erwartete Anzahl	0,4	4,9	5,5	2,9	1,8	1,6	0,3	0,4	18,0
	% von Altersgruppe	16,7%	2,8%	4,9%	14,0%	11,1%	4,2%	,0%	16,7%	6,8%
schwer	Anzahl	0	0	0	1	3	2	0	0	6
	Erwartete Anzahl	0,1	1,6	1,8	1,0	0,6	0,5	0,1	0,1	6,0
	% von Altersgruppe	0,0%	0,0%	0,0%	2,3%	11,1%	8,3%	0,0%	0,0%	2,3%
Gesamt	Anzahl	6	71	81	43	27	24	5	6	263
	Erwartete Anzahl	6,0	71,0	81,0	43,0	27,0	24,0	5,0	6,0	263,0
	% von Altersgruppe	100,0%	100,0%	100,0%	100,0%	100,0%	100,0%	100,0%	100,0%	100,0%

Tabelle 120: Übersicht über den Schweregrad von Nebenwirkungen pro Altersgruppe bei Quetiapin-Patienten

Nebenwirkungen	Alter								
	< 20	20-29	30-39	40-49	50-59	60-69	70-79	> 80	Gesamt
Schläfrigkeit/ Sedierung	3	10	26	18	2	4	1	1	65
Spannung/ innere Unruhe	1	7	4	2	1	0	0	0	15
Polydipsie	0	1	0	0	3	0	0	0	4
EPS-Nebenwirkungen	0	2	5	4	2	0	2	2	17
Kardiovaskuläre Störungen	0	0	0	5	0	1	0	0	6
Gastrointestinale Störungen	0	1	2	0	2	0	0	0	5
andere	1	0	0	0	1	3	0	0	5
Gesamt	5	21	37	29	11	8	3	3	117

Tabelle 121: berichtete Nebenwirkungen unter der Einnahme von Quetiapin

6.1.4 Ziprasidon

Höhe der Tagesdosis in den untersuchten Altersgruppen

		Altersgruppe						Gesamt
		< 20	20-29	30-39	40-49	50-59	70-79	
Dosis mg/d	40	0	1	0	1	0	0	2
	60	0	1	0	2	0	0	3
	80	2	3	1	3	0	0	9
	120	0	5	6	6	2	0	19
	160	0	4	11	3	1	1	20
	180	0	0	1	1	0	0	2
	200	0	1	0	0	0	0	1
	240	0	1	0	1	0	0	2
Mittelwert		80,0	126,3	144,3	118,8	133,3	160,0	129,3
Median		80,0	120,0	160,0	120,0	120,0	160,0	120,0
Gesamt		2	16	19	17	3	1	58

Tabelle 122: Kreuztabelle Dosis Ziprasidon (mg/d) in den verschiedenen Altersgruppen (n= 58)

		Altersgruppe				Gesamt
Dosis mg/d		20-29	30-39	40-49	50-59	20-29
	40	1	0	1	0	2
	60	1	0	1	0	2
	120	2	3	1	1	7
	160	0	3	1	0	4
	180	0	0	1	0	1
	200	1	0	0	0	1
	Mittelwert	108,0	140,0	112,0	120,0	121,2
	Median	120,0	140,0	120,0	120,0	120,0
Gesamt		5	6	5	1	17

Tabelle 123: Kreuztabelle Dosis Ziprasidon (mg/d) in den verschiedenen Altersgruppen bei Patienten ohne Comedikation (n= 17)

6. Anhang

Schweregrad der Erkrankung (CGI) pro Altersgruppe

Schweregrad der Erkrankung (CGI)		Alter							Gesamt
		< 20	20-29	30-39	40-49	50-59	60-69	70-79	
leicht krank	Anzahl	0	1	2	0	0	0	0	3
	Erwartete Anzahl	0,1	0,9	0,9	0,9	0,1	0,1	0,1	3,0
	% von Altersgruppe	0,0%	7,1%	15,4%	0,0%	0,0%	0,0%	0,0%	6,7%
mäßig krank	Anzahl	0	2	4	3	0	0	0	9
	Erwartete Anzahl	0,2	2,8	2,6	2,6	0,4	0,2	0,2	9,0
	% von Altersgruppe	0,0%	14,3%	30,8%	23,1%	0,0%	0,0%	0,0%	20,0%
deutlich krank	Anzahl	1	9	5	7	1	1	0	24
	Erwartete Anzahl	0,5	7,5	6,9	6,9	1,1	0,5	0,5	24,0
	% von Altersgruppe	100%	64,3%	38,5%	53,8%	50,0%	100,0%	0,0%	53,3%
schwer krank	Anzahl	0	1	2	3	1	0	1	8
	Erwartete Anzahl	0,2	2,5	2,3	2,3	0,4	0,2	0,2	8,0
	% von Altersgruppe	0,0%	7,1%	15,4%	23,1%	50,0%	0,0%	100,0%	17,8%
extrem schwer krank	Anzahl	0	1	0	0	0	0	0	1
	Erwartete Anzahl	0,0	0,3	0,3	0,3	0,0	0,0	0,0	1,0
	% von Altersgruppe	0,0%	7,1%	0,0%	0,0%	0,0%	0,0%	0,0%	2,2%
Gesamt	Anzahl	1	14	13	13	2	1	1	45
	Erwartete Anzahl	1,0	14,0	13,0	13,0	2,0	1,0	1,0	45,0
	% von Altersgruppe	100,0%	100,0%	100,0%	100,0%	100,0%	100,0%	100,0%	100,0%

Tabelle 124: Schweregrad der Erkrankung bei Patienten unterschiedlicher Altersgruppen

6. Anhang

Therapieerfolg (CGI) pro Altersgruppe

Therapieerfolg (CGI)		Alter							Gesamt
		< 20	20-29	30-39	40-49	50-59	60-69	70-79	
sehr gut	Anzahl	0	2	2	1	0	0	0	5
	Erwartete Anzahl	1,8	19,1	25,0	13,7	8,0	6,7	3,4	5,0
	% von Altersgruppe	0,0%	14,3%	14,3%	7,7%	0,0%	0,0%	0,0%	10,4%
mäßig	Anzahl	1	7	7	9	0	0	0	24
	Erwartete Anzahl	1,0	7,0	7,0	6,5	1,5	0,5	0,5	24,0
	% von Altersgruppe	50,0%	50,0%	50,0%	69,2	0,0%	0,0%	0,0%	50,0%
gering	Anzahl	0	1	3	2	2	0	0	8
	Erwartete Anzahl	0,3	2,3	2,3	2,2	0,5	0,2	0,2	8,0
	% von Altersgruppe	0,0%	7,1%	21,4%	15,4%	66,7%	0,0%	0,0%	16,7%
unverändert/ verschlechtert	Anzahl	0	2	2	1	0	1	0	6
	Erwartete Anzahl	0,3	1,8	1,8	1,6	0,4	0,1	0,1	6,0
	% von Altersgruppe	0,0%	14,3%	14,3%	7,7%	0,0%	100,0%	0,0%	12,5%
nicht beurteilbar	Anzahl	1	2	0	0	1	0	1	5
	Erwartete Anzahl	0,2	1,5	1,5	1,4	0,3	0,1	0,1	5,0
	% von Altersgruppe	50,0%	14,3%	0,0%	0,0%	,33,3%	0,0%	100,0%	10,4%
Gesamt	Anzahl	2	14	14	13	3	1	1	48
	Erwartete Anzahl	2,0	14,0	14,0	13,0	3,0	1,0	1,0	48,0
	% von Altersgruppe	100,0%	100,0%	100,0%	100,0%	100,0%	100,0%	100,0%	100,0%

Tabelle 125: Therapieerfolg bei Patienten unterschiedlicher Altersgruppen

6. Anhang

Verträglichkeit (UKU) pro Altersgruppe

Nebenwirkung (UKU)		20-29	30-39	40-49	50-59	70-79	Gesamt
keine	Anzahl	4	9	3	0	1	17
	Erwartete Anzahl	5,3	6,4	4,3	0,5	0,5	17,0
	% von Altersgruppe	40,0%	75,0%	37,5%	0,0%	100,0%	53,1%
leicht	Anzahl	2	1	2	1	0	6
	Erwartete Anzahl	1,9	2,3	1,5	0,2	0,2	6,0
	% von Altersgruppe	20,0%	8,3%	25,0%	100,0%	0,0%	18,8%
mittel	Anzahl	3	1	3	0	0	7
	Erwartete Anzahl	2,2	2,6	1,8	0,2	0,2	7,0
	% von Altersgruppe	30,0%	8,3%	37,5%	0,0%	0,0%	21,9%
schwer	Anzahl	1	1	0	0	0	2
	Erwartete Anzahl	0,6	0,8	0,5	0,1	0,1	2,0
	% von Altersgruppe	10,0%	8,3%	0,0%	0,0%	0,0%	6,3%
Gesamt	Anzahl	10	12	8	1	1	32
	Erwartete Anzahl	10,0	12,0	8,0	1,0	1,0	32,0
	% von Altersgruppe	100,0%	100,0%	100,0%	100,0%	100,0%	100,0%

Tabelle 126: Nebenwirkungen bei Patienten unterschiedlicher Altersgruppen

6.1.5 Aripiprazol

Höhe der Tagesdosis in den untersuchten Altersgruppen

		Altersgruppe						Gesamt
		< 20	20-29	30-39	40-49	50-59	60-69	
Dosis mg/d	10	1	4	1	0	3	2	11
	15	1	13	7	6	2	2	31
	20	0	5	2	5	1	0	13
	25	0	0	1	0	0	0	1
	30	0	10	5	3	1	0	19
Gesamt		2	32	16	14	7	4	75

Tabelle 127: Kreuztabelle Dosis Aripiprazol (mg/d) in den verschiedenen Altersgruppen (n= 75)

		Altersgruppe						Gesamt
		< 20	20-29	30-39	40-49	50-59	60-69	
Dosis mg/d	10	1	2	1	0	2	1	7
	15	0	8	5	5	1	1	20
	20	0	4	1	3	0	0	8
	30	0	4	3	1	0	0	8
Gesamt		1	18	10	9	3	2	43

Tabelle 128: Kreuztabelle Dosis Aripiprazol (mg/d) in den verschiedenen Altersgruppen bei Patienten ohne Comedikation (n= 43)

6. Anhang

Schweregrad der Erkrankung (CGI) pro Altersgruppe

Schweregrad der Erkrankung (CGI)		Alter								Gesamt
		< 20	20-29	30-39	40-49	50-59	60-69	70-79	> 80	
nicht beurteilbar	Anzahl	0	2	0	0	0	0	0	0	2
	Erwartete Anzahl	0,1	0,8	0,5	0,4	0,2	0,1	0,0	0,0	2,0
	% von Altersgruppe	0,0%	1,6%	0,0%	0,0%	0,0%	0,0%	0,0%	0,0%	,6%
Grenzfall	Anzahl	0	1	0	0	0	0	0	0	1
	Erwartete Anzahl	0,0	0,4	0,2	0,2	0,1	0,0	0,0	0,0	1,0
	% von Altersgruppe	0,0%	0,8%	0,0%	0,0%	0,0%	0,0%	0,0%	0,0%	0,3%
leicht krank	Anzahl	1	5	2	1	0	0	0	0	9
	Erwartete Anzahl	0,3	3,6	2,2	1,8	0,7	0,3	0,0	0,0	9,0
	% von Altersgruppe	8,3%	3,9%	2,6%	1,6%	0,0%	0,0%	0,0%	0,0%	2,8%
mäßig krank	Anzahl	6	31	13	13	7	4	0	1	75
	Erwartete Anzahl	2,8	30,0	18,2	15,1	5,7	2,8	0,2	0,2	75,0
	% von Altersgruppe	50,0%	24,4%	16,9%	20,3%	29,2%	33,3%	0,0%	100,0%	23,6%
deutlich krank	Anzahl	4	65	42	28	9	3	0	0	151
	Erwartete Anzahl	5,7	60,3	36,6	30,4	11,4	5,7	,5	,5	151,0
	% von Altersgruppe	33,3%	51,2%	54,5%	43,8%	37,5%	25,0%	0,0%	0,0%	47,5%
schwer krank	Anzahl	1	22	20	18	8	5	1	0	75
	Erwartete Anzahl	2,8	30,0	18,2	15,1	5,7	2,8	0,2	0,2	75,0
	% von Altersgruppe	8,3%	17,3%	26,0%	28,1%	33,3%	41,7%	100,0%	0,0%	23,6%
extrem schwer krank	Anzahl	0	1	0	4	0	0	0	0	5
	Erwartete Anzahl	0,2	2,0	1,2	1,0	0,4	0,2	0,0	0,0	5,0
	% von Altersgruppe	0,0%	0,8%	0,0%	6,3%	0,0%	0,0%	0,0%	0,0%	1,6%
Gesamt	Anzahl	12	127	77	64	24	12	1	1	318
	Erwartete Anzahl	12,0	127,0	77,0	64,0	24,0	12,0	1,0	1,0	318,0
	% von Altersgruppe	100,0%	100,0%	100,0%	100,0%	100,0%	100,0%	100,0%	100,0%	100,0%

Tabelle 129: Schweregrad der Erkrankung bei Aripiprazol-Patienten unterschiedlicher Altersgruppen

6. Anhang

Therapieerfolg (CGI) pro Altersgruppe

Therapieerfolg (CGI)		Alter							Gesamt
		< 20	20-29	30-39	40-49	50-59	60-69	70-79	> 80	
sehr gut	Anzahl	0	19	11	6	4	2	0	0	42
	Erwartete Anzahl	1,8	16,0	11,6	8,0	2,8	1,6	0,1	0,1	42,0
	% von Altersgruppe	0,0%	17,4%	13,9%	10,9%	21,1%	18,2%	0,0%	0,0%	14,6%
mäßig	Anzahl	8	53	42	28	5	5	0	1	142
	Erwartete Anzahl	5,9	53,9	39,1	27,2	9,4	5,4	0,5	0,5	142,0
	% von Altersgruppe	66,7%	48,6%	53,2%	50,9%	26,3%	45,5%	0,0%	100,0%	49,5%
gering	Anzahl	4	25	17	13	5	3	1	0	68
	Erwartete Anzahl	2,8	25,8	18,7	13,0	4,5	2,6	0,2	0,2	68,0
	% von Altersgruppe	33,3%	22,9%	21,5%	23,6%	26,3%	27,3%	100,0%	0,0%	23,7%
unverändert/ verschlechtert	Anzahl	0	12	9	8	5	1	0	0	35
	Erwartete Anzahl	1,5	13,3	9,6	6,7	2,3	1,3	0,1	0,1	35,0
	% von Altersgruppe	0,0%	11,0%	11,4%	14,5%	26,3%	9,1%	0,0%	0,0%	12,2%
Gesamt	Anzahl	12	109	79	55	19	11	1	1	287
	Erwartete Anzahl	12,0	109,0	79,0	55,0	19,0	11,0	1,0	1,0	287,0
	% von Altersgruppe	100,0%	100,0%	100,0%	100,0%	100,0%	100,0%	100,0%	100,0%	100,0%

Tabelle 130: Therapieerfolg bei Aripiprazol-Patienten unterschiedlicher Altersgruppen

Verträglichkeit (UKU) pro Altersgruppe

Nebenwirkung (UKU)		Alter							Gesamt
		< 20	20-29	30-39	40-49	50-59	60-69	> 80	
keine	Anzahl	4	49	49	19	16	4	0	141
	Erwartete Anzahl	3,3	49,6	43,0	27,5	13,2	3,9	0,6	141,0
	% von Altersgruppe	66,7%	54,4%	62,8%	38,0%	66,7%	57,1%	0,0%	55,1%
leicht	Anzahl	2	30	18	19	5	2	0	76
	Erwartete Anzahl	1,8	26,7	23,2	14,8	7,1	2,1	0,3	76,0
	% von Altersgruppe	33,3%	33,3%	23,1%	38,0%	20,8%	28,6%	0,0%	29,7%
mittel	Anzahl	0	7	10	10	2	1	1	31
	Erwartete Anzahl	0,7	10,9	9,4	6,1	2,9	0,8	0,1	31,0
	% von Altersgruppe	0,0%	7,8%	12,8%	20,0%	8,3%	14,3%	100,0%	12,1%
schwer	Anzahl	0	4	1	2	1	0	0	8
	Erwartete Anzahl	0,2	2,8	2,4	1,6	0,8	0,2	0,0	8,0
	% von Altersgruppe	0,0%	4,4%	1,3%	4,0%	4,2%	0,0%	0,0%	3,1%
Gesamt	Anzahl	6	90	78	50	24	7	1	256
	Erwartete Anzahl	6,0	90,0	78,0	50,0	24,0	7,0	1,0	256,0
	% von Altersgruppe	100,0%	100,0%	100,0%	100,0%	100,0%	100,0%	100,0%	100,0%

Tabelle 131: Übersicht über den Schweregrad von Nebenwirkungen pro Altersgruppe bei Aripiprazol-Patienten

6. Anhang

6.1.6 Donepezil

Höhe der Tagesdosis in den untersuchten Altersgruppen

		Alter					
		40-49	50-59	60-69	70-79	> 80	Gesamt
Dosis mg/d	5,00	1	0	8	20	4	33
	10,00	0	1	14	36	16	67
Mittelwert		5,0	8,2	8,2	8,2	9,0	8,4
Median		5,0	10,0	10,0	10,0	10,0	10,0
Gesamt		1	1	22	56	20	100

Tabelle 132: Kreuztabelle Dosis Donepezil (mg/d) in den verschiedenen Altersgruppen (n= 100)

		Alter					
		40-49	50-59	60-69	70-79	> 80	Gesamt
Dosis mg/d	5,00	1	0	3	8	2	14
	10,00	0	1	4	13	6	24
Mittelwert		5,0	10,0	7,9	8,1	8,6	8,2
Median		5,0	10,0	10,0	10,0	10,0	10,0
Gesamt		1	1	7	21	8	38

Tabelle 158: Kreuztabelle Dosis Donepezil (mg/d) in den verschiedenen Altersgruppen bei Patienten ohne Comedikation (n= 38)

Schweregrad der Erkrankung (CGI) pro Altersgruppe

		Alter					
Schweregrad (CGI)		40-49	50-59	60-69	70-79	> 80	Gesamt
leicht krank	Anzahl	0	0	1	2	3	6
	Erwartete	0,1	0,1	1,3	3,3	1,3	6,0
	% von Altersgruppe	0,0%	0,0%	5,6%	4,4%	16,7%	7,2%
mäßig krank	Anzahl	0	0	1	3	2	6
	Erwartete	0,1	0,1	1,3	3,3	1,3	6,0
	% von Altersgruppe	0,0%	0,0%	5,6%	6,7%	11,1%	7,2%
deutlich krank	Anzahl	0	1	3	7	4	15
	Erwartete	0,2	0,2	3,3	8,1	3,3	15,0
	% von Altersgruppe	0,0%	100,0%	16,7%	15,6%	22,2%	18,1%
schwer krank	Anzahl	0	0	10	31	9	50
	Erwartete	0,6	0,6	10,8	27,1	10,8	50,0
	% von Altersgruppe	0,0%	0,0%	55,6%	68,9%	50,0%	60,2%
extrem schwer krank	Anzahl	1	0	3	2	0	6
	Erwartete	0,1	0,1	1,3	3,3	1,3	6,0
	% von Altersgruppe	100,0%	0,0%	16,7%	4,4%	0,0%	7,2%
Gesamt	Anzahl	1	1	18	45	18	83
	Erwartete	1,0	1,0	18,0	45,0	18,0	83,0
	% von Altersgruppe	100,0%	100,0%	100,0%	100,0%	100,0%	100,0%

Tabelle 133: Schweregrad der Erkrankung bei Donepezil-Patienten unterschiedlicher Altersgruppen

6. Anhang

Therapieerfolg (CGI) pro Altersgruppe

Therapieerfolg (CGI)		Alter					Gesamt
		40-49	50-59	60-69	70-79	> 80	
sehr gut	Anzahl	0	1	1	7	2	11
	Erwartete Anzahl	0,2	0,2	2,5	6,4	1,9	11,0
	% von Altersgruppe	0,0%	100,0%	6,3%	17,1%	16,7%	15,5%
mäßig	Anzahl	0	0	9	24	4	37
	Erwartete Anzahl	00,5	0,5	8,3	21,4	6,3	37,0
	% von Altersgruppe	0,0%	0,0%	56,3%	58,5%	33,3%	52,1%
gering	Anzahl	1	0	5	9	5	20
	Erwartete Anzahl	0,3	0,3	4,5	11,5	3,4	20,0
	% von Altersgruppe	100,0%	0,0%	31,3%	22,0%	41,7%	28,2%
unverändert/ verschlechtert	Anzahl	0	0	0	1	1	2
	Erwartete Anzahl	0,0	0,0	0,5	1,2	0,3	2,0
	% von Altersgruppe	0,0%	0,0%	0,0%	2,4%	8,3%	2,8%
nicht beurteilbar	Anzahl	0	0	1	0	0	1
	Erwartete Anzahl	0,0	0,0	0,2	0,6	0,2	1,0
	% von Altersgruppe	0,0%	0,0%	6,3%	0,0%	0,0%	1,4%
Gesamt	Anzahl	1	1	16	41	12	71
	Erwartete Anzahl	1,0	1,0	16,0	41,0	12,0	71,0
	% von Altersgruppe	100,0%	100,0%	100,0%	100,0%	100,0%	100,0%

Tabelle 134: Therapieerfolg bei Donepezil-Patienten in den unterschiedlichen Altersgruppen

Verträglichkeit (UKU) pro Altersgruppe

Nebenwirkungen (UKU)		Altersgruppe					Gesamt
		40-49	50-59	60-69	70-79	> 80	
keine	Anzahl	1	1	11	30	11	54
	Erwartete Anzahl	0,9	0,9	10,1	31,1	11,0	54,0
	% von Altersgruppe	100,0%	100,0%	100,0%	88,2%	91,7%	91,5%
leicht	Anzahl	0	0	0	4	0	4
	Erwartete Anzahl	0,1	0,1	0,7	2,3	0,8	4,0
	% von Altersgruppe	0,0%	0,0%	0,0%	11,8%	0,0%	6,8%
schwer	Anzahl	0	0	0	0	1	1
	Erwartete Anzahl	0,0	0,0	0,2	0,6	0,2	1,0
	% von Altersgruppe	0,0%	0,0%	0,0%	0,0%	8,3%	1,7%
Gesamt	Anzahl	1	1	11	34	12	59
	Erwartete Anzahl	1,0	1,0	11,0	34,0	12,0	59,0
	% von Altersgruppe	100,0%	100,0%	100,0%	100,0%	100,0%	100,0%

Tabelle 135: Schwere der Nebenwirkungen bei Patienten in den unterschiedlichen Altersgruppen

6. Anhang

6.1.7 Venlafaxin

Höhe der Tagesdosis in den untersuchten Altersgruppen

Dosis mg/d	Alter Dekade							Gesamt
	20-29	30-39	40-49	50-59	60-69	70-79	über 80	
0	0	0	0	0	3	0	0	3
37,5	0	0	1	0	1	0	0	2
75	0	7	3	11	4	10	0	35
106	0	1	0	0	0	0	0	1
113	0	0	1	1	1	4	1	8
150	**6**	**16**	**22**	**36**	**24**	**24**	**8**	**136**
180	0	0	0	0	0	1	0	1
188	0	0	0	0	0	4	0	4
200	0	0	1	0	0	0	0	1
225	**6**	**14**	**36**	**28**	**40**	**16**	**1**	**141**
263	0	0	0	0	0	2	0	2
300	1	7	20	18	28	11	1	86
325	0	0	0	0	1	0	0	1
350	0	0	0	1	0	0	0	1
375	0	1	3	4	5	3	0	16
400	0	0	0	0	1	0	0	1
450	0	0	0	1	0	0	0	1
525	0	0	1	0	0	0	0	1
Gesamt	13	46	88	100	108	75	11	441
Mittelwert	196,2	188,2	223,0	203,4	222,7	190,4	167,0	207,1
Median Dosis	225,0	150,0	225,0	225,0	225,0	150,0	150,0	225,0

Tabelle 136: Kreuztabelle Dosis Venlafaxin (mg/d) in den verschiedenen Altersgruppen (n= 441)

		Alter Dekade						Gesamt
		20-29	30-39	40-49	50-59	60-69	70-79	20-29
Dosis mg/d	0	0	0	0	0	2	0	2
	37,5	0	0	1	0	0	0	1
	75	0	0	0	4	0	1	5
	150	**3**	**2**	**6**	**3**	**3**	**0**	**17**
	180	0	0	0	0	0	1	1
	225	1	1	8	2	**5**	0	17
	300	0	1	4	0	1	1	7
	350	0	0	0	1	0	0	1
	375	0	1	0	0	0	0	1
Mittelwert		168,8	240,0	207,2	155,0	170,5	185,0	188,3
Median Dosis		150,0	225,0	225,0	150,0	225,0	180,0	202,5
Gesamt		4	5	19	10	11	3	52

Tabelle 137: Kreuztabelle Dosis Venlafaxin (mg/d) in den verschiedenen Altersgruppen bei Patienten ohne Comedikation (n= 52)

6. Anhang

Schweregrad der Erkrankung (CGI) pro Altersgruppe

Schweregrad der Erkrankung (CGI)		Alter							Gesamt
		20-29	30-39	40-49	50-59	60-69	70-79	> 80	
nicht beurteilbar	Anzahl	0	0	0	1	1	0	0	2
	Erwartete Anzahl	0,0	0,2	0,4	0,5	0,5	0,4	0,1	2,0
	% von Altersgruppe	0,0%	0,0%	0,0%	1,3%	1,2%	0,0%	0,0%	0,6%
nicht krank	Anzahl	1	1	0	2	0	1	0	5
	Erwartete Anzahl	0,1	0,4	1,0	1,2	1,3	0,9	0,1	5,0
	% von Altersgruppe	14,3%	3,4%	0,0%	2,6%	0,0%	1,7%	0,0%	1,5%
Grenzfall	Anzahl	0	1	3	4	5	2	0	15
	Erwartete Anzahl	0,3	1,3	3,0	3,5	3,8	2,7	0,4	15,0
	% von Altersgruppe	0,0%	3,4%	4,5%	5,1%	6,0%	3,4%	0,0%	4,5%
leicht krank	Anzahl	1	5	4	13	12	5	0	40
	Erwartete Anzahl	0,8	3,5	8,0	9,4	10,1	7,1	1,1	40,0
	% von Altersgruppe	14,3%	17,2%	6,1%	16,7%	14,3%	8,5%	,0%	12,0%
mäßig krank	Anzahl	3	6	33	18	23	21	2	106
	Erwartete Anzahl	2,2	9,3	21,1	24,9	26,8	18,8	2,9	106,0
	% von Altersgruppe	42,9%	20,7%	50,0%	23,1%	27,4%	35,6%	22,2%	31,9%
deutlich krank	Anzahl	1	10	17	27	32	23	6	116
	Erwartete Anzahl	2,4	10,1	23,1	27,3	29,3	20,6	3,1	116,0
	% von Altersgruppe	14,3%	34,5%	25,8%	34,6%	38,1%	39,0%	66,7%	34,9%
schwer krank	Anzahl	1	6	9	11	9	4	1	41
	Erwartete Anzahl	0,9	3,6	8,2	9,6	10,4	7,3	1,1	41,0
	% von Altersgruppe	14,3%	20,7%	13,6%	14,1%	10,7%	6,8%	11,1%	12,3%
extrem schwer krank	Anzahl	0	0	0	2	2	3	0	7
	Erwartete Anzahl	0,1	0,6	1,4	1,6	1,8	1,2	0,2	7,0
	% von Altersgruppe	0,0%	0,0%	0,0%	2,6%	2,4%	5,1%	0,0%	2,1%
Gesamt	Anzahl	7	29	66	78	84	59	9	332
	Erwartete Anzahl	7,0	29,0	66,0	78,0	84,0	59,0	9,0	332,0
	% von Altersgruppe	100,0%	100,0%	100,0%	100,0%	100,0%	100,0%	100,0%	100,0%

Tabelle 138: Schweregrad der Erkrankung bei Venlafaxin-Patienten in den unterschiedlichen Altersgruppen (n=332)

6. Anhang

Therapieerfolg (CGI) pro Altersgruppe

Therapieerfolg (CGI)		Alter							Gesamt
		20-29	30-39	40-49	50-59	60-69	70-79	> 80	
sehr gut	Anzahl	5	7	8	19	5	10	1	55
	Erwartete Anzahl	1,4	5,8	9,8	13,5	13,4	9,7	1,4	55,0
	% von Altersgruppe	62,5%	21,2%	14,3%	24,7%	6,6%	18,2%	12,5%	17,6%
mäßig	Anzahl	2	12	26	32	33	20	4	129
	Erwartete Anzahl	3,3	13,6	23,1	31,7	31,3	22,7	3,3	129,0
	% von Altersgruppe	25,0%	36,4%	46,4%	41,6%	43,4%	36,4%	50,0%	41,2%
gering	Anzahl	1	8	11	13	22	12	3	70
	Erwartete Anzahl	1,8	7,4	12,5	17,2	17,0	12,3	1,8	70,0
	% von Altersgruppe	12,5%	24,2%	19,6%	16,9%	28,9%	21,8%	37,5%	22,4%
unverändert/ verschlechtert	Anzahl	0	6	9	11	13	9	0	48
	Erwartete Anzahl	1,2	5,1	8,6	11,8	11,7	8,4	1,2	48,0
	% von Altersgruppe	0,0%	18,2%	16,1%	14,3%	17,1%	16,4%	0,0%	15,3%
nicht beurteilbar	Anzahl	0	0	2	2	3	4	0	11
	Erwartete Anzahl	0,3	1,2	2,0	2,7	2,7	1,9	0,3	11,0
	% von Altersgruppe	0,0%	0,0%	3,6%	2,6%	3,9%	7,3%	0,0%	3,5%
Gesamt	Anzahl	8	33	56	77	76	55	8	313
	Erwartete Anzahl	8,0	33,0	56,0	77,0	76,0	55,0	8,0	313,0
	% von Altersgruppe	100,0%	100,0%	100,0%	100,0%	100,0%	100,0%	100,0%	100,0%

Tabelle 139: Übersicht über den Therapieerfolg bei Venlafaxin-Patienten unterschiedlicher Altersgruppen

6. Anhang

Verträglichkeit (UKU) pro Altersgruppe

Nebenwirkung (UKU)		Alter							Gesamt
		20-29	30-39	40-49	50-59	60-69	70-79	> 80	
keine	Anzahl	4	4	11	14	6	11	4	54
	Erwartete Anzahl	1,4	5,1	10,7	12,3	13,3	10,1	1,2	54,0
	% von Altersgruppe	50,0%	13,3%	17,5%	19,4%	7,7%	18,6%	57,1%	17,0%
leicht	Anzahl	4	18	38	43	36	29	2	170
	Erwartete Anzahl	4,3	16,1	33,8	38,6	41,8	31,6	3,8	170,0
	% von Altersgruppe	50,0%	60,0%	60,3%	59,7%	46,2%	49,2%	28,6%	53,6%
mittel	Anzahl	0	5	10	11	21	12	0	59
	Erwartete Anzahl	1,5	5,6	11,7	13,4	14,5	11,0	1,3	59,0
	% von Altersgruppe	0,0%	16,7%	15,9%	15,3%	26,9%	20,3%	0,0%	18,6%
schwer	Anzahl	0	3	4	4	15	7	1	34
	Erwartete Anzahl	0,9	3,2	6,8	7,7	8,4	6,3	0,8	34,0
	% von Altersgruppe	0,0%	10,0%	6,3%	5,6%	19,2%	11,9%	14,3%	10,7%
Gesamt	Anzahl	8	30	63	72	78	59	7	317
	Erwartete Anzahl	8,0	30,0	63,0	72,0	78,0	59,0	7,0	317,0
	% von Altersgruppe	100,0%	100,0%	100,0%	100,0%	100,0%	100,0%	100,0%	100,0%

Tabelle 140: Übersicht über den Schweregrad auftretender Nebenwirkungen pro Altersgruppe

6. Anhang

6.1.8 Citalopram

Höhe der Tagesdosis in den untersuchten Altersgruppen

Dosis mg/d	Altersgruppe								Gesamt
	< 20	20-29	30-39	40-49	50-59	60-69	70-79	> 80	
10	0	2	0	3	0	1	1	0	7
20	0	13	10	11	9	8	10	2	63
30	0	1	2	3	1	7	3	1	18
40	3	6	12	18	17	7	12	4	79
50	0	1	1	0	0	0	1	0	3
60	1	1	3	0	1	1	4	0	11
80	0	1	1	2	0	1	0	0	5
100	0	0	1	0	0	0	0	0	1
Gesamt	4	25	30	37	28	25	31	7	187
Mittelwert	45,0	29,6	38,3	33,0	33,9	32,0	34,5	32,9	
Median	40	20	40	40	40	30	40	40	40

Tabelle 141: Kreuztabelle Dosis Citalopram (mg/d) in den verschiedenen Altersgruppen (n= 187)

Dosis mg/d	Altersgruppe								Gesamt
	< 20	20-29	30-39	40-49	50-59	60-69	70-79	> 80	
10	0	1	0	0	0	0	0	0	1
20	0	3	3	2	3	2	1	0	14
30	0	0	1	1	0	2	1	0	5
40	1	2	2	4	3	1	1	1	15
50	0	0	1	0	0	0	0	0	1
60	0	0	0	0	0	0	1	0	1
80	0	0	0	0	1	0	0	0	1
Gesamt	1	6	7	7	6	6	4	1	38
Mittelwert	40,0	25,0	31,4	32,9	30,0	36,7	37,5	40,0	
Median	40	20	30	40	30	30	35	40	30

Tabelle 142: Kreuztabelle Dosis Citalopram (mg/d) in den verschiedenen Altersgruppen bei Patienten ohne Comedikation (n= 38)

6. Anhang

Schweregrad der Erkrankung (CGI) pro Altersgruppe

Schweregrad der Erkrankung (CGI)		Altersgruppe								Gesamt
		< 20	20-29	30-39	40-49	50-59	60-69	70-79	> 80	
nicht krank	Anzahl	0	0	0	1	0	0	1	0	2
	Erwartete Anzahl	0,0	0,2	0,4	0,4	0,3	0,3	0,3	0,0	2,0
	% von Altersgruppe	0,0%	0,0%	0,0%	3,4%	0,0%	0,0%	4,8%	0,0%	1,6%
Grenzfall	Anzahl	0	0	0	1	0	0	0	0	1
	Erwartete Anzahl	0,0	0,1	0,2	0,2	0,1	0,1	0,2	0,0	1,0
	% von Altersgruppe	0,0%	0,0%	0,0%	3,4%	0,0%	0,0%	0,0%	0,0%	0,8%
leicht krank	Anzahl	0	3	1	1	1	2	4	0	12
	Erwartete Anzahl	0,3	1,5	2,1	2,7	1,7	1,7	2,0	0,1	12,0
	% von Altersgruppe	0,0%	18,8%	4,3%	3,4%	5,6%	11,1%	19,0%	0,0%	9,3%
mäßig krank	Anzahl	2	2	4	6	7	5	5	0	31
	Erwartete Anzahl	0,7	3,8	5,5	7,0	4,3	4,3	5,0	0,2	31,0
	% von Altersgruppe	66,7%	12,5%	17,4%	20,7%	38,9%	27,8%	23,8%	,0%	24,0%
deutlich krank	Anzahl	1	10	10	19	8	8	6	1	63
	Erwartete Anzahl	1,5	7,8	11,2	14,2	8,8	8,8	10,3	0,5	63,0
	% von Altersgruppe	33,3%	62,5%	43,5%	65,5%	44,4%	44,4%	28,6%	100,0%	48,8%
schwer krank	Anzahl	0	1	8	1	2	3	4	0	19
	Erwartete Anzahl	0,4	2,4	3,4	4,3	2,7	2,7	3,1	0,1	19,0
	% von Altersgruppe	0,0%	6,3%	34,8%	3,4%	11,1%	16,7%	19,0%	0,0%	14,7%
extrem schwer krank	Anzahl	0	0	0	0	0	0	1	0	1
	Erwartete Anzahl	0,0	0,1	0,2	0,2	0,1	0,1	0,2	0,0	1,0
	% von Altersgruppe	0,0%	0,0%	0,0%	0,0%	0,0%	0,0%	4,8%	0,0%	,8%
Gesamt	Anzahl	3	16	23	29	18	18	21	1	129
	Erwartete Anzahl	3,0	16,0	23,0	29,0	18,0	18,0	21,0	1,0	129,0
	% von Altersgruppe	100,0%	100,0%	100,0%	100,0%	100,0%	100,0%	100,0%	100,0%	100,0%

Tabelle 143 Übersicht über den Schweregrad der Erkranung bei Citalopram-Patienten unterschiedlicher Altersgruppen (n= 129)

6. Anhang

Therapieerfolg (CGI) pro Altersgruppe

Therapieerfolg (CGI)		< 20	20-29	30-39	40-49	50-59	60-69	70-79	> 80	Gesamt
sehr gut	Anzahl	0	2	2	9	1	0	3	0	17
	Erwartete Anzahl	0,4	2,3	2,6	4,1	2,7	2,1	2,7	0,1	17,0
	% von Altersgruppe	0,0%	12,5%	11,1%	31,0%	5,3%	0,0%	15,8%	0,0%	14,2%
mäßig	Anzahl	2	10	7	10	10	8	8	0	55
	Erwartete Anzahl	1,4	7,3	8,3	13,3	8,7	6,9	8,7	0,5	55,0
	% von Altersgruppe	66,7%	62,5%	38,9%	34,5%	52,6%	53,3%	42,1%	0,0%	45,8%
gering	Anzahl	1	2	7	6	6	5	5	0	32
	Erwartete Anzahl	0,8	4,3	4,8	7,7	5,1	4,0	5,1	0,3	32,0
	% von Altersgruppe	33,3%	12,5%	38,9%	20,7%	31,6%	33,3%	26,3%	0,0%	26,7%
unverändert/ verschlechtert	Anzahl	0	1	2	2	2	2	3	1	13
	Erwartete Anzahl	0,3	1,7	2,0	3,1	2,1	1,6	2,1	0,1	13,0
	% von Altersgruppe	0,0%	6,3%	11,1%	6,9%	10,5%	13,3%	15,8%	100,0%	10,8%
nicht beurteilbar	Anzahl	0	1	0	2	0	0	0	0	3
	Erwartete Anzahl	0,1	0,4	0,5	0,7	0,5	0,4	0,5	0,0	3,0
	% von Altersgruppe	0,0%	6,3%	0,0%	6,9%	0,0%	0,0%	0,0%	0,0%	2,5%
Gesamt	Anzahl	3	16	18	29	19	15	19	1	120
	Erwartete Anzahl	3,0	16,0	18,0	29,0	19,0	15,0	19,0	1,0	120,0
	% von Altersgruppe	100,0%	100,0%	100,0%	100,0%	100,0%	100,0%	100,0%	100,0%	100,0%

Tabelle 144: Übersicht über den Therapieerfolg bei Citalopram-Patienten unterschiedlicher Altersgruppen (n= 120)

6. Anhang

Verträglichkeit (UKU) pro Altersgruppe

Nebenwirkungen (UKU)		Alter						Gesamt
		20-29	30-39	40-49	50-59	60-69	70-79	
keine	Anzahl	2	4	4	1	4	5	20
	Erwartete Anzahl	2,2	3,7	3,0	2,2	4,4	4,4	20,0
	% von Altersgruppe	66,7%	80,0%	100,0%	33,3%	66,7%	83,3%	74,1%
leicht	Anzahl	1	0	0	0	1	1	3
	Erwartete Anzahl	0,3	0,6	0,4	0,3	0,7	0,7	3,0
	% von Altersgruppe	33,3%	0,0%	0,0%	0,0%	16,7%	16,7%	11,1%
mittel	Anzahl	0	0	0	1	1	0	2
	Erwartete Anzahl	0,2	0,4	0,3	0,2	0,4	0,4	2,0
	% von Altersgruppe	0,0%	0,0%	0,0%	33,3%	16,7%	0,0%	7,4%
schwer	Anzahl	0	1	0	1	0	0	2
	Erwartete Anzahl	0,2	0,4	0,3	0,2	0,4	0,4	2,0
	% von Altersgruppe	0,0%	20,0%	0,0%	33,3%	0,0%	0,0%	7,4%
Gesamt	Anzahl	3	5	4	3	6	6	27
	Erwartete Anzahl	3,0	5,0	4,0	3,0	6,0	6,0	27,0
	% von Altersgruppe	100,0%	100,0%	100,0%	100,0%	100,0%	100,0%	100,0%

Tabelle 145: Übersicht über den Schweregrad der Nebenwirkungen bei Citalopram-Patienten unterschiedlicher Altersgruppen (n=27)

6.1.9 Escitalopram
Höhe der Tagesdosis in den untersuchten Altersgruppen

Dosis mg/d	Altersgruppe								Gesamt
	< 20	20-29	30-39	40-49	50-59	60-69	70-79	> 80	
5	0	1	0	11	8	3	1	0	24
10	1	21	34	42	53	29	15	9	204
15	1	3	13	25	17	22	12	2	95
20	1	20	31	42	38	30	12	6	180
25	0	0	5	0	1	4	1	0	11
30	1	1	8	8	6	6	6	1	37
40	0	0	4	1	4	2	1	1	13
45	0	0	0	0	0	0	1	0	1
50	0	0	1	0	0	0	0	0	1
60	0	0	0	0	3	0	0	0	3
Mittelwert	18,5	15,0	18,0	15,3	16,4	16,6	17,7	16,3	
Median	17,5	15	20	15	15	15	15	15	
Gesamt	4	46	96	129	130	96	49	19	569

Tabelle 146: Kreuztabelle Dosis Escitalopram (mg/d) in den verschiedenen Altersgruppen (n= 569)

Dosis mg/d	Altersgruppe				Gesamt			
	20-29	30-39	40-49	50-59	60-69	70-79	> 80	
10	3	7	5	4	7	0	0	26
15	2	2	1	3	6	4	0	18
20	2	3	6	0	10	2	2	25
30	1	0	0	0	0	0	0	1
40	0	0	0	0	0	0	1	1
n	8	12	12	7	23	6	3	71
Mittelwert	16,4	13,3	15,4	12,1	15,7	16,7	26,7	
Median	15,0	10,0	17,5	10,0	15,0	15,0	20,0	

Tabelle 147: Kreuztabelle Dosis Escitalopram (mg/d) in den verschiedenen Altersgruppen bei Patienten ohne Comedikation (n= 71)

6. Anhang

Schweregrad der Erkrankung (CGI) pro Altersgruppe

Schweregrad der Erkrankung (CGI)		Altersgruppe								Gesamt
			< 20	20-29	30-39	40-49	50-59	60-69	70-79	> 80	
nicht beurteilbar	Anzahl	0	0	4	0	1	2	1	0	8
	Erwartete Anzahl	0,0	0,6	1,5	1,7	1,5	1,4	0,8	0,4	8,0
	% von Altersgruppe	0,0%	0,0%	6,3%	0,0%	1,6%	3,3%	3,0%	0,0%	2,4%
nicht krank	Anzahl	1	0	3	0	2	1	1	0	8
	Erwartete Anzahl	0,0	0,6	1,5	1,7	1,5	1,4	0,8	0,4	8,0
	% von Altersgruppe	50,0%	0,0%	4,8%	0,0%	3,2%	1,7%	3,0%	0,0%	2,4%
Grenzfall	Anzahl	0	1	0	0	1	4	0	0	6
	Erwartete Anzahl	0,0	0,5	1,1	1,3	1,1	1,1	0,6	0,3	6,0
	% von Altersgruppe	0,0%	3,8%	0,0%	0,0%	1,6%	6,7%	0,0%	0,0%	1,8%
leicht krank	Anzahl	0	1	4	7	4	7	2	0	25
	Erwartete Anzahl	0,1	1,9	4,7	5,4	4,7	4,5	2,5	1,3	25,0
	% von Altersgruppe	0,0%	3,8%	6,3%	9,7%	6,3%	11,7%	6,1%	0,0%	7,4%
mäßig krank	Anzahl	1	7	19	25	21	6	6	5	90
	Erwartete Anzahl	0,5	7,0	16,9	19,3	16,9	16,1	8,8	4,6	90,0
	% von Altersgruppe	50,0%	26,9%	30,2%	34,7%	33,3%	10,0%	18,2%	29,4%	26,8%
deutlich krank	Anzahl	0	13	20	32	21	28	11	3	128
	Erwartete Anzahl	0,8	9,9	24,0	27,4	24,0	22,9	12,6	6,5	128,0
	% von Altersgruppe	0,0%	50,0%	31,7%	44,4%	33,3%	46,7%	33,3%	17,6%	38,1%
schwer krank	Anzahl	0	4	13	8	10	11	12	5	63
	Erwartete Anzahl	0,4	4,9	11,8	13,5	11,8	11,3	6,2	3,2	63,0
	% von Altersgruppe	0,0%	15,4%	20,6%	11,1%	15,9%	18,3%	36,4%	29,4%	18,8%
extrem schwer krank	Anzahl	0	0	0	0	3	1	0	4	8
	Erwartete Anzahl	0,0	0,6	1,5	1,7	1,5	1,4	0,8	0,4	8,0
	% von Altersgruppe	0,0%	0,0%	0,0%	0,0%	4,8%	1,7%	0,0%	23,5%	2,4%
Gesamt	Anzahl	2	26	63	72	63	60	33	17	336
	Erwartete Anzahl	2,0	26,0	63,0	72,0	63,0	60,0	33,0	17,0	336,0
	% von Altersgruppe	100,0%	100,0%	100,0%	100,0%	100,0%	100,0%	100,0%	100,0%	100,0%

Tabelle 148: Übersicht über den Schweregrad der Erkrankung bei Escitalopram-Patienten unterschiedlicher Altersgruppen (n= 336)

6. Anhang

Therapieerfolg (CGI) pro Altersgruppe

Therapieerfolg (CGI)		Altersgruppe								Gesamt
		< 20	20-29	30-39	40-49	50-59	60-69	70-79	> 80	
sehr gut	Anzahl	0	1	10	14	10	17	3	1	56
	Erwartete Anzahl	0,2	3,8	10,6	13,4	9,7	10,8	4,9	2,6	56,0
	% von Altersgruppe	0,0%	4,8%	17,2%	19,2%	18,9%	28,8%	11,1%	7,1%	18,3%
mäßig	Anzahl	1	10	29	40	23	23	14	4	144
	Erwartete Anzahl	0,5	9,9	27,3	34,4	24,9	27,8	12,7	6,6	144,0
	% von Altersgruppe	100,0%	47,6%	50,0%	54,8%	43,4%	39,0%	51,9%	28,6%	47,1%
gering	Anzahl	0	7	13	13	12	12	8	7	72
	Erwartete Anzahl	0,2	4,9	13,6	17,2	12,5	13,9	6,4	3,3	72,0
	% von Altersgruppe	0,0%	33,3%	22,4%	17,8%	22,6%	20,3%	29,6%	50,0%	23,5%
unverändert/ verschlechtert	Anzahl	0	2	1	4	5	4	1	2	19
	Erwartete Anzahl	0,1	1,3	3,6	4,5	3,3	3,7	1,7	0,9	19,0
	% von Altersgruppe	0,0%	9,5%	1,7%	5,5%	9,4%	6,8%	3,7%	14,3%	6,2%
nicht beurteilbar	Anzahl	0	1	5	2	3	3	1	0	15
	Erwartete Anzahl	0,0	1,0	2,8	3,6	2,6	2,9	1,3	0,7	15,0
	% von Altersgruppe	0,0%	4,8%	8,6%	2,7%	5,7%	5,1%	3,7%	0,0%	4,9%
Gesamt	Anzahl	1	21	58	73	53	59	27	14	306
	Erwartete Anzahl	1,0	21,0	58,0	73,0	53,0	59,0	27,0	14,0	306,0
	% von Altersgruppe	100,0%	100,0%	100,0%	100,0%	100,0%	100,0%	100,0%	100,0%	100,0%

Tabelle 149: Übersicht über den Therapieerfolg bei Escitalopram-Patienten unterschiedlicher Altersgruppen (n=306)

6.1.10 Sertralin

Höhe der Tagesdosis in den untersuchten Altersgruppen

Dosis mg/d	Alter							Gesamt
	20-29	30-39	40-49	50-59	60-69	70-79	> 80	
10	1	0	0	0	0	0	0	1
20	0	0	1	0	0	0	0	1
25	0	0	0	0	1	1	0	2
30	0	0	0	0	0	0	1	1
50	2	12	13	5	7	11	7	57
75	0	1	0	1	3	1	4	10
90	0	0	0	0	0	1	0	1
100	12	4	15	6	4	7	3	51
125	1	0	0	0	1	1	0	3
150	2	2	3	3	0	2	3	15
200	2	2	0	3	3	0	0	10
Mittelwert	106,8	84,5	81,9	109,7	90,8	77,7	79,4	79,4
Median	100,0	50,0	100,0	100,0	75,0	62,5	75,0	100,0
Gesamt	20	21	32	18	19	24	18	152

Tabelle 150: Kreuztabelle Dosis Sertralin (mg/d) in den verschiedenen Altersgruppen (n=152)

Dosis mg/d	Alter							Gesamt
	20-29	30-39	40-49	50-59	60-69	70-79	> 80	
30	0	0	0	0	0	0	1	1
50	0	2	2	2	1	2	2	11
100	2	2	3	0	0	0	0	7
125	1	0	0	0	0	1	0	2
150	1	1	0	2	0	0	1	5
200	1	0	0	1	0	0	0	2
Mittelwert	135,0	90,0	80,0	120,0	50,0	75,0	70,0	95,7
Median	125,0	100,0	100,0	150,0	50,0	50,0	50,0	100,0
Gesamt	5	5	5	5	1	3	4	28

Tabelle 151: Kreuztabelle Dosis Sertralin (mg/d) in den verschiedenen Altersgruppen bei Patienten ohne Comedikation (n= 28)

6. Anhang

Schweregrad der Erkrankung (CGI) pro Altersgruppe

Schweregrad der Erkrankung (CGI)		Alter							Gesamt
		20-29	30-39	40-49	50-59	60-69	70-79	> 80	
nicht krank	Anzahl	0	0	1	0	0	1	0	2
	Erwartete Anzahl	0,2	0,2	0,5	0,2	0,3	0,4	0,2	2,0
	% von Altersgruppe	0,0%	0,0%	5,0%	0,0%	0,0%	6,7%	0,0%	2,4%
Grenzfall	Anzahl	0	0	2	1	0	2	0	5
	Erwartete Anzahl	0,6	0,5	1,2	0,5	0,7	0,9	0,5	5,0
	% von Altersgruppe	0,0%	0,0%	10,0%	11,1%	0,0%	13,3%	0,0%	6,1%
leicht krank	Anzahl	2	1	1	1	3	2	0	10
	Erwartete Anzahl	1,2	1,0	2,4	1,1	1,3	1,8	1,1	10,0
	% von Altersgruppe	20,0%	12,5%	5,0%	11,1%	27,3%	13,3%	0,0%	12,2%
mäßig krank	Anzahl	1	3	5	3	6	3	5	26
	Erwartete Anzahl	3,2	2,5	6,3	2,9	3,5	4,8	2,9	26,0
	% von Altersgruppe	10,0%	37,5%	25,0%	33,3%	54,5%	20,0%	55,6%	31,7%
deutlich krank	Anzahl	4	4	10	4	2	6	2	32
	Erwartete Anzahl	3,9	3,1	7,8	3,5	4,3	5,9	3,5	32,0
	% von Altersgruppe	40,0%	50,0%	50,0%	44,4%	18,2%	40,0%	22,2%	39,0%
schwer krank	Anzahl	3	0	1	0	0	1	2	7
	Erwartete Anzahl	0,9	0,7	1,7	0,8	0,9	1,3	0,8	7,0
	% von Altersgruppe	30,0%	,0%	5,0%	0,0%	0,0%	6,7%	22,2%	8,5%
Gesamt	Anzahl	10	8	20	9	11	15	9	82
	Erwartete Anzahl	10,0	8,0	20,0	9,0	11,0	15,0	9,0	82,0
	% von Altersgruppe	100,0%	100,0%	100,0%	100,0%	100,0%	100,0%	100,0%	100,0%

Tabelle 152: Schweregrad der Erkrankung bei Sertralin-Patienten unterschiedlicher Altersgruppen (n= 82)

6. Anhang

Therapieerfolg (CGI) pro Altersgruppe

Therapieerfolg (CGI)		20-29	30-39	40-49	50-59	60-69	70-79	> 80	Gesamt
sehr gut	Anzahl	3	3	7	4	2	9	3	31
	Erwartete Anzahl	3,9	4,2	7,0	3,2	3,5	6,3	2,8	31,0
	% von Altersgruppe	27,3%	25,0%	35,0%	44,4%	20,0%	50,0%	37,5%	35,2%
mäßig	Anzahl	5	4	9	5	5	9	3	40
	Erwartete Anzahl	5,0	5,5	9,1	4,1	4,5	8,2	3,6	40,0
	% von Altersgruppe	45,5%	33,3%	45,0%	55,6%	50,0%	50,0%	37,5%	45,5%
gering	Anzahl	2	4	3	0	0	0	2	11
	Erwartete Anzahl	1,4	1,5	2,5	1,1	1,3	2,3	1,0	11,0
	% von Altersgruppe	18,2%	33,3%	15,0%	0,0%	0,0%	0,0%	25,0%	12,5%
unverändert/ verschlechtert	Anzahl	1	1	0	0	2	0	0	4
	Erwartete Anzahl	0,5	0,5	0,9	0,4	0,5	0,8	0,4	4,0
	% von Altersgruppe	9,1%	8,3%	0,0%	0,0%	20,0%	0,0%	0,0%	4,5%
nicht beurteilbar	Anzahl	0	0	1	0	1	0	0	2
	Erwartete Anzahl	0,3	0,3	0,5	0,2	0,2	0,4	0,2	2,0
	% von Altersgruppe	0,0%	0,0%	5,0%	0,0%	10,0%	0,0%	0,0%	2,3%
Gesamt	Anzahl	11	12	20	9	10	18	8	88
	Erwartete Anzahl	11,0	12,0	20,0	9,0	10,0	18,0	8,0	88,0
	% von Altersgruppe	100,0%	100,0%	100,0%	100,0%	100,0%	100,0%	100,0%	100,0%

Tabelle 153: Therapieerfolg bei Sertralin-Patienten unterschiedlicher Altersgruppen (n= 88)

Verträglichkeit (UKU) pro Altersgruppe

Nebenwirkung (UKU)		20-29	30-39	40-49	50-59	60-69	70-79	> 80	Gesamt
keine	Anzahl	12	9	14	10	7	19	9	80
	Erwartete Anzahl	11,4	9,8	15,5	10,6	9,0	15,5	8,2	80,0
	% von Altersgruppe	85,7%	75,0%	73,7%	76,9%	63,6%	100,0%	90,0%	81,6%
leicht	Anzahl	2	2	4	1	3	0	1	13
	Erwartete Anzahl	1,9	1,6	2,5	1,7	1,5	2,5	1,3	13,0
	% von Altersgruppe	14,3%	16,7%	21,1%	7,7%	27,3%	0,0%	10,0%	13,3%
mittel	Anzahl	0	1	0	1	1	0	0	3
	Erwartete Anzahl	0,4	0,4	0,6	0,4	0,3	0,6	0,3	3,0
	% von Altersgruppe	0,0%	8,3%	0,0%	7,7%	9,1%	0,0%	0,0%	3,1%
schwer	Anzahl	0	0	1	1	0	0	0	2
	Erwartete Anzahl	0,3	0,2	0,4	0,3	0,2	0,4	0,2	2,0
	% von Altersgruppe	0,0%	0,0%	5,3%	7,7%	0,0%	0,0%	0,0%	2,0%
Gesamt	Anzahl	14	12	19	13	11	19	10	98
	Erwartete Anzahl	14,0	12,0	19,0	13,0	11,0	19,0	10,0	98,0
	% von Altersgruppe	100,0%	100,0%	100,0%	100,0%	100,0%	100,0%	100,0%	100,0%

Tabelle 154 Übersicht über den Schweregrad von Nebenwirkungen pro Altersgruppe bei Patienten, die Sertralin einnahmen (n= 98)

6. Anhang

6.1.11 Clozapin

Höhe der Tagesdosis in den untersuchten Altersgruppen

		Altersgruppe							Gesamt
		20-29	30-39	40-49	50-59	60-69	70-79	> 80	
Dosis mg/d	13	0	0	0	0	1	0	0	1
	25	0	0	0	0	1	0	0	1
	38	0	0	0	0	1	0	0	1
	50	0	0	0	0	0	0	2	2
	75	0	1	0	0	2	1	0	4
	100	1	0	4	2	3	0	0	10
	125	1	1	1	0	0	0	0	3
	150	1	0	5	1	0	0	0	7
	175	1	0	0	1	2	0	0	4
	200	2	3	0	2	1	0	0	8
	250	2	2	2	0	1	0	0	7
	275	1	0	0	0	0	1	0	2
	300	0	2	3	0	0	1	0	6
	350	2	3	1	1	2	0	0	9
	400	1	0	2	0	1	0	0	4
	450	0	0	0	0	1	0	0	1
	500	0	0	0	1	1	0	0	2
	550	1	0	0	0	0	0	0	1
	600	1	0	0	0	0	0	0	1
	675	1	0	0	0	0	0	0	1
	700	0	1	1	0	0	0	0	2
Mittelwert		310,0	280.8	238,2	221,9	198,5	216,7	50,0	243,2
Medin		250,0	250,0	150,0	187,5	175,0	275,0	50,0	200,0
Gesamt		15	13	19	8	17	3	2	77

Tabelle 155: Kreuztabelle Dosis Clozapin (mg/d) in den verschiedenen Altersgruppen

		Altersgruppe							Gesamt
		20-29	30-39	40-49	50-59	60-69	70-79	> 80	20-29
Dosis mg/d	50	0	0	0	0	0	0	1	1
	75	0	0	0	0	1	0	0	1
	150	0	0	1	0	0	0	0	1
	175	0	0	0	1	0	0	0	1
	200	1	0	0	0	1	0	0	2
	250	2	0	2	0	0	0	0	4
	275	0	0	0	0	0	1	0	1
	300	0	0	1	0	0	0	0	1
	350	1	2	0	0	0	0	0	3
	450	0	0	0	0	1	0	0	1
	500	0	0	0	0	1	0	0	1
Mittelwert		262,5	350,0	237,5	175,0	306,3	275,0	50,0	260,3
Median		250,0	350,0	250,0	175,0	325,0	275,0	50,0	200,0
Gesamt		4	2	4	1	4	1	1	17

Tabelle 156: Kreuztabelle Dosis Clozapin (mg/d) in den verschiedenen Altersgruppen bei Patienten ohne Comedikation

6. Anhang

Schweregrad der Erkrankung (CGI) pro Altersgruppe

Schweregrad der Erkrankung		Alter							Gesamt
		< 20	20-29	30-39	40-49	50-59	60-69	70-79	
Grenz-fall	Anzahl	1	1	4	0	0	0	0	6
	Erwartete Anzahl	1,1	1,0	1,5	0,8	1,1	0,2	0,1	6,0
	% von Altersgruppe	10,0%	11,1%	28,6%	0,0%	0,0%	0,0%	0,0%	11,3%
Leicht krank	Anzahl	2	1	0	1	0	0	0	4
	Erwartete Anzahl	0,8	0,7	1,1	0,5	0,8	0,2	0,1	4,0
	% von Altersgruppe	20,0%	11,1%	0,0%	14,3%	0,0%	0,0%	0,0%	7,5%
Mäßig krank	Anzahl	1	2	3	2	0	0	0	8
	Erwartete Anzahl	1,5	1,4	2,1	1,1	1,5	0,3	0,2	8,0
	% von Altersgruppe	10,0%	22,2%	21,4%	28,6%	0,0%	0,0%	0,0%	15,1%
Deutlich krank	Anzahl	4	2	5	4	6	1	0	22
	Erwartete Anzahl	4,2	3,7	5,8	2,9	4,2	0,8	0,4	22,0
	% von Altersgruppe	40,0%	22,2%	36,7%	57,1%	60,0%	50,0%	0,0%	41,5%
Schwer krank	Anzahl	2	3	2	0	4	1	1	13
	Erwartete Anzahl	2,5	2,2	3,4	1,7	2,5	0,5	0,2	13,0
	% von Altersgruppe	8,3%	17,3%	26,0%	28,1%	33,3%	41,7%	100,0%	24,5%
Gesamt	Anzahl	10	9	14	7	10	2	1	53
	Erwartete Anzahl	10,0	9,0	14,0	7,0	10,0	2,0	1,0	53,0
	% von Altersgruppe	100,0%	100,0%	100,0%	100,0%	100,0%	100,0%	100,0%	100,0%

Tabelle 157: Schweregrad der Erkrankung bei Clozapin-Patienten unterschiedlicher Altersgruppen (n= 53)

6. Anhang

Therapieerfolg (CGI) pro Altersgruppe

Therapieerfolg (CGI)		Alter							Gesamt
		< 20	20-29	30-39	40-49	50-59	60-69	70-79	
sehr gut	Anzahl	4	6	10	3	0	0	0	23
	Erwartete Anzahl	3,8	4,7	7,5	3,3	2,8	0,5	0,5	23,0
	% von Altersgruppe	60,0%	60,0%	62,5%	42,9%	0,0%	0,0%	0,0%	46,9%
mäßig	Anzahl	2	3	5	4	5	1	1	21
	Erwartete Anzahl	3,4	4,3	6,9	3,0	2,6	0,4	0,4	21,0
	% von Altersgruppe	25,0	30,0%	31,3%	67,1%	83,5%	100,0%	100,0%	42,9%
gering	Anzahl	1	1	1	0	1	0	0	4
	Erwartete Anzahl	0,7	0,8	1,3	0,6	0,5	0,1	0,1	4,0
	% von Altersgruppe	12,5%	10,0%	6,3%	0,0%	16,7%	0,0%	0,0%	8,2%
unverändert/ verschlechtert	Anzahl	1	0	0	0	0	0	0	1
	Erwartete Anzahl	0,2	0,2	0,3	0,1	0,1	0,0	0,0	1,0
	% von Altersgruppe	12,5%	0,0%	0,0%	0,0%	0,0%	0,0%	0,0%	2,0%
Gesamt	Anzahl	8	10	16	7	6	1	1	49
	Erwartete Anzahl	8,0	10,0	16,0	7,0	6,0	1,0	1,0	49,0
	% von Altersgruppe	100,0%	100,0%	100,0%	100,0%	100,0%	100,0%	100,0%	100,0%

Tabelle 158: Therapieerfolg bei Clozapin-Patienten unterschiedlicher Altersgruppen (n= 49)

6. Anhang

Verträglichkeit (UKU) pro Altersgruppe

Nebenwirkung (UKU)		Alter						Gesamt
		20-29	30-39	40-49	50-59	60-69	> 80	
keine	Anzahl	1	9	10	4	3	1	28
	Erwartete Anzahl	3,9	6,5	8,5	3,9	3,9	1,3	28,0
	% von Altersgruppe	16,7%	90,0%	76,9%	66,7%	50,0%	50,0%	65,1%
leicht	Anzahl	4	0	2	2	3	0	11
	Erwartete Anzahl	1,5	2,6	3,3	1,5	1,5	,5	11,0
	% von Altersgruppe	66,7%	,0%	15,4%	33,3%	50,0%	,0%	25,6%
mittel	Anzahl	1	1	1	0	0	1	4
	Erwartete Anzahl	,6	,9	1,2	,6	,6	,2	4,0
	% von Altersgruppe	16,7%	10,0%	7,7%	,0%	,0%	50,0%	9,3%
Gesamt	Anzahl	6	10	13	6	6	2	43
	Erwartete Anzahl	6,0	10,0	13,0	6,0	6,0	2,0	43,0
	% von Altersgruppe	100,0%	100,0%	100,0%	100,0%	100,0%	100,0%	100,0%

Tabelle 159: Übersicht über den Schweregrad von Nebenwirkungen pro Altersgruppe bei Clozapin-Patienten (n= 43)

Altersgruppe	< 20 (n=3)	20-29 (n=12)	30-39 (n=20)	40-49 (n=9)	50-59 (n=16)	60-69 (n=5)	70-79 (n=2)	> 80 (n=0)	Gesamt
Spannung/ innere Unruhe	2	1	3		1				7 (9,1%)
Schläfrigkeit/ Sedierung					2				2 (2,6%)
Akkomodations- störungen		1							1 (1,3%)
Speichelfluß		2	1	2	1		1		7 (9,6%)
EPS-Neben- wirkungen					1				1 (1,3%)
Kardio-vaskuläre Nebenwirkungen	1				1	1	1		4 (5,2%)
Gastrointestinale Nebenwirkungen					1				1 (1,3%)
Urogenitale Nebenwirkungen					1				1 (1,3%)
andere		2	1						3 (3,9%)

Tabelle 160: berichtete Nebenwirkungen unter der Einnahme von Clozapin

6. Anhang

6.1.12 Mirtazapin

Höhe der Tagesdosis in den untersuchten Altersgruppen

Dosis mg/d	Altersgruppe							Gesamt
	< 20	30-39	40-49	50-59	60-69	70-79	> 80	
15	0	0	0	0	0	1	1	2
30	0	2	5	7	5	6	4	29
45	1	6	10	10	11	2	0	40
60	0	1	3	2	2	2	0	10
Gesamt	1	9	18	19	18	11	5	81

Tabelle 161: Kreuztabelle Dosis Mirtazapin (mg/d) in den verschiedenen Altersgruppe (n= 81)

Dosis mg/d	Altersgruppe						Gesamt
	30-39	40-49	50-59	60-69	70-79	> 80	
30	0	1	0	0	3	1	5
45	3	1	0	2	1	0	7
60	0	0	1	1	0	0	2
Gesamt	3	2	1	3	4	1	14

Tabelle 162: Kreuztabelle Dosis Mirtazapin (mg/d) in den verschiedenen Altersgruppen bei Patienten ohne Comedikation (n= 14)

6. Anhang

Schweregrad der Erkrankung (CGI) pro Altersgruppe

Schweregrad der Erkrankung (CGI)		Alter							Gesamt
		< 20	30-39	40-49	50-59	60-69	70-79	> 80	
Grenzfall	Anzahl	0	0	0	1	0	0	0	1
	Erwartete Anzahl	0,0	0,1	0,2	0,3	0,3	0,1	0,0	1,0
	% von Altersgruppe	0,0%	0,0%	0,0%	5,9%	0,0%	0,0%	0,0%	1,7%
leicht krank	Anzahl	0	0	1	1	0	0	0	2
	Erwartete Anzahl	0,0	0,2	0,5	0,6	0,5	0,2	0,0	2,0
	% von Altersgruppe	0,0%	0,0%	7,1%	5,9%	0,0%	0,0%	0,0%	3,3%
mäßig krank	Anzahl	0	2	4	2	6	0	0	14
	Erwartete Anzahl	0,2	1,4	3,3	4,0	3,5	1,4	0,2	14,0
	% von Altersgruppe	0,0%	33,3%	28,6%	11,8%	40,0%	0,0%	0,0%	23,3%
deutlich krank	Anzahl	1	3	6	9	5	4	1	29
	Erwartete Anzahl	0,5	2,9	6,8	8,2	7,3	2,9	0,5	29,0
	% von Altersgruppe	100,0%	50,0%	42,9%	52,9%	33,3%	66,7%	100,0%	48,3%
schwer krank	Anzahl	0	1	3	3	4	2	0	13
	Erwartete Anzahl	0,2	1,3	3,0	3,7	3,3	1,3	0,2	13,0
	% von Altersgruppe	0,0%	16,7%	21,4%	17,6%	26,7%	33,3%	0,0%	21,7%
extrem schwer krank	Anzahl	0	0	0	1	0	0	0	1
	Erwartete Anzahl	0,0	0,1	0,2	0,3	0,3	0,1	0,0	1,0
	% von Altersgruppe	0,0%	0,0%	0,0%	5,9%	0,0%	0,0%	0,0%	1,7%
Gesamt	Anzahl	1	6	14	17	15	6	1	60
	Erwartete Anzahl	1,0	6,0	14,0	17,0	15,0	6,0	1,0	60,0
	% von Altersgruppe	100,0%	100,0%	100,0%	100,0%	100,0%	100,0%	100,0%	100,0%

Tabelle 163: Übersicht Schweregrad der Erkrankung bei Mirtazapin-Patienten der verschiedenen Altersgruppen (n= 60)

6. Anhang

Therapieerfolg (CGI) pro Altersgruppe

Therapieerfolg		Altersgruppe							Gesamt
		< 20	30-39	40-49	50-59	60-69	70-79	> 80	
sehr gut	Anzahl	0	0	3	3	0	1	0	7
	Erwartete Anzahl	0,1	0,8	1,6	2,0	1,6	0,7	0,1	7,0
	% von Altersgruppe	0,0%	0,0%	21,4%	17,6%	,0%	16,7%	0,0%	11,7%
mäßig	Anzahl	1	5	8	5	8	3	1	31
	Erwartete Anzahl	0,5	3,6	7,2	8,8	7,2	3,1	0,5	31,0
	% von Altersgruppe	100,0%	71,4%	57,1%	29,4%	57,1%	50,0%	100,0%	51,7%
gering	Anzahl	0	1	3	5	6	2	0	17
	Erwartete Anzahl	0,3	2,0	4,0	4,8	4,0	1,7	0,3	17,0
	% von Altersgruppe	0,0%	14,3%	21,4%	29,4%	42,9%	33,3%	0,0%	28,3%
unverändert/ verschlechtert	Anzahl	0	1	0	3	0	0	0	4
	Erwartete Anzahl	0,1	0,5	0,9	1,1	0,9	0,4	0,1	4,0
	% von Altersgruppe	0,0%	14,3%	,0%	17,6%	0,0%	0,0%	0,0%	6,7%
nicht beurteilbar	Anzahl	0	0	0	1	0	0	0	1
	Erwartete Anzahl	0,0	0,1	0,2	0,3	0,2	0,1	0,0	1,0
	% von Altersgruppe	0,0%	0,0%	0,0%	5,9%	0,0%	0,0%	0,0%	1,7%
Gesamt	Anzahl	1	7	14	17	14	6	1	60
	Erwartete Anzahl	1,0	7,0	14,0	17,0	14,0	6,0	1,0	60,0
	% von Altersgruppe	100,0%	100,0%	100,0%	100,0%	100,0%	100,0%	100,0%	100,0%

Tabelle 164: Übersicht über den Therapieerfolg in den einzelnen Altersgruppen

6. Anhang

Verträglichkeit (UKU) pro Altersgruppe

Nebenwirkung (UKU)		Altersgruppe						Gesamt
		30-39	40-49	50-59	60-69	70-79	> 80	
keine	Anzahl	6	15	13	10	6	1	51
	Erwartete Anzahl	5,5	14,6	12,8	10,9	5,5	1,8	51,0
	% von Altersgruppe	100,0%	93,8%	92,9%	83,3%	100,0%	50,0%	91,1%
leicht	Anzahl	0	1	0	1	0	0	2
	Erwartete Anzahl	0,2	0,6	0,5	0,4	0,2	0,1	2,0
	% von Altersgruppe	0,0%	6,3%	0,0%	8,3%	0,0%	0,0%	3,6%
mittel	Anzahl	0	0	1	1	0	0	2
	Erwartete Anzahl	0,2	0,6	0,5	0,4	0,2	0,1	2,0
	% von Altersgruppe	0,0%	0,0%	7,1%	8,3%	0,0%	0,0%	3,6%
schwer	Anzahl	0	0	0	0	0	1	1
	Erwartete Anzahl	0,1	0,3	0,3	0,2	0,1	0,0	1,0
	% von Altersgruppe	0,0%	0,0%	0,0%	0,0%	0,0%	50,0%	1,8%
Gesamt	Anzahl	6	16	14	12	6	2	56
	Erwartete Anzahl	6,0	16,0	14,0	12,0	6,0	2,0	56,0
	% von Altersgruppe	100,0%	100,0%	100,0%	100,0%	100,0%	100,0%	100,0%

Tabelle 165: Übersicht über die Schwere der Nebenwirkungen bei Mirtazapin-Patienten der einzelnen Altersgruppen (n= 56)

6. Anhang

6.1.13 Amisulprid

Höhe der Tagesdosis in den untersuchten Altersgruppen

Dosis mg/d	Altersgruppe								Gesamt
	< 20	20-29	30-39	40-49	50-59	60-69	70-79	> 80	
50	1	0	0	0	0	0	0	2	3
100	0	5	5	1	1	0	1	0	13
125	0	1	0	0	0	0	0	0	1
150	0	1	1	1	1	0	0	0	4
200	1	24	13	19	6	1	5	0	69
250	0	0	1	0	1	0	0	0	2
300	0	8	9	11	10	2	0	0	40
375	0	1	0	0	0	0	0	0	1
400	3	52	42	33	22	2	0	1	155
430	0	0	0	1	0	0	0	0	1
500	2	8	7	0	1	0	0	0	18
550	0	0	1	0	0	0	0	0	1
600	10	56	73	27	13	8	0	1	188
700	3	2	1	2	0	0	0	0	8
750	0	1	3	0	0	0	0	0	4
800	2	73	62	51	7	11	0	0	206
900	0	4	1	1	1	0	0	0	7
1000	0	11	10	5	1	3	0	0	30
1200	3	7	15	10	2	3	2	0	42
1600	0	0	1	0	0	0	0	0	1
Mittelwert	630,0	591,7	628,2	600,5	480,3	726,7	437,5	275,0	598,7
Median	600,0	600,0	600,0	600,0	400,0	800,0	200,0	225,0	600,0
Gesamt	25	254	245	162	66	30	8	4	794

Tabelle 166: Kreuztabelle Dosis Amisulprid (mg/d) in den verschiedenen Altersgruppen (n= 794)

Dosis mg/d	Altersgruppe							Gesamt
	< 20	20-29	30-39	40-49	50-59	60-69	70-79	
100	0	3	3	0	0	0	0	6
150	0	0	1	0	0	0	0	1
200	0	7	5	3	1	0	3	19
250	0	0	1	0	0	0	0	1
300	0	6	5	3	0	2	0	16
400	1	23	19	8	9	1	0	61
500	0	0	1	0	0	0	0	1
600	4	15	34	12	5	0	0	70
700	0	1	0	1	0	0	0	2
800	1	18	16	13	2	2	0	52
900	0	1	1	0	0	0	0	2
1000	0	3	0	1	0	1	0	5
1200	1	2	3	2	0	0	0	8
Mittelwert	685,7	545,6	550,6	614,0	494,1	600,0	200,0	557,0
Median	600,0	600,0	600,0	600,0	400,0	600,0	200,0	600,0
Gesamt	7	79	89	43	17	6	3	244

Tabelle 167: Kreuztabelle Dosis Amisulprid (mg/d) in den verschiedenen Altersgruppen bei Patienten ohne Comedikation (n= 244)

6. Anhang

Schweregrad der Erkrankung (CGI) pro Altersgruppe

Schweregrad (CGI)		Altersgruppe							Gesamt
		< 20	20-29	30-39	40-49	50-59	60-69	70-79	> 80	
nicht beurteilbar	Anzahl	0	2	1	0	0	0	0		3
	Erwartete Anzahl	0,1	0,9	0,9	0,6	0,2	0,1	0,0	0,0	3,0
	% von Altersgruppe	0,0%	0,8%	0,4%	0,0%	0,0%	0,0%	0,0%	0,0%	0,4%
nicht krank	Anzahl	3	13	6	1	2	0	0	1	26
	Erwartete Anzahl	0,8	8,1	7,9	5,6	2,0	1,1	0,3	0,1	26,0
	% von Altersgruppe	12,0%	5,0%	2,4%	0,6%	3,2%	0,0%	0,0%	25,0%	3,1%
Grenzfall	Anzahl	1	7	15	8	4	0	0	0	35
	Erwartete Anzahl	1,1	11,0	10,6	7,6	2,7	1,5	0,4	0,2	35,0
	% von Altersgruppe	4,0%	2,7%	6,0%	4,5%	6,3%	0,0%	0,0%	0,0%	4,2%
leicht krank	Anzahl	1	17	35	17	2	1	2	2	77
	Erwartete Anzahl	2,3	24,1	23,4	16,7	5,9	3,4	0,9	0,4	77,0
	% von Altersgruppe	4,0%	6,6%	13,9%	9,5%	3,2%	2,8%	20,0%	50,0%	9,3%
mäßig krank	Anzahl	4	65	54	43	10	6	1	0	183
	Erwartete Anzahl	5,5	57,3	55,5	39,6	13,9	8,0	2,2	0,9	183,0
	% von Altersgruppe	16,0%	25,1%	21,5%	24,0%	15,9%	16,7%	10,0%	0,0%	22,1%
deutlich krank	Anzahl	13	114	88	66	29	16	3	1	330
	Erwartete Anzahl	10,0	103,3	100,2	71,4	25,1	14,4	4,0	1,6	330,0
	% von Altersgruppe	52,0%	44,0%	35,1%	36,9%	46,0%	44,4%	30,0%	25,0%	39,9%
schwer krank	Anzahl	3	39	44	39	15	10	4	0	154
	Erwartete Anzahl	4,7	48,2	46,7	33,3	11,7	6,7	1,9	0,7	154,0
	% von Altersgruppe	12,0%	15,1%	17,5%	21,8%	23,8%	27,8%	40,0%	0,0%	18,6%
extrem schwer krank	Anzahl	0	2	8	5	1	3	0	0	19
	Erwartete Anzahl	0,6	6,0	5,8	4,1	1,4	0,8	0,2	0,1	19,0
	% von Altersgruppe	0,0%	0,8%	3,2%	2,8%	1,6%	8,3%	0,0%	0,0%	2,3%
Gesamt	Anzahl	25	259	251	179	63	36	10	4	827
	Erwartete Anzahl	25,0	259,0	251,0	179,0	63,0	36,0	10,0	4,0	827,0
	% von Altersgruppe	100,0%	100,0%	100,0%	100,0%	100,0%	100,0%	100,0%	100,0%	100,0%

Tabelle 168: Schweregrad der Erkrankung bei Patienten der einzelnen Altersgruppen (n= 827)

6. Anhang

Therapieerfolg (CGI) pro Altersgruppe

Therapieerfolg (CGI)		< 20	20-29	30-39	40-49	50-59	60-69	70-79	> 80	Gesamt
sehr gut	Anzahl	5	55	64	32	10	0	0	0	166
	Erwartete Anzahl	4,1	52,3	51,4	35,0	13,5	7,1	1,9	0,6	166,0
	% von Altersgruppe	26,3 %	22,6 %	26,8 %	19,6 %	15,9 %	0,0%	0,0%	0,0%	21,5%
mäßig	Anzahl	13	123	100	77	36	13	5	1	368
	Erwartete Anzahl	9,1	115,8	113,9	77,7	30,0	15,7	4,3	1,4	368,0
	% von Altersgruppe	68,4 %	50,6 %	41,8 %	47,2 %	57,1 %	39,4 %	55,6 %	33,3 %	47,7%
gering	Anzahl	0	38	40	28	6	14	1	1	128
	Erwartete Anzahl	3,2	40,3	39,6	27,0	10,4	5,5	1,5	0,5	128,0
	% von Altersgruppe	0,0%	15,6 %	16,7 %	17,2 %	9,5%	42,4 %	11,1 %	33,3 %	16,6%
unverändert/ verschlechtert	Anzahl	0	13	21	11	7	4	2	1	59
	Erwartete Anzahl	1,5	18,6	18,3	12,5	4,8	2,5	0,7	0,2	59,0
	% von Altersgruppe	0,0%	5,3%	8,8%	6,7%	11,1 %	12,1 %	22,2 %	33,3 %	7,6%
nicht beurteilbar	Anzahl	1	14	14	15	4	2	1	0	51
	Erwartete Anzahl	1,3	16,1	15,8	10,8	4,2	2,2	0,6	0,2	51,0
	% von Altersgruppe	5,3%	5,8%	5,9%	9,2%	6,3%	6,1%	11,1 %	0,0%	6,6%
Gesamt	Anzahl	19	243	239	163	63	33	9	3	772
	Erwartete Anzahl	19,0	243,0	239,0	163,0	63,0	33,0	9,0	3,0	772,0
	% von Altersgruppe	100,0 %	100,0 %	100,0 %	100,0 %	100,0 %	100,0 %	100,0 %	100,0 %	100,0%

Tabelle 169: Therapieerfolg bei Amisulprid-Patienten der einzelnen Altersgruppen (n= 772)

6. Anhang

Verträglichkeit (UKU) pro Altersgruppe

Nebenwirkung (UKU)		Altersgruppe								Gesamt
		< 20	20-29	30-39	40-49	50-59	60-69	70-79	> 80	
keine	Anzahl	13	156	153	106	36	23	7	1	495
	Erwartete Anzahl	16,2	159,8	153,1	100,5	35,7	22,3	6,1	1,3	495,0
	% von Altersgruppe	54,2%	65,8%	67,4%	71,1%	67,9%	69,7%	77,8%	50,0%	67,4%
leicht	Anzahl	8	60	42	31	9	6	1	1	158
	Erwartete Anzahl	5,2	51,0	48,9	32,1	11,4	7,1	1,9	0,4	158,0
	% von Altersgruppe	33,3%	25,3%	18,5%	20,8%	17,0%	18,2%	11,1%	50,0%	21,5%
mittel	Anzahl	2	19	27	11	7	3	1	0	70
	Erwartete Anzahl	2,3	22,6	21,6	14,2	5,1	3,1	0,9	0,2	70,0
	% von Altersgruppe	8,3%	8,0%	11,9%	7,4%	13,2%	9,1%	11,1%	0,0%	9,5%
schwer	Anzahl	1	2	5	1	1	1	0	0	11
	Erwartete Anzahl	0,4	3,6	3,4	2,2	0,8	0,5	0,1	0,0	11,0
	% von Altersgruppe	4,2%	0,8%	2,2%	0,7%	1,9%	3,0%	0,0%	0,0%	1,5%
Gesamt	Anzahl	24	237	227	149	53	33	9	2	734
	Erwartete Anzahl	24,0	237,0	227,0	149,0	53,0	33,0	9,0	2,0	734,0
	% von Altersgruppe	100,0%	100,0%	100,0%	100,0%	100,0%	100,0%	100,0%	100,0%	100,0%

Tabelle 170: Übersicht über den Schweregrad von Nebenwirkungen bei Amisulprid-Patienten der einzelnen Altersgruppen (n= 734)

6.2 Abkürzungsverzeichnis

9-0H-Risperidon	9-Hydroxy-Risperidon
Ami	Amisulprid
Ari	Aripiprazol
ATP	Adenosintriphosphat
AUC	Area under the curve
BASE	Berliner Altersstudie
CGI	Clinical Global Impression Score Skala zur standardisierten Erfassung von Erkrankungen und Therapieeffekt
Cit	Citalopram
Clz	Clozapin
D-Aripiprazol	Dehydro-Aripiprazol
D-Citalopram	Desmethylcitalopram
D-Clozapin	Desmethylclozapin, synonym Norclozapin
D-Escitalopram	Desmethylescitalopram
D-Mirtazapin	Desmethyl-Mirtazapin
D-Sertralin	N-Desmethylsertralin
DD-Escitalopram	Didesmethylescitalopram
Don	Donepezil
Escit	Escitalopram
GABA	γ-Aminobuttersäure
HPLC	Hochdruckflüssigkeitschromatographie
ICD	*International Statistical Classification of Diseases and Related Health Problems* Internationale statistische Klassifikation der Krankheiten und verwandter Gesundheitsproblem
MAO	Monoaminoxidase
Mir	Mirtazapin
NAD	Nicotinamid-Adenin-Dinukleotid
NADH	Reduzierte Form des NAD
NCCLS	National Committee on Clinical Laboratory Standards
ND-Venlafaxin	N-Desmethylvenlafaxin
OD-Venlafaxin	O-Desmethylvenlafaxin
P-gp	P-Glykoprotein (MDR1)
Que	Quetiapin
Ris	Risperidon
Ser	Sertralin
SNRI	*Serotonin-Norepinephrine-reuptake-inhibibtor* Serotonin-Noradrenalin-Wiederaufnahme-Hemmer
SSNRI	*Selective-Serotonin-Norepinephrine-reuptake-inhibibtor* Selektiver- Serotonin-Noradrenalin-Wiederaufnahme-Hemmer
SSRI	*Selective-Serotonin-reuptake-inhibibtor* Selektiver-Serotonin-Wiederaufnahme-Hemmer
TCA	Trizyklisches Antidepressivum
TDM	Therapeutisches Drug Monitoring

7. Glossar

UGT	Uridindiphosphat-Glucuronosyltransferase
UKU	Utvalg for Kliniske Undersogelser, Skala zur standardisierten Erfassung von Nebenwirkungen
Ven	Venlafaxin
Zip	Ziprasidon
ZNS	Zentralnervensystem

6.3 Literaturverzeichnis

Abernethy, D. R.; Kerzner, L. (1984): Age effects on alpha-1-acid glycoprotein concentration and imipramine plasma protein binding. Journal of the American Geriatrics Society, Jg. 32, H. 10, S. 705–708.

Abilify Prescribing Information, November 2009

Adan-Manes, J.; Novalbos, J.; Lopez-Rodriguez, R.; Ayuso-Mateos, J. L.; Abad-Santos, F. (2006): Lithium and venlafaxine interaction: a case of serotonin syndrome. Journal of clinical pharmacy and therapeutics, Jg. 31, H. 4, S. 397–400.

Aichhorn, W.; Weiss, U.; Marksteiner, J.; Kemmler, G.; Walch, T.; Zernig, G. et al., (2005): Influence of age and gender on risperidone plasma concentrations. Journal of psychopharmacology (Oxford, England), Jg. 19, H. 4, S. 395–401.

Aichhorn W, Marksteiner J, Walch T, Zernig G, Saria A, Kemmler G. Influence of age, gender, body weight and valproate comedication on quetiapine plasma concentrations. Int Clin Psychopharmacol. 2006 Mar;21(2):81-5.

Aktories, Förstermann, Hofmann, Starke: Allgemeine und spezielle Pharmakologie und Toxikologie, Urban&Fischer/ Elsevier GmbH München; 9. Auflage, 2005 ISBN 3437425218

Altman, D. F. (1990): Changes in gastrointestinal, pancreatic, biliary, and hepatic function with aging. Gastroenterology clinics of North America, Jg. 19, H. 2, S. 227–234.

Annesley, T. M. (1989): Special considerations for geriatric therapeutic drug monitoring. Clinical chemistry, Jg. 35, H. 7, S. 1337–1341.

Areberg, J.; Christophersen, J. S.; Poulsen, M. N.; Larsen, F.; Molz, K. H. (2006): The pharmacokinetics of escitalopram in patients with hepatic impairment. In: The AAPS journal, Jg. 8, H. 1, S. E14-9.

Aricept Product Monograph, June 2007

Baumann, P. (1998): Care of depression in the elderly: comparative pharmacokinetics of SSRIs. International clinical psychopharmacology, Jg. 13 Suppl 5, S. S35-43.

Berliner Altersstudie, 1996

Bezchlibnyk-Butler K, Aleksic I, Kennedy SH. Citalopram--a review of pharmacological and clinical effects. J Psychiatry Neurosci. 2000 May;25(3):241-54. Review.

Birrer, R. B.; Vemuri, S. P. (2004): Depression in later life: a diagnostic and therapeutic challenge. American family physician, Jg. 69, H. 10, S. 2375–2382.

Brenner H.: Epidemiologie geriatrischer Erkrankungen: Multimorbidität im Fokus PMS Symposium Pharmakotherapie im Alter: Anspruch und Wirklichkeit, Arzneim Forsch/ Drug Res 53 No. 17,890 (2003)

Carvalho, A. F.; Cavalcante, J. L.; Castelo, M. S.; Lima, M. C. (2007): Augmentation strategies for treatment-resistant depression: a literature review. Journal of clinical pharmacy and therapeutics, Jg. 32, H. 5, S. 415–428

Castberg, I.; Skogvoll, E.; Spigset, O. (2007): Quetiapine and drug interactions: evidence from a routine therapeutic drug monitoring service. The Journal of clinical psychiatry, Jg. 68, H. 10, S. 1540–1545.

Castberg, I.; Westin, A. A.; Spigset, O. (2009): Does level of care, sex, age, or choice of drug influence adherence to treatment with antipsychotics? Journal of clinical psychopharmacology, Jg. 29, H. 5, S. 415–420.

Castberg I, Spigset O. Effects of comedication on the serum levels of aripiprazole: evidence from a routine therapeutic drug monitoring service. Pharmacopsychiatry. 2007;40:107–110.

Celexa Product Monograph, November 2009

Centorrino, F.; Baldessarini, R. J.; Kando, J.; Frankenburg, F. R.; Volpicelli, S. A.; Puopolo, P. R.; Flood, J. G. (1994): Serum concentrations of clozapine and its major metabolites: effects of cotreatment with fluoxetine or valproate. The American journal of psychiatry, Jg. 151, H. 1, S. 123–125.

Cherma, M. D.; Reis, M.; Hagg, S.; Ahlner, J.; Bengtsson, F. (2008): Therapeutic drug monitoring of ziprasidone in a clinical treatment setting. Therapeutic drug monitoring, Jg. 30, H. 6, S. 682–688.

Cipralex Product Monograph, 2009

Clozaril US package insert, January 2010

Davison, Neale, Hautzinger; Klinische Psychologie (2007) Beltz Psychologie Verlags Union, 7. Auflage

de, Mendonça Lima CA; Baumann, P.; Brawand-Amey, M.; Brogli, C.; Jacquet, S.; Cochard, N. et al., (2005): Effect of age and gender on citalopram and desmethylcitalopram Steady State plasma concentrations in adults and elderly depressed patients. Progress in neuro-psychopharmacology & biological psychiatry, Jg. 29, H. 6, S. 952–956.

DeVane CL, Pollock BG. Pharmacokinetic considerations of antidepressant use in the elderly. J Clin Psychiatry. 1999;60 Suppl 20:38-44. Review.

Dragovic S, Boerma JS, van Bergen L, Vermeulen NP, Commandeur JN. (2010): Role of human glutathione S-transferases in the inactivation of reactive metabolites of clozapine. Chemical Research of toxicology. 2010 Sep 20;23(9):1467-76.

Effexor Product Monograph January 2007

Facciola, G.; Avenoso, A.; Scordo, M. G.; Madia, A. G.; Ventimiglia, A.; Perucca, E.; Spina, E. (1999): Small effects of valproic acid on the plasma concentrations of clozapine and its major metabolites in patients with schizophrenic or affective disorders. Therapeutic drug monitoring, Jg. 21, H. 3, S. 341–345.

Fachinformation Abilify, Stand April 2010

Fachinformation Aricept, Stand August 2008

Fachinformation Cipralex, Stand September 2009

Fachinformation Cipramil, Stand Juli 2009

Fachinformation Dipiperidon, Stand 2009

Fachinformation Leponex, Stand Juli 2009

Fachinformation Remergil, Stand September 2009

Fachinfoirmation Risperdal, Stand September 2008

Fachinformation Risperdal Consta, Stand Februar 2010

Fachinformation Seroquel, Stand Februar 2010

Fachinformation Solian, Stand April 2009

Fachinformation Trevilor, Stand April 2009

Fachinformation Zeldox, Stand Septemer 2009

Fachinformation Zoloft, Stand März 2009

Fang J, Bourin M, Baker GB. Metabolism of risperidone to 9-hydroxyrisperidone by human cytochromes P450 2D6 and 3A4. Naunyn Schmiedebergs Arch Pharmacol. 1999 Feb;359(2):147-51

Fogelman SM, Schmider J, Venkatakrishnan K, von Moltke LL, Harmatz JS, Shader RI, Greenblatt DJ. O- and N-demethylation of venlafaxine in vitro by human liver microsomes and by microsomes from cDNA-transfected cells: effect of metabolic inhibitors and SSRI antidepressants. Neuropsychopharmacology. 1999 May;20(5):480-90

Gotti R, Cavrini V, Pomponio R, Andrisano V.: Analysis and enantioresolution of donepezil by capillary electrophoresis. J Pharm Biomed Anal. 2001 Mar;24(5-6):863-70

Geodon US package insert, November 2009

Gareri P, De Fazio P, Russo E, Marigliano N, De Fazio S, De Sarro G. (2008): The safety of clozapine in the elderly. Expert Opin Drug Saf. 2008 Sep;7(5):525-38.

Greenblatt DJ. Reduced serum albumin concentration in the elderly: a report from the Boston
Collaborative Drug Surveillance Program. J AM Geriatr Soc 1979;27:20-2

Guy D (1976) (ed)ECDEU Assessment Manual for Psychopharmacology, revised. DHEU
Publication, NIMH, Rockville Harv Rev Psychiatry. 2000 Mar-Apr;7(6):311-33

Haring, C.; Barnas, C.; Saria, A.; Humpel, C.; Fleischhacker, W. W. (1989): Dose-related plasma levels of clozapine. Journal of clinical psychopharmacology, Jg. 9, H. 1, S. 71–72.

Hartter, S.; Connemann, B.; Schonfeldt-Lecuona, C.; Sachse, J.; Hiemke, C. (2004): Elevated quetiapine serum concentrations in a patient treated concomitantly with doxepin, lorazepam, and pantoprazole. Journal of clinical psychopharmacology, Jg. 24, H. 5, S. 568–571.

Hendset, M.; Hermann, M.; Lunde, H.; Refsum, H.; Molden, E. (2007): Impact of the CYP 2D6 genotype on steady state serum concentrations of aripiprazole and dehydroaripiprazole. European journal of clinical pharmacology, Jg. 63, H. 12, S. 1147–1151.

Hendset, M.; Molden, E.; Refsum, H.; Hermann, M. (2009): Impact of CYP 2D6 genotype on steady state serum concentrations of risperidone and 9-hydroxyrisperidone in patients using long-acting injectable risperidone. Journal of clinical psychopharmacology, Jg. 29, H. 6, S. 537–541.

Herrlinger, C.; Klotz, U. (2001): Drug metabolism and drug interactions in the elderly. Best practice & research, Jg. 15, H. 6, S. 897–918.

Jaquenoud Sirot E, Knezevic B, Morena GP, Harenberg S, Oneda B, Crettol S, Ansermot N, Baumann P, Eap CB. ABCB1 and cytochrome P450 polymorphisms: clinical pharmacogenetics of clozapine. J Clin Psychopharmacol. 2009 Aug;29(4):319-26.

Jeste, D. V.; Dolder, C. R.; Nayak, G. V.; Salzman, C. (2005): Atypical antipsychotics in elderly patients with dementia or schizophrenia: review of recent literature. Harvard review of psychiatry, Jg. 13, H. 6, S. 340–351.

Jin, Y.; Pollock, B. G.; Frank, E.; Cassano, G. B.; Rucci, P.; Muller, D. J. et al., (2010): Effect of age, weight, and CYP2C19 genotype on escitalopram exposure. Journal of clinical pharmacology, Jg. 50, H. 1, S. 62–72.

Kampmann J, Siersbaek-Nielsen K, Kristensen M, Hansen JM. Rapid evaluation of creatinine clearance. Acta Med Scand. 1974 Dec;196(6):517-20

Kinirons, M. T.; O'Mahony, M. S. (2004): Drug metabolism and ageing. British journal of clinical pharmacology, Jg. 57, H. 5, S. 540–544.

Kirschbaum KM, Müller MJ, Malevani J, Mobascher A, Burchardt C, Piel M, Hiemke C.: Serum levels of aripiprazole and dehydroaripiprazole, clinical response and side effects. World J Biol Psychiatry. 2008;9(3):212-8.

Kleine, T. O.; Hackler, R. (1994): Age-related changes in the blood-brain barrier of humans. Neurobiology of aging, Jg. 15, H. 6, S. 763-4; discussion 769.

Klotz, U. (1998): Effect of age on pharmacokinetics and pharmacodynamics in man. International journal of clinical pharmacology and therapeutics, Jg. 36, H. 11, S. 581–585.

Klotz, U. (2009): Pharmacokinetics and drug metabolism in the elderly. Drug metabolism reviews, Jg. 41, H. 2, S. 67–76.

Kohen I, Lester PE, Lam S.: Antipsychotic treatments for the elderly: efficacy and safety of aripiprazole. Neuropsychiatr Dis Treat. 2010 Mar 24;6:47-58

Köhler D, Härtter S, Fuchs K, Sieghart W, Hiemke C. CYP 2D6 genotype and phenotyping by determination of dextromethorphan and metabolites in serum of healthy controls and of patients under psychotropic medication. Pharmacogenetics. 1997 Dec;7(6):453-61.

Komossa K, Rummel-Kluge C, Schwarz S, Schmid F, Hunger H, Kissling W, Leucht S. Risperidone versus other atypical antipsychotics for schizophrenia. Cochrane Database Syst Rev. 2011 Jan 19;(1):CD006626.

Kugelberg (2003): Chiral and toxicological aspekts of citalopram. An experimental study in rats. Dissertation, Linköping University

Lane, H. Y.; Chang, Y. C.; Chang, W. H.; Lin, S. K.; Tseng, Y. T.; Jann, M. W. (1999): Effects of gender and age on plasma levels of clozapine and its metabolites: analyzed by critical statistics. The Journal of clinical psychiatry, Jg. 60, H. 1, S. 36–40.

Leinonen, E.; Lepola, U.; Koponen, H.; Kinnunen, I. (1996): The effect of age and concomitant treatment with other psychoactive drugs on serum concentrations of citalopram measured with a nonenantioselective method. Therapeutic drug monitoring, Jg. 18, H. 2, S. 111–117.

Levy, R. H.; Collins, C. (2007): Risk and predictability of drug interactions in the elderly. International review of neurobiology, Jg. 81, S. 235–251.

Lingjaerde, O.; Ahlfors, U. G.; Bech, P.; Dencker, S. J.; Elgen, K. (1987): The UKU side effect rating scale. A new comprehensive rating scale for psychotropic drugs and a cross-sectional study of side effects in neuroleptic-treated patients. Acta psychiatrica Scandinavica, Jg. 334, S. 1–100.

Linnet K, Olesen OV. Metabolism of clozapine by cDNA-expressed human cytochrome P450 enzymes. Drug Metab Dispos. 1997 Dec;25(12):1379-82.

Loi, C. M.; Vestal, R. E. (1988): Drug metabolism in the elderly. Pharmacology & therapeutics, Jg. 36, H. 1, S. 131–149.

Longo, L. P.; Salzman, C. (1995): Valproic acid effects on serum concentrations of clozapine and norclozapine. The American journal of psychiatry, Jg. 152, H. 4, S. 650.

Lovdahl, M. J.; Perry, P. J.; Miller, D. D. (1991): The assay of clozapine and N-desmethylclozapine in human plasma by high-performance liquid chromatography. Therapeutic drug monitoring, Jg. 13, H. 1, S. 69–72.

Lu Y, Wen H, Li W, Chi Y, Zhang Z.: Determination of donepezil hydrochloride (E2020) in plasma by liquid chromatography-mass spectrometry and its application to pharmacokinetic studies in healthy, young, Chinese subjects. J Chromatogr Sci. 2004 May-Jun;42(5):234-7.

Lundmark, J.; Bengtsson, F.; Nordin, C.; Reis, M.; Walinder, J. (2000): Therapeutic drug monitoring of selective serotonin reuptake inhibitors influences clinical dosing strategies and reduces drug costs in depressed elderly patients. Acta psychiatrica Scandinavica, Jg. 101, H. 5, S. 354–359.

MacQueen G, Born L, Steiner M. The selective serotonin reuptake inhibitor sertraline: its profile and use in psychiatric disorders. CNS Drug Rev. 2001 Spring;7(1):1-24.

Madhusoodanan S, Bogunovic OJ: Safety of benzodiazepines in the geriatric population. Expert Opin Drug Saf. 2004 Sep;3(5):485-93.

Mazeh D, Shahal B, Aviv A, Zemishlani H, Barak Y. A randomized, single-blind, comparison of venlafaxine with paroxetine in elderly patients suffering from resistant depression. Int Clin Psychopharmacol. 2007 Nov;22(6):371-5.

Michalets, E. L. (1998): Update: clinically significant cytochrome P-450 drug interactions. Pharmacotherapy, Jg. 18, H. 1, S. 84–112.

Morken, G.; Widen, J. H.; Grawe, R. W. (2008): Non-adherence to antipsychotic medication, relapse and rehospitalisation in recent-onset schizophrenia. BMC psychiatry, Jg. 8, S. 32.

Muller, M. J.; Eich, F. X.; Regenbogen, B.; Sachse, J.; Hartter, S.; Hiemke, C. (2009): Amisulpride doses and plasma levels in different age groups of patients with schizophrenia or schizoaffective disorder. Journal of psychopharmacology (Oxford, England), Jg. 23, H. 3, S. 278–286.

Nakamura A, Mihara K, Nagai G, Suzuki T, Kondo T.: Pharmacokinetic and pharmacodynamic interactions between carbamazepine and aripiprazole in patients with schizophrenia. Ther Drug Monit. 2009 Oct;31(5):575-8.

Nemeroff, C. B.; DeVane, C. L.; Pollock, B. G. (1996): Newer antidepressants and the cytochrome P450 system. The American journal of psychiatry, Jg. 153, H. 3, S. 311–320.

Nemeroff CB, Kinkead B, Goldstein J (2002). Quetiapine: preclinical studies, pharmacokinetics, drug interactions, and dosing. J Clin Psychiatry 63: 5–11.

Neumeister, Besenthal, Liebich, Böhm: Klinikleitfaden Labordiagnostik Urban&Fischer, 2003 (3. Auflage) ISBN: 3-437-22231-7

Nichols, A. I.; Lobello, K.; Guico-Pabia, C. J.; Paul, J.; Preskorn, S. H. (2009): Venlafaxine metabolism as a marker of cytochrome P450 enzyme 2D6 metabolizer status. Journal of clinical psychopharmacology, Jg. 29, H. 4, S. 383–386.

Nuss P, Hummer M, Tessier C. The use of amisulpride in the treatment of acute psychosis. Ther Clin Risk Manag. 2007 Mar;3(1):3-11.

Obach RS, Cox LM, Tremaine LM. Sertraline is metabolized by multiple cytochrome P450 enzymes, monoamine oxidases, and glucuronyl transferases in human: an in vitro study. Drug Metab Dispos. 2005 Feb;33(2):262-70. Epub 2004 Nov 16.

Olesen OV, Linnet K.Studies on the stereoselective metabolism of citalopram by human liver microsomes and cDNA-expressed cytochrome P450 enzymes. Pharmacology. 1999 Dec;59(6):298-309.

Olkkola KT, Ahonen J.: Midazolam and other benzodiazepines. Handb Exp Pharmacol. 2008;(182):335-60.

Platt D, Mutschler E. Pharmakotherapie im Alter, 1999 2.Auflage

Pollock, B. G. (1994): Recent developments in drug metabolism of relevance to psychiatrists. Harvard review of psychiatry, Jg. 2, H. 4, S. 204–213.

Pollock, B. G.; Perel, J. M.; Altieri, L. P.; Kirshner, M.; Fasiczka, A. L.; Houck, P. R.; Reynolds, C. 3rdF (1992): Debrisoquine hydroxylation phenotyping in geriatric psychopharmacology. Psychopharmacology bulletin, Jg. 28, H. 2, S. 163–168.

Prakash S. Masand, P. S. (2000): Side effects of antipsychotics in the elderly. The Journal of clinical psychiatry, Jg. 61 Suppl 8, S. 43-9; discussion 50-1.

Preskorn, S.; Patroneva, A.; Silman, H.; Jiang, Q.; Isler, J. A.; Burczynski, M. E. et al., (2009): Comparison of the pharmacokinetics of venlafaxine extended release and desvenlafaxine in extensive and poor cytochrome P450 2D6 metabolizers. Journal of clinical psychopharmacology, Jg. 29, H. 1, S. 39–43.

Preskorn, S. H.; Nichols, A. I.; Paul, J.; Patroneva, A. L.; Helzner, E. C.; Guico-Pabia, C. J. (2008): Effect of desvenlafaxine on the cytochrome P450 2D6 enzyme system. Journal of psychiatric practice, Jg. 14, H. 6, S. 368–378.

Radwan MA, Abdine HH, Al-Quadeb BT, Aboul-Enein HY, Nakashima K. Stereoselective HPLC assay of donepezil enantiomers with UV detection and its application to pharmacokinetics in rats. J Chromatogr B Analyt Technol Biomed Life Sci. 2006 Jan 2;830(1):114-9.

Ray L, Heydari A, Zorick T: Quetiapine for the treatment of alcoholism: Scientific rationale and review of the literature. Drug and Alcohol Review (September 2010), 29, 568–575
Remeron Product Monograph, 2004

Reinecker, Hans (2003) Lehrbuch der klinischen Psychologie und Psychotherapie, Hogrefe-Verlag; Auflage: 4, überarb. und erw. A. (August 2003).

Reis, M.; Cherma, M. D.; Carlsson, B.; Bengtsson, F. (2007): Therapeutic drug monitoring of escitalopram in an outpatient setting. Therapeutic drug monitoring, Jg. 29, H. 6, S. 758–766.

Reis, M.; Lundmark, J.; Bengtsson, F. (2003): Therapeutic drug monitoring of racemic citalopram: a 5-year experience in Sweden, 1992-1997. Therapeutic drug monitoring, Jg. 25, H. 2, S. 183–191.

Reis, M.; Olsson, G.; Carlsson, B.; Lundmark, J.; Dahl, M. L.; Walinder, J. et al., (2002): Serum levels of citalopram and its main metabolites in adolescent patients treated in a naturalistic clinical setting. Journal of clinical psychopharmacology, Jg. 22, H. 4, S. 406–413.

Reis, M.; Prochazka, J.; Sitsen, A.; Ahlner, J.; Bengtsson, F. (2005): Inter- and intraindividual pharmacokinetic variations of mirtazapine and its N-demethyl metabolite in patients treated for major depressive disorder: a 6-month therapeutic drug monitoring study. Therapeutic drug monitoring, Jg. 27, H. 4, S. 469–477.

Reis M, Aamo T, Spigset O, Ahlner J.: Serum concentrations of antidepressant drugs in a naturalistic setting: compilation based on a large therapeutic drug monitoring database. Ther Drug Monit. 2009 Feb;31(1):42-56.

Repo-Tiihonen, E.; Eloranta, A.; Hallikainen, T.; Tiihonen, J. (2005): Effects of venlafaxine treatment on clozapine plasma levels in schizophrenic patients. Neuropsychobiology, Jg. 51, H. 4, S. 173–176.

Richelson New antipsychotic drugs: how do their receptor-binding profiles compare? J Clin Psychiatry. 2010 Sep;71(9):1243-4. Review.

Riedel, M.; Schwarz, M. J.; Strassnig, M.; Spellmann, I.; Muller-Arends, A.; Weber, K. et al., (2005): Risperidone plasma levels, clinical response and side-effects. European archives of psychiatry and clinical neuroscience, Jg. 255, H. 4, S. 261–268.

Risperdal tablet Product Monograph, July 2008

Rosa AR, Franco C, Torrent C, Comes M, Cruz N, Horga G, Benabarre A, Vieta E. Ziprasidone in the treatment of affective disorders: a review. CNS Neurosci Ther. 2008 Winter;14(4):278-86. Review.

Safferman A, Lieberman JA, Kane JM, Szymanski S, Kinon B. (1991): Update on the clinical efficacy and side effects of clozapine. Schizophr Bull. 1991;17(2):247-61.

Sánchez C, Bøgesø KP, Ebert B, Reines EH, Braestrup C. Escitalopram versus citalopram: the surprising role of the R-enantiomer. Psychopharmacology (Berl). 2004 Jul;174(2):163-76.

Seltzer, B. (2005): Donepezil: a review. Expert opinion on drug metabolism & toxicology, Jg. 1, H. 3, S. 527–536.

Shams, M. E.; Arneth, B.; Hiemke, C.; Dragicevic, A.; Muller, M. J.; Kaiser, R. et al., (2006): CYP 2D6 polymorphism and clinical effect of the antidepressant venlafaxine. Journal of clinical pharmacy and therapeutics, Jg. 31, H. 5, S. 493–502.

Shams M, Hiemke C, Härtter S.: Therapeutic drug monitoring of the antidepressant mirtazapine and its N-demethylated metabolite in human serum. Ther Drug Monit. 2004 Feb;26(1):78-84.

Sheehan, J. J.; Sliwa, J. K.; Amatniek, J. C.; Grinspan, A.; Canuso, C. M. (2010): Atypical antipsychotic metabolism and excretion. Current drug metabolism, Jg. 11, H. 6, S. 516–525.

Shi S, Mörike K, Klotz U.: The clinical implications of ageing for rational drug therapy. Eur J Clin Pharmacol. 2008 Feb;64(2):183-99. Epub 2008 Jan 5.

Sidhu, J.; Priskorn, M.; Poulsen, M.; Segonzac, A.; Grollier, G.; Larsen, F. (1997): Steady state pharmacokinetics of the enantiomers of citalopram and its metabolites in humans. Chirality, Jg. 9, H. 7, S. 686–692.

Sitar, D. S. (2007): Aging issues in drug disposition and efficacy. Proceedings of the Western Pharmacology Society, Jg. 50, S. 16–20.

Solian Product Monograph, February 2010

Spina, E.; de, Leon J. (2007): Metabolic drug interactions with newer antipsychotics: a comparative review. Basic & clinical pharmacology & toxicology, Jg. 100, H. 1, S. 4–22.

Swainston, Harrison T.; Perry, C. M. (2004): Aripiprazole: a review of its use in schizophrenia and schizoaffective disorder. Drugs, Jg. 64, H. 15, S. 1715–1736.

Szegedi, A.; Anghelescu, I.; Wiesner, J.; Schlegel, S.; Weigmann, H.; Hartter, S. et al., (1999): Addition of low-dose fluvoxamine to low-dose clozapine monotherapy in schizophrenia: drug monitoring and tolerability data from a prospective clinical trial. Pharmacopsychiatry, Jg. 32, H. 4, S. 148–153.

Tanaka E.: In vivo age-related changes in hepatic drug-oxidizing capacity in humans. J Clin Pharm Ther. 1998 Aug;23(4):247-55.

Tang, Y. L.; Mao, P.; Li, F. M.; Li, W.; Chen, Q.; Jiang, F. et al., (2007): Gender, age, smoking behaviour and plasma clozapine concentrations in 193 Chinese inpatients with schizophrenia. British journal of clinical pharmacology, Jg. 64, H. 1, S. 49–56.

Tiihonen J, Haukka J, Taylor M, Haddad PM, Patel MX, Korhonen P. A Nationwide Cohort Study of Oral and Depot Antipsychotics After First Hospitalization for Schizophrenia. Am J Psychiatry. 2011 Mar 1.

Timmer CJ, Sitsen JM, Delbressine LP (2000): Clinical pharmacokinetics of mirtazapine. Clin Pharmacokinet. 2000 Jun;38(6):461-74.

Troy SM Parker VD Hicks DR Boudino FD Chiang ST Pharmacokinetic interaction between multiple-dose venlafaxine and single-dose lithium J Clin Pharmacol 1996 36: 17Turnheim, K. (2004): Drug therapy in the elderly. Experimental gerontology, Jg. 39, H. 11-12, S. 1731–1738.

Urichuk L, Prior TI, Dursun S, Baker G. Metabolism of atypical antipsychotics: involvement of cytochrome p450 enzymes and relevance for drug-drug interactions. Curr Drug Metab. 2008 Jun;9(5):410-8.

van der Hooft CS, Schoofs MW, Ziere G, Hofman A, Pols HA, Sturkenboom MC, Stricker
BH. Inappropriate benzodiazepine use in older adults and the risk of fracture. Br J Clin Parmacol 2008, 66(2): 276-282

Veefkind AH, Haffmans PM, Hoencamp E. Venlafaxine serum levels and CYP 2D6 genotype. Ther Drug Monit. 2000 Apr;22(2):202-8.

Volpicelli, S. A.; Centorrino, F.; Puopolo, P. R.; Kando, J.; Frankenburg, F. R.; Baldessarini, R. J.; Flood, J. G. (1993): Determination of clozapine, norclozapine, and clozapine-N-oxide in serum by liquid chromatography. Clinical chemistry, Jg. 39, H. 8, S. 1656–1659.

Von Moltke, LL, Abernethy DR, Greenlatt DJ. Kinetics and dynamics of psychotropic drugs in the elderly. Salzman C, ed. Clinical geriatric psychopharmacology. 3rd ed. Baltimore: Williams&Wilkins, 1998:70-93

Waade RB, Christensen H, Rudberg I, Refsum H, Hermann M.: Influence of comedication on serum concentrations of aripiprazole and dehydroaripiprazole. Ther Drug Monit. 2009 Apr;31(2):233-8.

Wahlbeck, K.; Tuunainen, A.; Ahokas, A.; Leucht, S. (2001): Dropout rates in randomised antipsychotic drug trials. In: Psychopharmacology, Jg. 155, H. 3, S. 230–233.

Wang H, Tompkins LM. CYP 2B6: New Insights into a Historically Overlooked Cytochrome P450 Isozyme Curr Drug Metab. 2008 September ; 9(7): 598–610.

Wettstein A. Basics of gerontopharmaceutic therapy and the therapy of agitation in old age. Praxis (Bern 1994). 2009 Oct 21;98(21):1211-7.

Woodhouse, K. W.; James, O. F. (1990): Hepatic drug metabolism and ageing. British medical bulletin, Jg. 46, H. 1, S. 22–35.

Yasui-Furukori N, Furuya R, Takahata T, Tateishi T.: Determination of donepezil, an acetylcholinesterase inhibitor, in human plasma by high-performance liquid chromatography with ultraviolet absorbance detection. J Chromatogr B Analyt Technol Biomed Life Sci. 2002 Mar 5;768(2):261-5.

Zheng Z, Jamour M, Klotz U. Stereoselective HPLC-assay for citalopram and its metabolites. Ther Drug Monit. 2000 Apr;22(2):219-24.

Zubenko, G. S.; Sunderland, T. (2000): Geriatric psychopharmacology: why does age matter? Harvard review of psychiatry, Jg. 7, H. 6, S. 311–333.

i want morebooks!

Buy your books fast and straightforward online - at one of world's fastest growing online book stores! Environmentally sound due to Print-on-Demand technologies.

Buy your books online at
www.get-morebooks.com

Kaufen Sie Ihre Bücher schnell und unkompliziert online – auf einer der am schnellsten wachsenden Buchhandelsplattformen weltweit! Dank Print-On-Demand umwelt- und ressourcenschonend produziert.

Bücher schneller online kaufen
www.morebooks.de

 VDM Verlagsservicegesellschaft mbH
Heinrich-Böcking-Str. 6-8   Telefon: +49 681 3720 174   info@vdm-vsg.de
D - 66121 Saarbrücken   Telefax: +49 681 3720 1749   www.vdm-vsg.de

MIX
Papier aus verantwortungsvollen Quellen
Paper from responsible sources
FSC® C105338

Printed by Books on Demand GmbH, Norderstedt / Germany